万能コンピュータ
チューリング生誕100周年記念版

ライプニッツから
チューリングへの道すじ

マーティン・デイヴィス

沼田 寛 訳

The
Universal Computer
The Road From Leibniz to Turing

Martin Davis

近代科学社

◆ 読者の皆さまへ ◆

平素より，小社の出版物をご愛読くださいまして，まことに有り難うございます．

㈱近代科学社は 1959 年の創立以来，微力ながら出版の立場から科学・工学の発展に寄与するべく尽力してきております．それも，ひとえに皆さまの温かいご支援があってのものと存じ，ここに衷心より御礼申し上げます．

なお，小社では，全出版物に対して HCD（人間中心設計）のコンセプトに基づき，そのユーザビリティを追求しております．本書を通じまして何かお気づきの事柄がございましたら，ぜひ以下の「お問合せ先」までご一報くださいますよう，お願いいたします．

お問合せ先：reader@kindaikagaku.co.jp

なお，本書の制作には，以下が各プロセスに関与いたしました：

- 企画：小山 透，冨髙琢磨
- 編集：冨髙琢磨，安原悦子，高山哲司
- 組版：LaTeX／大日本法令印刷
- 印刷：大日本法令印刷
- 製本：大日本法令印刷（PUR）
- 資材管理：大日本法令印刷
- カバー・表紙デザイン：大日本法令印刷
- 広報宣伝・営業：山口幸治，西村知也

The Universal Computer: The Road from Leibniz to Turing
By Martin Davis

Copyright ©2011 by Taylor & Francis Group, LLC
All Rights Reserved

Authorized translation from English language edition
published by CRC Press,
an imprint of Taylor & Francis Group LLC.

Japanese translation rights arranged with
Taylor & Francis Group LLC
through Japan UNI Agency, Inc., Tokyo

- 本書の複製権・翻訳権・譲渡権は株式会社近代科学社が保有します．
- JCOPY 〈(社)出版者著作権管理機構 委託出版物〉
本書の無断複写は著作権法上での例外を除き禁じられています．
複写される場合は，そのつど事前に(社)出版者著作権管理機構
（電話 03-3513-6969，FAX 03-3513-6979，e-mail: info@jcopy.or.jp）の
許諾を得てください．

チューリング生誕100周年記念版への序文

　アラン・チューリング（Alan Turing）は，1912年6月23日に生まれた．2012年はチューリング生誕100周年に当たり，彼の業績を思い出し称誉するイベントや出版が執り行われる機会を提供した．私は，自分のこの著書の改訂版がこの祝祭の一端を担って出版されることへの大きな喜びを述べるとともに，そのように取り計らってくださったKlaus PetersとAlice Petersご夫妻に心より謝意を表したい．本改訂版において，私は若干の未整理のままになっていた箇所の記述を整えたほか，時代に合わせた話題の更新もいくつか書き加え，人気TVクイズ番組『ジェパディ！』を制したIBMのコンピュータ「ワトソン」の成功にまで言及した．

　私たちが接している現在のコンピュータが持つ「万能性」は，私たちが使うデスクトップやラップトップのコンピュータが無数の互いに無関係な仕事をこなせることから明白になっているし，ほとんどすべての機器に組み込まれた隠れたコンピュータの働きからも明らかである．私たちが使っているカメラが現在ではレンズ付きコンピュータに近いものであり，スマートフォンがマイクやスピーカ等の付いたコンピュータだとすれば，私が運転しているハイブリッド車はほとんど四輪付きコンピュータに近いものだとさえ言える．こうした万能性が出てくるのは，チューリングが1936年に数学の学術誌に発表した論文の中で示した根本的な概念的洞察を応用した結果であることが，現在では広く認識されている．私がこの経緯についての研究を始めた1980年代には，誰が最初に「プログラム内蔵型」電子計算機を創案したかをめぐる激しい論争があった．しかし，チューリングの名前は全く出てこなかった．最初の創案者を誰の功績に帰すべきかの論争は，数学者ジョン・フォン・ノイマン（John von Neumann）と，エッカート（John Presper Eckert）とモークリー（John Mauchly）の技術者グループの，どちらに軍配を上げるべきか，というかたちで行われていた．デイヴィッド・レーヴィット（David Leavitt）は，このコンピュータ史をめぐる議論においてチューリングの役割を認めさせたのが私であるという好意的な見方を示唆してくれた．私の記事は一定の影響力を持ったかもしれないが，以前には目に触れる機会のなかった1940年代以降にチューリングが書いたものが出版されたこと，および第二次世界大戦中に敵軍の機密暗号を破る上で彼が果たした重要な働きについての情報が機密解除となったことが，おそらくチューリングの評価を回復する上ではより重要だったと思われる[1]．

本書は，ストーリーを束ねた本である．7人の驚嘆すべき人たちの，それぞれのアイデアと発見，そして興味をそそられる生き方についてのストーリーが束ねられている．彼らは，論理的推論に関する「なぜ」と「いかに」を探究した．無限をつかもうとする試みに伴う，高揚感と危うい陥穽(かんせい)があった．合理性の主張を支えるための英雄的な努力は，いくつもの予期せざる障壁に直面した．そして最後に，アラン・チューリングによるアルゴリズム的プロセスに対する根本的に新しい理解が，こうした波瀾万丈の展開の副産物として，単一の「汎用」機械をプログラムすることによって計算可能などんな過程をも実行し得る可能性が見いだされるに至ったのである．私は，この本をとても楽しく感じながら書くことができた．読者のみなさんも，読みながら大いに楽しんでいただきたい．

2011年6月30日，バークレーにて

初版への序文

　本書は，現代のコンピュータの基礎にある抽象概念と，そのための考え方を発展させるのに貢献した人たちについて書いたものである．1951年の春，私は数理論理学での博士号をプリンストン大学——アラン・チューリングも十数年前ここで研究していた——から取得した少しあと，イリノイ大学でチューリングの理論にもとづいたコースを教えていた．私の講義に出席していた若い数学者のおかげで，講義室から通りを隔てたすぐ向こうで2台のマシンが組み立てられている最中であることを知った．彼によると，それらのマシンはチューリングの概念を物理的に実現するものだと言う．まもなく，私自身それらの初期コンピュータで走るソフトウェアのコードを書くようになっていた．その頃からの半世紀にわたる私の専門的な研究活動は，現代的コンピュータの基礎をなす抽象的な論理的概念と，その物理的な実現，その両者の関係の周りをずっと転回しながら進んできたように思う．

　コンピュータは，大きな部屋を占領する怪物のような大きさだった1950年代から，さまざまな種類の仕事をこなす現在の小型で強力なマシンへと進化してきたけれども，その基礎にある論理は同じままである．ここに使われている論理的な概念は，才能に恵まれた何人かの思想家たちの仕事によって，何世紀にもわたる期間をかけて発展していったものだ．本書では，これらの人々が生きた人生を紹介しつつ，彼らそれぞれが生み出した考えの要点を多少なりとも説明することを試みたものである．彼らのストーリーはそれ自身とても魅惑的なものだが，読者の方々はそれを楽しむだけでなく，コンピュータの内側で何が起こっているのかについての理解を深め，さらには抽象的な思考が持つ価値の重みを再認識する機会にしていただくことを私は切に希望している．

　本書をまとめ上げるまでには，さまざまな方面から多大な支援をいただいた．ジョン・サイモン・グッゲンハイム記念財団は，本書につながることになった初期の研究に対して有難い財政的支援を与えてくれた．Patricia Blanchette, Michael Friedman, Andrew Hodges, Lothar Kreiser, Benson Mates の各氏は，彼らの専門的な学識を気前よく分かち与えてくださった．Tony Sale 氏は，第二次世界大戦中にチューリングがドイツ軍の機密暗号通信を解読するのに重要な役割を果たした場所であるブレッチリー・パークを私が訪問したとき，親切にも案内役を引き受けてくれた．原稿を熱心に読んでくれて，私の説明の中にあった危うい箇所をいく

つも指摘してくれた Eloise Segal 氏が，本書の完成を目にすることなく逝去されてしまったのは痛恨の極みである．私の妻 Virginia は，原稿に不明瞭な書き方が残るのを頑として許さなかった．Sherman Stein 氏は，非常に注意深く原稿を読んで，多くの改善点を示唆してくれ，また私が犯していた数々の誤りを取り除いてくれた．非英語文献については，Egon Börger, William Craig, Michael Richter, Alexis Manaster Ramer, Wilfried Sieg, Francois Treves の各氏による翻訳努力に私は助けられた．このほか，Harold Davis, Nathan Davis, Jack Feldman, Meyer Garber, Dick and Peggy Kuhns, Alberto Policriti といった人たちが原稿段階で有益なコメントをくれた．W. W. Norton 社での私の担当編集者 Ed Barber は，彼の散文英語文体についての知識を生かして，文章の質を大いに向上させるのに寄与してくれた．Harold Rabinowitz 氏は，とても頼りになる著者代理人である Alex Hoyt を私に紹介してくれた．言うまでもなく，これら多くの人たちの名前を挙げたのは私の感謝の意を表するためであって，本書にもし不十分な点が残っているとすれば完全に私の責任に帰されるべきものである．読者からのコメントや訂正箇所の指摘があれば，私宛て davis@eipye.com にメールしていただけると有難い．

バークレーにて，2000 年 1 月 2 日
マーティン・デイヴィス

目 次

チューリング生誕100周年記念版への序文 …………………………… iii

初版への序文 ……………………………………………………………… v

序　章 …………………………………………………………………… 1

第1章　ライプニッツの夢 …………………………………………… 3
　　　　ライプニッツの「素晴らしいアイデア」……………………… 4
　　　　パリ滞在へ ……………………………………………………… 6
　　　　ハノーヴァーでの後半生 ……………………………………… 11
　　　　普遍記号への試み ……………………………………………… 13

第2章　論理を代数に変換したブール ……………………………… 19
　　　　ブール艱難辛苦の人生 ………………………………………… 19
　　　　ブールの論理代数 ……………………………………………… 29
　　　　ブールと「ライプニッツの夢」……………………………… 37

第3章　フレーゲ：画期的達成から絶望へ ………………………… 39
　　　　フレーゲの概念記法 …………………………………………… 45
　　　　形式構文法の創始者フレーゲ ………………………………… 50
　　　　ラッセルの手紙が壊滅的な打撃となった理由 ……………… 51
　　　　フレーゲと言語哲学 …………………………………………… 53
　　　　フレーゲと「ライプニッツの夢」…………………………… 54

第4章　無限を巡り歩いたカントル ………………………………… 57
　　　　エンジニアか数学者か ………………………………………… 58
　　　　サイズが異なる無限集合の発見 ……………………………… 61
　　　　カントルによる超限数の探求 ………………………………… 66
　　　　対角線論法 ……………………………………………………… 71
　　　　抑鬱と悲劇 ……………………………………………………… 74
　　　　決定的な闘いへ？ ……………………………………………… 76

第 5 章　ヒルベルトの救済プログラム ……… 79
- 若きヒルベルトの数学的成功 ……… 81
- 新しい世紀に向かって ……… 85
- クロネッカーの亡霊 ……… 86
- 超数学 ……… 93
- 破局 ……… 97

第 6 章　ヒルベルトの計画を転覆させたゲーデル ……… 101
- 隠れた呪縛：クロネッカーの亡霊 ……… 104
- 決定不可能な命題 ……… 108
- プログラマとしてのゲーデル ……… 113
- ケーニヒスベルクでの会議 ……… 115
- 愛と憎悪の渦中で ……… 118
- ヒルベルトの格言 ……… 123
- 奇妙な男の悲しい最期 ……… 128
- 付録：ゲーデルの決定不能命題 ……… 130

第 7 章　汎用計算機を構想したチューリング ……… 135
- 大英帝国の申し子 ……… 136
- ヒルベルトの「決定問題」 ……… 141
- チューリングによる計算過程の分析 ……… 142
- チューリング機械の動作 ……… 147
- チューリングによる対角線論法の援用 ……… 152
- アルゴリズム的に解けない問題 ……… 156
- チューリングの万能機械 ……… 159
- チューリングのプリンストン滞在 ……… 162
- アラン・チューリングにとっての世界大戦 ……… 165

第 8 章　現実化された万能計算機 ……… 171
- 誰がコンピュータを発明したのか？ ……… 171
- フォン・ノイマンとムーア校のグループ ……… 174
- アラン・チューリングの ACE ……… 182
- エッカート，フォン・ノイマン，チューリング ……… 185
- 恩寵深い国家がヒーローに与えた報酬 ……… 188

| 第9章 | ライプニッツの夢を超えて | 193 |
| | コンピュータ・脳・心 | 194 |

終 章		205
原 註		207
参考文献		227
訳者あとがき		236
索 引		238

・本文中の肩付き数字 1, 2, … は各章ごとに付された原註の番号．原註は巻末にある．

・本文中のアスタリスクのついた肩付き数字 *1, *2, … は，原著者がつけた脚註の番号．脚註は，各当該ページの最下段に示されている．

・本文中のダガーのついた肩付き数字 †1, †2, … は，訳者がつけた脚註の番号．訳註は原著者脚註と同じ体裁で各当該ページの最下段に示されている．

序章

the
UNIVERSAL
COMPUTER

　もし，微分方程式の数値解を求めるために設計されたマシンの基本ロジックが，デパートの勘定書を発行するためのマシンのロジックと一致すると判明するのだとしたら，これは私がこれまで出遭った中で最も驚くべき暗合だと言うべきだろう．

　　　　　　　　　　　　　——ハワード・エイケン（Howard Aiken）1956[1]

　理論的計算機との類比に戻ろう．このタイプの機械のうちの単一の特別な機械で，あらゆる仕事を行うことができるものを作れることを証明できる．実際，他のあらゆる機械のモデルとして動作するように作ることができるのだ．**この特別な機械を万能機械と呼ぶことができよう．**

　　　　　　　　　　　　　——アラン・チューリング（Alan Turing）1947[2]

　1945年の秋，1万本以上の真空管を組み込んだ巨大な計算機械 ENIAC の完成にめどがついたフィラデルフィア大学の電気工学科ムーア校では，専門家たちのグループが，その後継機として提案されていた EDVAC の設計について議論する会合を定期的に開いていた．何週間かのちには，会合はとげとげしい敵対的なものになってゆき，まもなく専門家たちは，それぞれ「技術者たち」，「論理学者たち」などと呼ばれる，2つのグループに分裂した．「技術者たち」の陣営の指導者エッカート（John Presper Eckert）は，ENIAC を作り上げたことに高い誇りを持っており，これは全くもって正当なことであった．熱電子放出の機構で動作する真空管を15,000本も使った装置が，何か役に立つ仕事をするまでの時間，どの真空管も切れずに働き続けるのは不可能だろうと，誰しもが考えていた．にもかかわらず，注意深く地味な設計原理を貫くことによって，エッカートは見事な離れ業をやってのけ，ENIAC を成功させた．その後の諍いが頂点に達したのは，グループのうちの指導的な「論理学者」で高名な数学者であったフォン・ノイマンが——エッカートの腹の虫がおさまらぬことに——彼単独の名前で「EDVAC に関する報告書 第1稿」という文書をまとめて外部に回覧させたときであった．フォン・ノイマンの報告書は，工学的な詳細にはあまり立ち入らずに，コンピュータの基本的論

理設計を提案したもので，ここで提案された方式が今日に至るまで「フォン・ノイマン型アーキテクチャ」と呼ばれている．

　偉大な工学的力業ではあったものの，ENIAC は論理的には混乱の塊（かたまり）であった．計算機械とは論理機械にほかならないという基本的事実を見抜いたのは論理学者としてのフォン・ノイマンの炯眼（けいがん）であったが，じつは彼はそのことを英国の論理学者アラン・チューリングから学ぶことによって理解することができたのである．こうしたマシンの回路には，何世紀にもわたって論理学者たちが積み重ねてきた素晴らしい洞察の粋（すい）が体現されているのだ．コンピュータ技術が息を呑むような速度で進歩を続けている現在，工学技術者たちのまさに驚嘆すべき偉業を私たちは賞賛するのだが，これらすべてを可能にする前提を生み出した論理学者たちのことは忘れられがちである．本書で語られるのは，彼らのストーリーである．

第1章　ライプニッツの夢

the
UNIVERSAL
COMPUTER

　ドイツの都市ハノーヴァーの南東部に位置し，鉱物資源の豊かなハルツ山地は10世紀の半ばから鉱山として採掘されてきた．しかし，鉱坑の深いところになると地下から水がしみ出すことが多く，水を汲み上げることによって，ようやく採鉱が可能になる．近代初めの17世紀には，鉱坑から水を汲み上げるのに水車の動力が使われていた．残念なことに，冬の山地の寒さで川の水が凍ってしまうと，この富をたっぷり生む鉱山の操業は中断しなければならなかった．

　1680年から1685年にかけて，ハルツ山地の鉱山長は，およそ鉱山業には似つかわしくない1人の人物と，絶えずもめごとを繰り返していた．ライプニッツ（G. W. Leibniz）という，当時30代半ばの人物であった．彼は，風車を動力源として追加すれば四季を通じて鉱坑からの揚水が可能になり，切れ目のない通年操業で鉱石を採掘できるはずだと主張した．

　人生のこの時期までに，すでにライプニッツは数々の業績を達成していた．数学上の大発見はもとより，法律家としても名声を確立していたし，哲学や神学についての精力的な論述でも知られていた．さらには，ルイ14世の宮廷に出入りして，この太陽王[†1]にエジプト遠征の利点を納得させ，結果的にオランダやドイツ領内への侵攻を思いとどまらせるという，外交的な密命にまで携わった[1]．

　メランコリックなスペイン人の自称騎士が風車に向かって突進して散々な目に遭う話をセルバンテスが書いたのは，これより70年ほど前のことである．ドン・キホーテとは違って，ライプニッツのほうは度し難いほど楽観的な人物であった．この世には悲惨なことが満ちていると憤慨する人々に対して，ライプニッツは次のように応じた．神は，その全知でもって，あらゆる可能な世界の中から最上のものを過 (あやま) たずに選び出して，この現実世界を作ったのである．だから，私たちの住む世界に見られるあらゆる悪は，それを補って余りある善を生み出すための，最適な神の選択の顕 (あらわ) れなのである[*1]．

[†1] ルイ14世のこと．ブルボン王朝の最盛期を築き，その勢いを太陽に喩 (たと) えられたフランスの絶対君主．財務総監コルベールを登用して重商主義政策を推進，軍拡と対外戦争を進める一方，学芸の振興にもつくし，ヴェルサイユ宮殿を建設した．

[*1] ヴォルテールの『カンディード』（いま入手しやすい日本語訳は，植田祐次訳，岩波文庫，2005．）に出てくるパングロス博士は，このライプニッツの教説をからかうためパロディー的に造形された登場人物である．

しかし，ハルツ鉱山についてのライプニッツの事業計画は，最終的に大失敗に終わった．現場に精通した鉱山事業の専門技師たちに向かって素人の新参者がお節介な提案をして，彼らの業務について上から目線で教説を垂れるようなことをしたら自然に生じるであろう彼らの敵意を，ライプニッツの楽観的な立ち位置からは予期することができなかった．彼は，新機構を組み込んだ装置が開発段階で必ず出会うトラブルを見込んでおくことも，風力が不確かな動力源であることに対処することもできなかった．しかし，彼の楽観主義が度外れていたのは，この風車プロジェクトがうまくいくと期待しただけでなく，その成果を役立てて途方もない構想を実現しようと考えていた点にある．

ライプニッツは，驚異的な視野を射程に入れた，壮大なヴィジョンを持っていた．微積分学で彼が創案した記法——現在も使われているものだが——は，込み入った演算操作をあれこれ思い悩むまでもなく，簡明に進めることを可能にした．まるで，微積分の記法そのものが計算を進めてくれるような感じがする．微積分だけでなく，人類の知的活動の全領域でこれと類似のことができるのではないか，というのがライプニッツのヴィジョンであった．彼は，普遍的な人工の数学的言語によって，百科全書的な知識を編集することを夢見ていた．この人工言語によって，各分野の知識が表現でき，記述された内容に適用される計算規則が，これらの命題間の論理的関連をすべて明らかにしてくれる，と．さらに，彼は規則的な計算を遂行する機械を作って，精神はより創造的な思考に専念できるようになる，という夢を持っていた．さすがに楽観的なライプニッツも，こうした夢が彼の独力では実現できないことを知っていた．にもかかわらず彼は，科学アカデミーを作って有能な比較的少数の人々が協力して仕事をすれば，これは数年で遂行できると信じていたのである．ライプニッツがハルツ鉱山のプロジェクトに乗り出したのは，そこから得られるであろう利益をアカデミー創設の財源に充てるという目算のためであった．

ライプニッツの「素晴らしいアイデア」

ライプニッツは，1646年にドイツのライプツィヒに生まれた．当時のドイツは，大小1,000ほどもの半独立的な政治的単位に分かれて統治されており，30年にもわたる戦争で荒廃していた．いわゆる30年戦争は，ヨーロッパの主要な強国を巻き込んで1648年にようやく終わるのだが，戦場となったのはもっぱらドイツの地であった．ライプツィヒ大学の哲学教授だった父親は，ライプニッツがわずか6歳のときに亡くなった．教師たちからは止められていたのだが，ライプニッツは8歳のときから父親の蔵書を手に取るようになり，まもなくラテン語をすらすら読め

ライプニッツ（Gottfried Wilhelm Leibniz）の肖像画

るようになった．

　やがて歴史上最大の数学者の一人となるライプニッツだが，彼に最初の数学の手ほどきを授けた教師たちは，当時ヨーロッパの別の地で進んでいた数学革新の動きについては何も知らなかった．当時のドイツでは，ユークリッドの初等幾何学ですら，大学に進んでから初めて学ぶような上級科目という扱いであった．それでも，ライプニッツが十代の前半か半ば頃に，学校の教師たちは彼に論理学の知識を少し授けた．これは，アリストテレスが 2000 年も前に創り出した論理学であったが，ライプニッツの数学的な才能と情熱を目覚めさせた．アリストテレスによる「範疇」へと概念を分ける考え方に魅惑されたライプニッツは「素晴らしいアイデア」と彼が呼ぶものに思い至った——発音ではなく概念のもとになる要素を表現する特別な「アルファベット」を探し出そう．そんなアルファベットに基づく言語があれば，表現されたそれぞれの文が正しいかどうか，文と文のあいだにどんな論理関係があるか，記号に対する計算操作によって決定できるのではないか．アリストテレスに魅せられたライプニッツは，このヴィジョンを終生にわたって堅持し続けた．

　じっさい，ライプツィヒ大学での彼の学士論文は，アリストテレスの形而上学を論じたものであった．同大学での修士論文では，哲学と法の関係を論じている．法学研究に興味を惹かれたライプニッツは，2つ目の学士号を法学で取得，このときは法務を扱うのに系統的に論理を使うべきことを強調した学士論文を書いている．ライプニッツの最初の数学への貢献は，哲学の教授資格論文（Habilitationsschrift：ドイツの制度でいわば第 2 の博士論文のように求められるもの）をライプツィヒ大学に提出する過程で現れる．概念のアルファベットという彼の「素晴らしいアイデア」を展開するための最初のステップとして，ライプニッツは概念をさ

まざまに組み合わせる方法がいくつあるか，数え上げることが必要になると予期していた．そこで彼は，基本要素を複雑な配列に組み合わせる方法を数え上げるための系統的な研究に乗り出した．初期の成果が彼の教授資格論文となり，その後さらに包括的なモノグラフ『結合法論』（Dissertatio de Arte Combinatoria）としてまとめられた[2]．

　法学の研究も続けたライプニッツは，彼の法学博士論文を，同じくライプツィヒ大学に提出する．論文のテーマは，彼らしく，通常の方法では難しくて答えの出ない法律問題を，理性の力を使っていかに解決するか，というものであった．理由はわからないが，ライプツィヒの教授陣は，これを博士論文として受理するのを拒否した．ライプニッツは，ニュルンブルクの近くにあるアルトドルフ大学で論文の発表を行い，法学博士論文として認められた．このとき彼は 21 歳．高等教育課程を修了した誰もが直面する，お定まりの問いに向き合うことになった——自分のキャリアをどのように形成してゆくべきか？

パリ滞在へ

　ドイツの大学で教授になるというキャリアに興味のなかったライプニッツにとって，それに替わる唯一の選択肢は，裕福な貴族のパトロンを探すことであった．マインツ選帝侯と姻戚関係にあったヨハン・ボイネブルク男爵が，快くその役割を担ってくれた．マインツ選帝侯の下で，ライプニッツは高等控訴院の判事に任命され，ローマ市民法をもとに作られていた選帝侯領における法体系を改訂する作業にあたることになった．さらに，彼は外交的な陰謀にも手を染めることになる．この外交的策略には，失敗に終わった新ポーランド王の選出への干渉と，ルイ 14 世の宮廷に働きかける密命が含まれる．

　30 年戦争の結果，フランスはヨーロッパ大陸における超大国の地位を得た．ライン川の河岸に中心部があるマインツ選帝侯領は，じっさい 30 年戦争のあいだに軍事占領を経験している．だから，マインツの市民たちは，フランスと良好な関係を保って，その敵対的な軍事行動を防ぐことの重要性をよく理解していた．先ほど述べた，ルイ 14 世とその取り巻きにエジプトを軍事目標とするのが有益だと信じさせるという，ライプニッツとボイネブルクがでっち上げた陰謀とも言える提案の背景には，こうした地政学的状況があった．この提案——ほぼ同じ計画が 1 世紀以上のちにナポレオンを軍事的災難に導いた——の重要な歴史的意義は，ライプニッツのパリ滞在をもたらした点にある．

　ライプニッツは 1672 年にパリに着き，エジプト遠征案を推す努力を続けると

もに，ボイネブルクの個人的な金銭問題の解決にも携わった．ところが，その年の終わりに災難に見舞われる．ボイネブルクが卒中で亡くなったという知らせを受けたのだ．ボイネブルク家に仕える仕事の一部は続けることになったが，ライプニッツは安定した収入が得られない状況となった．それにもかかわらず，彼はなんとかやりくりして4年間パリにとどまった．ライプニッツにとっては，きわめて実りの多い4年間のパリ滞在であった．その間には，短期間ながら2度のロンドン訪問の機会もあった[3]．最初のロンドン訪問は1673年で，この機会に彼は四則演算を遂行できる計算機の模型を展示，ロンドン王立協会の会員に全会一致で選出された．すでにパスカル[*2]が計算機を製作していたが，これが足し算と引き算しかできなかったのに対し，ライプニッツの計算機は掛け算や割り算までできるように設計されていた．この機械には，「ライプニッツの輪」とのちに呼ばれる巧妙な仕掛けが組み込まれている．この機構を利用した計算機は，20世紀に至るまで使われてきた．彼の機械についてライプニッツは，次のように書いている．

> この機械が賞賛されるべき最終的な理由は，計算という作業に従事するあらゆる人たち——財務処理担当者，他人の資産を委託された管財人，商人，測量技師，地図製作者，航海士，天文学者などなど——にとって望ましいものだからです．（中略）科学的な利用に限って考えるとしても，あらゆる種類の曲線や図形の計量計算ができる機械の助けによって，古くなった幾何数表や天文表の改訂版を作ることができるでありましょう．（中略）ピタゴラス数の一覧表，平方数表，立方数表，その他のべき乗の数表，さらには組合せ計算表や，あらゆる種類の階差や数列などなど．（中略）天文学者たちは，根気強い忍耐を要する面倒な計算を延々と続けなくても済むようになるでしょう．（中略）機械が使えるのであれば他の誰かに安心して任せられるような計算のために，優秀な人々は奴隷のように労力を使って貴重な時間を浪費すべきではないのです[4]．

ライプニッツが自賛した計算機にできるのは，通常の算術演算に限られる．しかし彼は，計算処理を機械化することのより広い意義を，ちゃんと把握していた．1674年に，彼は代数方程式を解くことのできる機械について記述している．その1年後に，彼は論理的推論と機械的な仕組みとの比較について書いており，推論を

[*2] パスカル（Blaise Pascal）は，1623年6月19日にフランスのクレルモン=フェランで生まれた．彼は，数学的な確率の理論の創始者の一人であり，数学者，物理学者そして宗教的な哲学者として，多彩な活動をした．彼が設計し，1643年頃に製作された計算機は，かなりの名声をもたらした．パスカルは，1662年に亡くなった．

一種の計算へと還元して，究極的にはそうした論理計算を遂行できる機械を構築する，という目標を指し示している[5]．

26歳のライプニッツにとって決定的だったのは，オランダの科学者で当時パリに住んでいたホイヘンス（Christiaan Huygens）との出会いである．このときホイヘンスは43歳，すでに振り子時計を発明し，土星の輪も発見していた．彼のたぶん最も重要な業績，「光の波動説」が出るのは，まだこの先である．光は基本的には池に石を投げ込んだとき水面を伝わってゆく波のようなものであるという彼の考え方は，光は粒々の弾丸のような粒子の集団からなる流れであるという偉大なニュートンの考え方を，真っ向から否定するものだった[*3]．ホイヘンスは，最新の数学研究について何も知らない若者が急いで流れに追いつけるよう，読むべき文献のリストをライプニッツに渡した．ほどなく，ライプニッツは重要な貢献をすることとなる．

17世紀の数学は，とりわけ次の2つの発展によって勢いづいていた．

1. 代数的表現を扱うテクニック（いまは高校までに習う範囲の代数）が体系化され，現在に至るまで使われている強力な道具として確立したこと．
2. デカルトとフェルマーによって，点を座標の組として表現することで幾何学の問題を代数学に還元する方法が，独立に発見されたこと．

さまざまな数学者たちが，この新手法の力によって従来は手が届かなかった問題群に挑戦し始めていた．これらの試みの多くは，現代的な言い方をすると**極限過程**を扱うものであった．問題を解くのに極限を使うというのは，解の近似を求めながら，正しい解へと系統的に限りなく近づいてゆく方法に訴えることである．肝要な点は，どこかの近似で満足するのではなくて，「極限に移行する」ことによって**厳密な**解を求めるということだ．

一例として，ライプニッツの初期の成果を取り上げることにしよう．彼自身その発見をとても誇りにしていた次の公式が，極限の考え方をより明瞭に理解するのに役立つであろう．これは，次のような等式で表される．

$$\frac{\pi}{4} = 1 - \frac{1}{3} + \frac{1}{5} - \frac{1}{7} + \frac{1}{9} - \frac{1}{11} + \cdots$$

等号 "=" の左辺には，円の周の長さや面積を求める公式に出てくる，お馴染み

[*3] しだいに受け入れられていったのはホイヘンスの波動説のほうだが，20世紀に成立した量子物理学はホイヘンスとニュートンのどちらも正しかったことを明確にした．おのおのが，光の本質の片方の側面を正しく捉えていたのだ，と．

の数 π が現われている*4．右辺には，**無限級数**と呼ばれるものが出てくる．交互に足したり引いたりしている個々の数のことを，無限級数の**項**という．最後に･･･というのが付いているが，これは右辺の式が限りなく続いてゆくことを表している．この例では，すべての項が分数で，分子はすべて 1 で分母が奇数を順に並べたものになっている．ただし，各項の前には，足し算の記号と引き算の記号が交互につく形になっている．有限個の項しか書かれていないけれど，このパターンを見て取ることは容易いだろう．$\frac{1}{11}$ を引いたあとは $\frac{1}{13}$ を足し，次には $\frac{1}{15}$ を引く，等々と続くわけである．

しかし，ここで疑問が湧く．無限個の項を足したり引いたりするなんてことが，実際にできるのだろうか？ いや，そういうわけには，ゆかないだろう．でも，途中で計算を打ち切らないといけないとしても，多数の項まで含めれば含めるほど，近似計算の結果は真の値にどんどん近くなる．そして，計算に含める項数を十分に増やしさえすれば，いくらでも望みの精度を満たす結果が得られる．以下の表は，その様子をライプニッツの級数について示したものである．10,000,000 項まで含めて計算すると，$\frac{\pi}{4}$ の真の値 0.7853981634･･･ と小数点以下 8 桁まで一致することがわかる*5．

計算に含める項の数	無限級数の部分和の値（小数点以下 8 桁までの精度で表示）
10	0.76045990
100	0.78289823
1,000	0.78514816
10,000	0.78537316
100,000	0.78539566
1,000,000	0.78539792
10,000,000	0.78539816

ライプニッツ級数の近似計算結果

ライプニッツの級数は，円の面積に関連した π という数と，順に並べた奇数を単純な規則で組み合わせたようなものが，不思議なつながりを持つことを表しているという点で，驚くべきものである．これは，極限の考え方を使うことによって解ける問題群のうちの一方のタイプ，一定の曲線で囲まれた図形の面積を見いだすというタイプの問題を解いた例である．極限の考え方を使うことによって解ける問題群のうちの他方のタイプのものとしては，運動する物体の刻々と変わる速度のよう

---

*4 じっさい，この $\frac{\pi}{4}$ という数は，半径 $\frac{1}{2}$ の円の面積そのものである．
*5 私は，ライプニッツの級数を用いて $\frac{\pi}{4}$ の近似値を計算するのに，自分の PC を使った．プログラミング言語 Pascal で短いプログラムを書いて計算してみたが，この表の結果を得るのに最近の PC なら 1 秒もかからないのである．

に，変化率を厳密に求めるという問題がある．彼のパリ滞在も残りわずかになった 1675 年の終わり頃の何箇月かの間に，ライプニッツは極限過程を扱う上での概念的あるいは計算技法的なブレイクスルーをいくつも達成した．これらは，ひとまとめにして彼による「微積分法の発見」と呼ばれる．重要な点は，

1. ライプニッツは，面積などの求積問題と変化率を計算する問題の 2 つが範例的であり，他のさまざまな極限を使う問題はいずれも両者のどちらかのタイプに帰着できることを見抜いた[*6]．
2. 彼は，これら 2 つのタイプの問題群で解を求めるのに必要な数学的操作が，加法と減法（または乗法と除法）と同じような意味でお互いにちょうど**逆操作**の関係にあることを理解していた．今日，これらの操作はそれぞれ**積分**および**微分**と呼ばれており，両者が互いに逆操作の関係にあるという事実は「微積分学の基本定理」として教科書に載っている．
3. ライプニッツはこれらの操作を表すのに適切な記号体系（現在も使われている表記法）——積分操作を表す $\int$ と微分操作を表す d——を作り上げた[*7]．さらに，彼は実際の微積分計算を遂行するのに必要いくつかの数学的規則をも発見した．

これらが組み合わせられることによって，極限を扱う技法は，奥義に通じたごく限られた人数の専門家だけが使える難解な秘伝から，教科書を使って何千何万という人たちに教えることができるような単刀直入なものに変わったのである[6]．本書の主題にとって最も大切なのは，このときの成功が，適切な記号を選ぶことと操作過程を支配する規則を見いだすことの重要性を，ライプニッツに確信させたことである．微積分の記号 $\int$ や d は，表音的アルファベットのように意味を持たない音(おん)を表すのではない．これらは，概念を表すのだ．そして，ライプニッツが少年時代に着想した基本的概念を表すアルファベットという「素晴らしいアイデア」に，1 つのモデルを与えることとなったのである．

ニュートンとライプニッツが別々に全く独立に微積分学を築き上げたにもかかわらず，お互いが相手に剽窃(ひょうせつ)盗用の責めを帰して非難し合い，英国海峡を挟んで

[*6] かくして，体積や重心を求める問題は第 1 のタイプ，加速度を計算したり経済学で限界収入と価格弾力性を求めるような問題は第 2 のタイプ，という具合になるわけである．

[*7] 積分記号 $\int$ は，じつのところ "S" の文字を変形したもので総和（sum）の意を示唆する．微分記号 "d" のほうは，差異（difference）を扱う演算であるという意味を示唆している．

とげとげしい応酬のやりとりを続けたことについては，多くが書かれてきた．応酬は，双方がその不毛さ愚劣さに気づくまで続いた．それは別として，私たちのストーリーにとっては，ライプニッツのすぐれた記法が持っていた優越性が大きな意味を持つ[7]．教科書的には「置換積分法」の名で知られる積分法のテクニックの1つがあるが，これはライプニッツの記法を用いればほとんど自動的に計算できてしまうのに対し，ニュートンの流儀でやるとかなり面倒になってしまう．同国人のヒーローへの尊敬から，その手法を盲目的に墨守した英国の数学が，そのために，微積分法の発見がもたらした数学研究の新展開に関しては大陸ヨーロッパに大きな遅れを取ってしまった，と言う人すらいる．

パリでの生活の独特の魅力を味わった多くの人と同様に，ライプニッツは可能な限り長くこの地に滞在を続けたいと願った．マインツとの接点は何とか維持しつつ，彼はパリでの生活と学問活動を続けた．しかし，彼がこれ以上パリにとどまる限りマインツ選帝侯からの資金援助はもはや望めないことが，まもなく明白になる．一方，その間にハノーヴァー公国——17世紀のドイツを構成していた多数の公国や侯国の1つ——からのオファーがくる．フレデリック大公（Duke Johann Friedrich）は知的なことがらにも純正な興味を若干持っている人で，安定した収入も保証してくれたが，ハノーヴァーに住み着くことにライプニッツはあまり気乗りがしなかった．返事を延ばしに延ばした末，1675年の初めになってライプニッツはオファーを受諾する．大公に受諾を伝えた手紙の中で，「人類の利益のための学芸と科学の分野での自らの研究を行う自由」を彼は懇願している[8]．そのあとも任地に急ぐことはせずパリにとどまっていたライプニッツだが，パリで期待していた職を得られる望みがなくなり，大公がこれ以上は待ってくれないことが明白になった1676年の秋，ようやくパリを離れる．ライプニッツは，そのあと全生涯にわたって，ハノーヴァー公国で何人もの大公に仕えることになる．

ハノーヴァーでの後半生

「学芸と科学の分野で自らの研究を行う自由」を要望したライプニッツだが，彼の新しい地位で首尾よくやってゆくためには，彼のパトロンが有用さを理解してくれる実用的なこともしなければならないことは十分わきまえていた．彼は，公国図書館の改良格上げに取り組み，行政機構や農業を改革するための数々の提案を示した．そして，風車を活用してハルツ鉱山の操業効率を改善しようとする，不幸な結果に終わるプロジェクトにも，ほどなく着手する．ところが，鉱山プロジェクトがようやく公式に承認された翌年，1680年に大公が突然亡くなり，ライプニッツは

危うい立場に陥った．

　ライプニッツは，新公爵となったエルンスト・アウグストを説得して，ハルツ鉱山プロジェクト継続の支持を取り付けなければならなかった．新しい大公は，「実務的」な人物として知られていた．先公とは違って，彼は公国図書館に大きな予算を割く気はなかった．ほどなくライプニッツは，エルンスト・アウグストとは学術的な議論などしないほうが得策だと気づいた．ライプニッツは自分の地位を保つ方策として，公爵家の家系の短い歴史を書くことを申し出た．5年後にハルツ鉱山プロジェクトが最終的に打ち切りになると，ライプニッツは公爵家のより入念な家系史の調査執筆を提案する．もし若干のギャップを埋めることができたら，この家系史は西暦600年にまで遡るものになる可能性がある，と．新大公は，この歴史上最も偉大な思想家を雇いながら，こんな仕事をあてがうのが，最もふさわしい処遇であると信じて疑わなかった．ただし，支援は惜しまなかった．家系史を調べる名目で，ライプニッツは定期的な俸給を与えられ，個人秘書もついた．調査旅行の旅費も出た．たぶん楽天的なライプニッツは，この家系史のプロジェクトが彼の残りの人生を30年にもわたって縛り付けることになるとは，夢にも思わなかったに違いない．1698年に亡くなったエルンスト・アウグストの跡を継いだゲオルク・ルートヴィッヒは，家系史の仕事をより強硬に急かすようになった．

　ハノーヴァーでライプニッツの「弟子」がいるとしたら，女性たちであった．彼は，女性の知的能力についての当時の一般的な偏見は全く持っていなかった．エルンスト・アウグストの妻で才能豊かなゾフィー公妃とライプニッツは，哲学上の問題について頻繁に会話を交わしていたし，彼がハノーヴァーを離れたときは多数の書簡を交換している．彼女は，自分の娘ゾフィー・シャルロッテ——のちのプロシア王妃——にとっても，ライプニッツの教説から得るところが多いはずだと確信していた．ゾフィー・シャルロッテは，ライプニッツの知恵を受け取るだけでは満足せず，活発に疑問を提出し，ライプニッツが自身の考えを明確にするのを助けた．現代のライプニッツ学者であるベンソン・メイツは，次のように書いている．

　　ライプニッツの生涯の大半の時期にわたって，これらの女性たちはハノーヴァーとベルリンの宮廷における先鋒となる彼の信奉者であった．1705年のゾフィー・シャルロッテの突然の死は，彼を打ちのめした．彼の失意の深さは誰の目にも明らかであったので，諸外国政府からの弔意を公式に伝えるための使者たちが慰問に訪れたほどである．そして，ゾフィー公妃が1714年に亡くな

ると，ブラウンシュヴァイク家系史†2の仕事を続けることを除いて，ライプニッツが何事であれ支援を得る望みはすべて絶たれてしまった[9].

家系史のプロジェクトは，ライプニッツに旅行をする口実を提供してくれたし，彼はこの自由をパトロンたちが苛立つほど徹底的に使った．ライプニッツは，学術的な交際を維持し，発展させる機会を最大限に活用した．ベルリンに，彼は「科学協会」——のちのアカデミー——を創設することもできた．広範囲にわたる彼のおびただしい文通は，多岐にわたる彼の関心とともに続いていった．ライプニッツは，神があらゆる可能性の中から最善のものを選んで世界を創造したのだから，この世界に存在するものの間には**予定調和**の関係が保たれていなければならないこと，この世界に存在するどんな事物にもそれが存在するための充分な理由（**充足理由**）——それを私たちが知ることができるか否かにかかわらず——があったはずであること，などを説いて倦むことがなかった．外交の分野では，ライプニッツは2つのプロジェクトに愛着を持ち続けた．1つは，キリスト教の互いに分かれてしまった諸教派を再統一すること．もう1つは，ハノーヴァー大公に英国の王位を継承させることで，こちらは実際に成功した．ところが，ライプニッツが亡くなる2年前の1714年にジョージ1世として英国国王に即位したゲオルク・ルートヴィッヒは，ハノーヴァーの田舎を離れて主君とともにロンドンに随行したいという家臣の懇願をにべもなくはねつけ，ハノーヴァーに残って家系史の完成を急ぐよう言い渡した．

普遍記号への試み

ところで，ライプニッツの若い頃の「素晴らしいアイデア」は，どうなったのだろうか？　人間の思考を正しく表す真のアルファベットと，これらの記号を操作するための適切な計算手段を見いだすという，あの壮大な夢はどうなったのか？他の人々からの助けが得られないなか，彼単独でそんな大事業を完成させるのは無理だと諦めてはいたが，ライプニッツはその究極目標を見失うことは決してなかったし，このテーマを生涯にわたって考え続け，考えたことを書き続けた．ライプニッツにとって明白だったのは，算術や代数で使われる特別な記号，化学や天文学で用いられる記号，そして彼自身が導入した微積分学での記号，これらは適切な記号表記が決定的に重要であることを示す範例になっているということだ．

---

†2　ブラウンシュヴァイク家とは，ハノーヴァーの公爵家のことである．

彼は，こうした表記法を，特性記号（characteristic）のシステムと呼んだ．意味を持たない通常のアルファベットとは違って，これらの範例ではそれぞれの記号がおのおの特定の概念を自然な方法で表しており，真の記号（real characteristic）になっているとライプニッツは考えた．そして，必要なのは**普遍記号**（*universal characteristic*）の体系——それぞれが真の記号であるだけではなくて人間の思考の範囲すべてを包括するような記号体系——なのだと，彼は主張した．

数学者ロピタル（G. F. A. L'Hospital）に宛てた手紙の中で，ライプニッツは書いている．代数の「秘密の重要部分は，その記法から成っており」，記号表現を「適切に用いる技法にあると言っていい．」この適正な記号の使い方に注意することこそ，普遍記号の体系の創造へと導く「アリアドネの糸」なのだ，と．

20世紀初頭の論理学者でライプニッツ研究者であったクーチュラ（Louis Couturat）は，次のように説明している．

> （前略）代数的な記法は，言うなれば理想的な記号体系の化身として，モデルの役割を担っているのである．適切に選ばれた記号システムがいかに有用なものであり，演繹的な思考には必要不可欠なものであるかを示す例として，ライプニッツが一貫して引き合いに出しているのが代数学の記法である[10]．

おそらくライプニッツが最も熱烈に彼の提案する普遍記号の考え方を説明しているのは，彼が頻繁に手紙をやりとりした相手の一人であるジャン・ガロア（Jean Galloys）[†3]に宛てた次の手紙の文章であろう．

> 私は，この一般科学の有用性と現実性を，ますます確信するようになっています．同時に，これがどれほど大きいことかを理解している人が，ごく少数にとどまっていることも知っています．（中略）この記号体系は，ある種の書記法あるいは言語から成っています．（中略）それは私たちの思考することがらの中にある関連性を完全に表現できる言語なのです．そこで用いられる文字は，人々がこれまで思い浮かべてきたものとは全く違うものです．なぜ理解されにくいかというと，代数や算術における記号のように，この書記法が用いる文字が創造と判断のために奉仕するものだという原理に人々はなかなか気づかないからです．この書記法には大きな利点がありますが，中でも私が特に重要だ

---

†3 群論の創始者である19世紀の天才数学者エヴァリスト・ガロアとは，全くの別人である．ジャン・ガロア（1632-1707）のほうは，コレージュ・ロワイヤルの教授で，アカデミー・フランセーズ会員．世界最古の学術雑誌とされる『ジュルナル・デ・サヴァン（知識人誌）』の創刊に携わった．

と思うのは次の点です．それは，この書記法を用いると，妄想的な混乱した観念は書くことさえできなくなるという点です．ばか者はこれを使うことができず，もし使いこなそうと努力するならば，もうその人はちゃんとした学問のできる人物になってしまうのです[11]．

ここに引用した手紙の中でライプニッツは，適切な記号法が重要であることを示す例として算術と代数に言及している．彼が特に念頭に置いていたのは，日常的な計算をするのに今日も使われている0から9までのアラビア数字を用いた数表記体系が，それ以前の体系（ローマ数字など）に比べて持つ優位性である．0と1だけの数字を用いて任意の数を表すことのできる2進数の体系をライプニッツが見つけたとき，彼はそのシンプルさにいたく感銘した．彼は，他の記数法では隠されてしまっている数論的性質が，2進数表記によって見えやすくなるのではないか，とさえ考えた．この期待通りにはならなかったが，ライプニッツが2進数に深い興味を抱いたことは，現在のコンピュータで2進数の体系が果たしている役割を考えると，驚くべき先見性だったと言うべきだろう．

ライプニッツは，彼の壮大な計画を，3つの主要な柱からなるものと考えていた．まず最初に，適切な記号体系が選ばれる前に，人類の知識のすべてを包括する一覧表あるいはエンサイクロペディア的なものを作ることが必要になる．いったんこれが達成できたら，これらの基底にある基本概念を抽出して，適切な記号体系を用意することが可能になるだろうと彼は主張した．最後に，推論の規則が，この記号体系を操作する計算法に還元される．この操作を，ライプニッツは**推論計算**（*calculus ratiocinator*）と呼んだ．現在の私たちであれば，記号論理学と呼ぶだろうものである．ライプニッツが自分だけではこの計画を完遂できないだろうと感じたと聞いても，私たちにとって特に驚くことは何もない．ましてや，彼が仕えているパトロンから，家系史を完成させるのが最優先の仕事だと，絶えずプレッシャーをかけられていたのだから．しかし，私たちがちょっと理解し難いと感じるのは，この複雑きわまりない私たちが住む宇宙のすべてを単一の記号論理体系に還元可能だなどと，なんだってライプニッツは真剣に信じることができたのだろうか，という点だ．

この謎を解きほぐす糸口は，ライプニッツの目で世界を眺めてみる努力をすることによってのみ，見いだすことが可能になるだろう．彼にとって，この世界で決定されていないもの，あるいは偶然に生じるようなものは，何もない——まったく何もないのだ．すべてのものは，神の計画によって完全に決定されており，これは神が創造しうる可能な世界のうちの最上のものを現実世界として実現した結果なの

である.それゆえ,ライプニッツにとって,この世界のあらゆる側面は——自然的であれ超自然的であれ——理性的な方法での発見を望みうる繋がり方で関連づけられているはずなのであった.こうした視点に立ってのみ,ライプニッツが書いた有名なくだり,善き人々が深刻な難しい問題を解決するためにテーブルに集まる場面について,私たちは理解することができる.彼らが直面している困難な問題を,ライプニッツの企図した言語——普遍記号——を用いて書き下す作業が済んだら,一同は「さあ,計算しよう!」と言って論理計算を始める.結果はペンで書きとめられ,集まった誰しもが必ず受け容れることのできる正しさを持った解が見いだされるのである[12].

ライプニッツは,こうした問題解決のための計算を遂行するとしたら当然必要になるはずの**推論計算**——論理の代数——の方法を創り出すことの重要性を熱心に書いている.

> もし正多面体が何種類あるかを決定した人が賞賛されるとしたら——これは黙考する楽しみを除けば有用性は特にない,あるいは,コンコイドやシソイドなどの曲線や他のめったに使われない図形のエレガントな性質を見いだすことが数学的才能の行使だと考えられているとしたら,それよりは人間の理性的推論の際に働いている数学的法則を見いだすほうが——これこそ私たちにとって最も素晴らしく有用なものである——ずっといいのではないだろうか[13].

普遍記号の体系についてライプニッツは情熱と確信を持って書いていながら計画を明確化する道筋はほとんど示さなかったのに対し,推論計算のほうについては,それを形にしようとする作業をいろいろ試みている.この方向での試みのうち最もよく仕上げられている草稿の一部を,コラムに示した[14].ゆうに1世紀半は時代に先んじて,ライプニッツは論理の代数——通常の代数が数を操作する演算規則を明確にしてくれるのと同様に,ここでは論理概念の操作を司る規則を明確にしてくれる代数——を提案している.彼は,勝手な複数の項について,それらを一緒に合わせて単一の項に結合させる操作を表す,特別な新しい記号 $\oplus$ を導入した.考え方としては,2つの集まりを一緒にして,1つの集まりにまとめる操作と,ある程度似ている.プラスの印が中に入っていて,通常の加法と似た操作であることが示唆されているが,それを丸で囲むことで通常の加法演算と完全には同じものではないという注意が喚起されている.加え合わされるものは,数ではないからだ.高校の代数の教科書に出てくるのと同じ代数演算規則も出てくる.論理概念も一定程度は,数の演算と同じ規則に従うのだ.しかし,もちろん話はそれだけでは終わらな

い．数の演算規則とは全く異なる規則も出てくるのだ．最も驚くべき規則は，ライプニッツが「公理 2」として定式化した，$A \oplus A = A$ だ．いくぶん異なる文脈でのちにブール（George Boole）が彼の論理代数の基礎に置いた規則に通じるもので，複数の項を結合する操作を自分自身に施しても何も新しいものは出てこないこ

定義 3．「A が L の中にある」あるいは「L が A を含む」とは，A がそのうちの 1 つであるような複数の項を一緒に合わせることで L と一致するものを作れる，と言うのと同じことである．$B \oplus N = L$ は B が L の中にあることを意味し，B と N を一緒に合わせることで L が構成できることを表している．同じことは，もっと項の数が多い場合についても言える．

公理 1．$B \oplus N = N \oplus B$．

公準．A と B のような，どんな複数の項についても，一緒に合わせて $A \oplus B$ のような単一の項を作ることができる．

公理 2．$A \oplus A = A$．

命題 5．もし A が B の中にあって，$A = C$ であれば，C は B の中にある．なぜなら，「A は B の中にある」という命題において A を C で置換すれば「C は B の中にある」が与えられるから．

命題 6．もし C が B の中にあって，$A = B$ であれば，C は A の中にある．なぜなら，「C は B の中にある」という命題において B を A で置換すれば「C は A の中にある」が与えられるから．

命題 7．A は A の中にある．なぜなら A は $A \oplus A$ の中にあり（定義 3 より），したがって（命題 6 より）A は A の中にある．

（中略）

命題 20．もし A が M の中にあり，B が N の中にあれば，$A \oplus B$ は $M \oplus N$ の中にある．

ライプニッツが論理計算について書いた草稿からの抜粋例

を主張している．中身が同じコレクションを合わせても，同じコレクションしか生じない．何回やっても，同じことだ．もちろん，数の加法演算ではそうならない．$2+2=4$ であって，2 にはならない．

次章で，私たちはブールがどのようにして——おそらくはライプニッツの試みには全く気づかないまま，彼が先鞭をつけた線に沿って——実際に使える記号論理の体系を作り出したかを見てゆくことになる．ブールの論理学は 2000 年前にアリストテレスが築き上げた論理学の枠内にとどまるものであり，アリストテレスやブールの論理体系が持っていた重大な限界を真に打ち破るには 19 世紀後半のフレーゲ（Gottlob Frege）の仕事を俟たねばならなかった[15]．

膨大な量の文通がありながら，素顔のライプニッツがどんな人物だったのかは，意外とわかっていない．伝記作家の一人は，少しだけ残っているライプニッツの肖像画を見ると，彼の楽観主義的な哲学とは裏腹に，疲れた，不幸で，悲観的な人物というイメージが湧いてきてしまう，と言っている[16]．別の人たちが伝えるところでは，彼は近所の子供たちにケーキをあげたりするのが好きだったという．彼は 50 歳のとき，ある女性に求婚したが，彼女がためらいを見せたとき考えを変えて結婚を断念したらしい[17]．彼は昼間の長い時間と，しばしば夜を徹して机に向かって仕事をし，膨大な数の文通相手に驚くほど几帳面に返信を書き送ったというのが，私たちが知るライプニッツの人物像である．彼の食事は，近くの宿屋から執事が運んで来た．明らかに言えることは，彼が根気よく疲れを知らずに仕事を続けたということである[*8]．

過去の歴史的事実は変えられないが，ちょっとばかり「もしも」という想像に耽りたくなることはある．もしもライプニッツが彼のパトロンの家系史の仕事の束縛から解放され，推論計算の仕事に自由に時間を使うことができたとしたら，どうだっただろうか？　彼は，ずっとのちになってブールがやったことを達成していたのではなかろうか？　もちろん，そんな憶測は何の役にも立たない．ライプニッツが私たちに残したものは，彼の夢である．私たちは，この夢だけでも，人間の深い思索の力の偉大さに感嘆させられる．そして，ライプニッツの夢は，その後の発展を測る判断基準を与えてくれるのである．

[*8] ここでの記述の一部は，クルト・フーバー教授がナチに処刑されるのを待つ刑務所の中で完成させた評伝（Huber, 1951）に負っている．フーバー教授は，反ナチのパンフレットを配布したミュンヘン大学の学生たちの地下組織「白バラ抵抗運動」を支持した咎で斬首処刑された．現在のドイツには，フーバー教授の名を冠した大通りがいくつもあり，ミュンヘン大学には「フーバー教授広場」がある．（フーバー教授の英雄的な役割について教えていただいたベンソン・メイツ氏に感謝する．）

第2章 論理を代数に変換したブール

the UNIVERSAL COMPUTER

ブール艱難辛苦の人生

　美しく聡明な王女カロリーネ（Caroline von Ensbach）——のちの英国国王ジョージ2世の王妃キャロライン——が，ベルリンでライプニッツとはじめて会ったのは1704年である．そのとき，彼女は18歳であった．その後，彼女は英国王室の一員となって渡英するが，そのあとも2人は文通を続け，友情を保った．彼女は，ライプニッツが英国に来られるよう，いまや英国国王ジョージ1世となった義理の父を説得することも試みた．しかし前章の終わりに述べたように，この国王は，ハノーヴァー大公家の家系史を完成させることがライプニッツの任務であり，彼はドイツにとどまらねばならない，と言い張った．

　微積分学の発見をめぐってライプニッツとニュートンが，それぞれの側の信奉者たちを巻き込んで，互いに相手を剽窃者だと罵り合う愚かしい諍いはまだ続いていた．その渦中に，キャロラインも巻き込まれた．彼女は，そんな争いは大した意味を持たないとライプニッツに言ったが，彼は耳を貸さなかった．それどころか，ライプニッツは「英国歴史編纂官」に国王から任命されることを望み，彼女に支援を求めた．この肩書きはニュートンが任命された造幣局長官に匹敵するから，ドイツの名誉が英国と肩を並べる形で守られる，とライプニッツは言うのである．彼はまた，ニュートンが砂の一粒一粒も遠くの太陽に引力を及ぼしていると言うのを批判する．ニュートンはそんな力が伝わり得る方法を何も明らかにしておらず，事実上これは超自然的な仕組みに訴えて自然現象を説明するのに等しく，到底同意できない，とライプニッツは彼女に書き送っている．キャロラインのほうでは，ライプニッツの書いたものが英訳されるよう，取り計らう努力をした．その翻訳ができる人物として推薦されてきたのが，サミュエル・クラーク（Samuel Clarke）である．

　クラークは，哲学者で神学者でもあり，ニュートンの忠実な信奉者であった．彼は1704年に「神の存在と属性」を講義し，神の存在を証明する議論を展開している．キャロラインは，ニュートンの考え方のある部分を批判したライプニッツの手紙をクラークに見せ，彼の返答を求めた．これがきっかけとなって，ライプニッツ

ジョージ・ブール（George Boole）

とクラークの間の書簡の交換が始まり，ライプニッツの死の数日前まで続いた．容易に予想がつくように，両者の論争が意見の一致をみることはなかった．本書の話の流れから見て興味深いのは，ライプニッツの死後ほとんど1世紀半近く経ってから彼の構想の一部をブール（George Boole）が論理の代数として構築するのだが，彼はその方法の威力を，クラークによる神の存在証明を例に取り上げて，示してみせたという事実だ．ブールは，クラークの込み入った論証がシンプルな1組の方程式群に還元できることを示し，論理代数の方法によってライプニッツの夢の一部に生命を吹き込むことに成功した証としたのである[1]．

ライプニッツが生きた17世紀ヨーロッパ貴族の世界からジョージ・ブールが生きた世界に至るためには，2世紀の歳月を踏み越えるだけでなく，社会階層を何層か下降しなければならない．ジョージ・ブールは1815年11月2日，父ジョンと母メアリーの子として，英国東部の町リンカンに生まれた．ブール夫妻は4人の子をもうけたが，結婚から9年間，いちばん年上のジョージが生まれるまで子宝に恵まれなかった．ジョン・ブールは，靴直し屋をして貧しい生計を維持していたが，知的情熱を持った人物で，特に科学器械に興味を持っていた．彼の靴屋の店のウインドウには，自作の望遠鏡が誇らしげに展示してあった．残念なことに，彼は商売人としての才覚はなかった．まもなく誠実な長男が一家の生計を支える重荷を負うことになる[2]．

1830年の6月，リンカンの市民たちは，地方紙の紙面上で繰り広げられたいささか不毛な論争を目にしていた．ガダラのメレアグロス作とされる詩の，ギリシャ語からの英訳のオリジナリティをめぐる論争であった．『リンカン・ヘラルド』の紙面に掲載された問題の作は，「14歳のリンカン市民G. B.」による訳とあった．これに対して，P. W. B. なる人物が，これは盗作に違いないとイチャモンをつけ

たのである．P. W. B. は，G. B. がどこから盗作したかを示すことができなかった．彼は，それでも 14 歳の少年にこれほどの訳ができるとは信じられない，と言い続けた．論争は，G. B. と P. W. B. が『ヘラルド』紙上に数回にわたって交互に投書する形で続いた．

　ブールの家族はジョージの才能を早くから認識していたが，一家は貧乏で，彼に正規の学校教育を受けさせることができなかった．父親による重要な助けもあったが，ジョージ・ブールはもっぱら独学の人であった．ジョージは，ラテン語とギリシャ語を習得しただけでなく，フランス語やドイツ語も独学で身に付けた．これは，のちに彼が，これらの言語で数学論文を書くのに役立った．彼は，どの特定の宗派にも属したことがなく，キリストの神性を信じることもできなかったが，終生にわたって強固な宗教的信念を持ち続けた．彼ははじめ英国国教会の聖職者になる望みを持っていたが，まもなく断念する．彼自身の宗教的立場も理由の 1 つであったが，もっと差し迫った理由は，父親の家業破綻により彼が家計を支える必要が生じたためである．ジョージが教師†1 としてのキャリアを開始したとき，彼はまだ 16 歳になっていなかった．

　最初は，郷里の町から 40 マイルほどの場所にあった小さなメソジスト派の学校で教える職を得たが，2 年間働いた時点で彼はクビになった．彼の変則的な行動に対して苦情が出たのが，理由だったようである．彼は日曜日も数学の勉強を続けただけでなく，なんと教会のチャペルで数学書に読み耽っていた！　ブールがますます数学に傾斜していったのは，この時期である．ずっとあとになって，人生のこの時期を回顧して，彼は次のように説明している．本を買うお金が少ししかなかった彼にとって，数学書は他の分野の本に比べると読み通すのにずっと長い時間がかかり，使った金額あたりに得るところが最も大きいとわかったのだ，と．彼はまた，このメソジストの学校で働いていたとき，突然やってきたというインスピレーションについても，好んで話した．野原を彼が歩いていたとき，論理的関係を代数の形式で表せるのではないか，という考えが心の中を閃光のように走ったというのだ．この体験について，ブールの伝記作家は，ダマスカスへの道の途中で聖パウロ（サウロ）に訪れた回心の瞬間になぞらえている[3]．もっとも，このときの霊感が実際に果実を結ぶのは，ずっとのちになってからである．

　メソジストの学校のあと，ブールはリヴァプールに勤め口を見つけた．しかし，6 ヵ月間教えただけで職を離れる．ここの校長による「粗野な欲望と抑制なしの

---

†1　ジョージ・ブールが教えた相手は，おもにパブリック・スクールや大学などへの入学に備える生徒たちで，科目としてはラテン語やギリシャ語などの古典，初等数学などが中心である．教師の地位としては，ある意味で日本で言う塾講師や予備校教師に少し似ていると言えよう．

激情が氾濫する光景」（ブールの妹の言葉）に耐えられなかったのが理由だという[4]．次に彼は，自宅からわずか 4 マイルの距離にある村に職を得たが，これも短い期間だけの仕事となった．こんどは前向きの理由によってである．19 歳でブールは，家族の財政状況の堅実な基盤となるよう，故郷の町リンカンに彼自身の学校を創設することにしたのだ．のちにアイルランドのコークに新設された大学に教授職で赴任するまで，15 年間にわたって，ブールは成功裏に校長の仕事を続けた．ブールが創設した一連の学校（3 つの学校が引き続いて経営された）は，彼の両親と弟妹が生活してゆく上で唯一の支えであった．妹のメアリー＝アンと弟のウィリアムは，学校の業務に参加して働いた．

　通学学校と寄宿学校両方の運営に加えて，おびただしい数の授業をこなすのは，それだけでもフルタイムの大変な仕事のはずだが，ブールはこの時期に単なる数学の一学徒から創造的な数学者への脱皮を成し遂げる．それに加えて，彼はなんとか時間を作って，社会改革の活動にも参加している．彼は，リンカンの「女子悔悟院（Female Penitent's Home）」の創設発起人の一人であり，理事も務めた．このホームは，「有徳の道を踏み外した女性たちに一時的な宿泊所を提供し，道徳と宗教の指導のもとに勤勉な習慣を身に付けさせ，もって社会の中に名誉ある地位を回復せしめる」ことを目的として謳っている．ブールの伝記作家は，この施設が助けようとした「悔悟する」女性たちとして，売春婦（ヴィクトリア時代のリンカンには，明らかに多数の売春婦がいた）に言及している[5]．別の施設利用者としては，下僕クラスの家政婦などの若い女性で，同じ階層の恋人から結婚を約束されたが妊娠に気づいたとき相手が約束を破り，棄てられたといった場合が考えられ，こちらのケースほうがありそうに思われる[*1]．ブールのセックスに対する個人的な態度については，数学からは離れたテーマを扱った以下の 2 つの講演から少しばかり窺うことができよう．そのうちの教育に関する講演で，彼はこう警告している．

　　　ギリシャやローマの文学の非常に多くの部分は（中略）しばしば異教的な悪習をほのめかし，多くの場合はほのめかし以上の描写をしていて，深く汚されています．（中略）純粋無垢な若者たちが，こうした悪徳で汚された部分を目にしても危険なしに済むとは，私は信じておりません[6]．

　そして，余暇の適切な使い方について語った講演（「リンカン終業時間早期化促

[*1] ロンドンでの類似の施設を調べた研究（Barret-Ducrocq, 1989）には，この種の悲話がたくさん列挙されている．

進協会†2」の運動が成功して1日10時間以内という労働時間制限が決まった直後の講演）において，ブールは厳しい言葉を述べている．

> もし諸君が徳を脇にのけて，欲求を満足させるものだけを求めるならば，そんな行為に弁解の余地はない[7]．

ブールは，熱心なメンバーであった父親のあとを継いで，リンカン職工学校（Lincoln Mechanics' Institute）にも深く関わった．職工学校というのは，ヴィクトリア時代の英国各地に数多く生まれた組織で，職人や労働者たちのために，彼らが仕事を終えてからの教育機会を提供した．ブールは，リンカンの職工学校の委員会に入って働き，付属の図書館の改善を勧告したり，講義をしたり，さまざまな科目で教育を手伝った．すべて無報酬の手弁当であった．

これらの活動で多忙な中でも，彼は時間を見つけては英国と大陸ヨーロッパの最も重要な数学成果を学び，さらには彼独自の貢献を成し遂げた．ブールの初期の仕事の多くは，適切な数学の記号体系の威力を説いたライプニッツの信念に，証言を与えるものだったと言っていい．これらの記号を正しく使うことで，問題の正しい解がほとんど何の助けも借りずに魔法のように出てくる，といった感じの記号体系の威力．ライプニッツは，例として代数を挙げていた．ブールが彼独自の仕事を始めた頃，代数的手法の威力が出てくるのは，量や演算を表す記号が少数の基本ルールあるいは基本法則に従うからだ，ということが英国でも認識されるようになってきた．このことは，代数操作の対象や施される演算がかなり違う種類のものであっても，それらが同じ法則に従う限り，同じ効力がこれらにも働くということを含意する[8]．

ブールの初期の数学の仕事で，彼は数学者たちが**演算子**と呼ぶものに対して代数学的手法を適用した．演算子のあるものは，通常の代数的表現に作用して，新たな代数的表現を生み出す．ブールは，とりわけ**微分演算子**——前章で紹介した微積分学の操作のうちの微分操作を含むのでそう呼ばれる——に興味を持った[9]．微分演算子は，物理世界の基本法則の多くが微分方程式（微分演算子を含む方程式）の形をとるので，特に重要である．ブールは，特定のタイプの微分方程式が，微分演算子に通常の代数的処理を施す方法によって解くことができるのを示した．現在の工学部や理学部の学生は，たいてい学部2年生か3年生のときに微分方程式を学ぶが，その際にこの手法を少し教わることが多い．

---

†2 英語の名称は "Lincoln Early Closing Association"．ブールは，この労働時間短縮運動の熱心なメンバーの1人であった．

私学校の教師をしていた時代に，ブールは1ダースほどの数学研究論文を『ケンブリッジ数学誌』（Cambridge Mathematical Journal）に発表している．それに加えて彼は，非常に長い論文を『王立協会哲学紀要』（Philosophical Transactions of the Royal Society）にも提出した．当初，王立協会側は，どこの馬の骨だかわからないような部外者からの提出論文を受理するのを嫌がった．しかし，最終的に論文は受理され，そればかりか王立協会からの金メダルがまもなく授与された[10]．ブールの論述スタイルは，まずテクニックを紹介して，そのあとで数多くの例にそれを適用してみせる，というやり方で進められることが多い．彼は一般に，彼の手法がうまくゆくということを例示すれば十分という感じの書き方をした．**証明**という手段に訴えてまで方法の正しさを示すということは，あまりやらなかった[11]．

この時期にブールは，英国の若い一流の数学者たちの多くと専門的な内容の文通を交わし，交友関係を発展させていった．ブールの友人ド・モルガン（Augustus De Morgan）がスコットランドの哲学者ウィリアム・ハミルトン卿（Sir William Hamilton）と論争になったとき，論理的関係は一種の代数で表せるのではないかという，ずっと以前の直観的閃きをブールは思い出した．ハミルトンは形而上学に関しては博識の学者であったが，論争好きのわからず屋であった．数学的内容に対しての，全くの無知からとしか思えない酷評を述べた論稿を発表した．論争のきっかけとなったのは，ド・モルガンが発表した論理学についての論文だ．ハミルトンは，自分の論理学上の重要な発見だと考える「述語の量化」（quantification of the predicate）と彼が呼ぶアイデアを，ド・モルガンが剽窃したと騒ぎ立てたのである．このアイデアや熾烈な論争の内容がどういうものだったか，ここで時間を割いて説明する必要はないだろう．重要なのは，これが論理学へ向かう刺激をブールに与えたことである[12]．

若きライプニッツをすっかり魅了したアリストテレスの古典的論理学は，次のような命題を取り上げる．

1. すべての植物は生きている．
2. どのカバも知的ではない．
3. ある人々は英語を話す．

ブールは，論理的推論において重要なのは，ここで使われている「生きている」「カバ」「人々」のような語が，それぞれ当該の語で記述される個体すべてからなる**クラス**（class）または**集まり**（collection）を指しているという点に思い当たった．「生きているもの」のクラス，「カバ」の集まりからなるクラス，「人々」から

なるクラス，なのである．さらに彼は，ここで取り上げているような命題や推論が，クラスを対象とした代数によって表現できることを見抜いた．ブールは，これまで数や演算子を文字で表していたのと同じようなやり方で，各クラスを文字で表した．たとえば，x と y が，それぞれ特定のクラスを表すとしよう．そのとき，x と y の両方に属する個体からなるクラスを，ブールは xy と書くことにした．ブールは，次のように説明している．

> （前略）もし「よい」のような形容詞がある項を記述するのに使われていれば，私たちはたとえば y のような文字によって「よい」という記述が当てはまるすべてのもの——「すべてのよいもの」あるいは「よいもの」というクラス——を表すことにしよう．さらに進めて，xy と文字を組み合わせることによって，x と y それぞれによって表される名辞[†3]あるいは記述が同時に適用できるもののクラスを表すことにしてよいだろう．たとえば，x 単独では「白いもの」を表し，y が「羊」を表すとき，xy で「白い羊」を表すことにしよう．さらに，もし z が「角のある」を表すとすれば，同様にして xyz で「角のある白い羊」を表すことにしよう．（後略）[13]

ブールは，複数のクラスに適用されるこの操作が，数に適用される掛け算と，ある意味で似たものだと考えた．しかし彼は，決定的な違いもあることに気づいた．上の例のように，y が「羊」を表すとしてみよう．このとき，yy は何を表すだろうか？ 当然，「羊であって，かつ羊でもある」という記述が当てはまる個体からなるクラスになるはずである．しかし，これは羊のクラスそのものにほかならない．すなわち，$yy = y$．「x があるクラスを表すとき，つねに方程式 $xx = x$ が成り立つ」という事実を，ブールは彼の論理代数の体系全体の基礎にした——こう言っても，それほど誇張したことにはなるまい．私たちは，この点にあとで再び戻ることになるだろう[*2]．

ブールは 32 歳のとき，論理は数学の形式で表せることを示した，彼の最初の革命的なモノグラフを発表した．より練り上げられた論稿『思考の法則』（*The Laws of Thought*）が世に出るのは，その 7 年後である．この時期には，ブールの人生にも大きな事件が続いた．彼の出身階層や正規の教育を受けていないことを考える

[†3] 原文の表現は "name" だが，クラスに属する個体の固有名ではなく，クラスの「名前」つまり一般名を指す意味に使われているので，「名辞」と訳した．（Laws of Thought のこの前後の説明文には，If the name is "men," … のような表現が出てくる．）

[*2] ブールの方程式 $xx = x$ は，ライプニッツの $A \oplus A = A$ と対比させることができる．どちらの場合でも，2 つの項についての操作を同じ項同士に対して適用すると，元と同じ項が得られる．

と，ブールが英国の大学に地位を得るのは，どう見ても無理であった．ところが奇妙な巡り合わせで，「アイルランド問題」が彼に大学に地位を得る途を開いた．英国による統治に対してアイルランドが抱いていた数多くの苦々しい不満の1つは，ダブリンにある唯一の大学トリニティ・カレッジがプロテスタント系であったことだ．これに対して英国政府が提案したのが，新たに「クイーンズ・カレッジ」と呼ばれる3つの大学を，コーク，ベルファスト，ゴールウェイに新設するというものだった．当時としては珍しく，これらの新設大学はどの宗派とも無関係とする方針が示された．新設大学を明確にカトリック系にするよう求めていたアイルランドの政治家や宗教指導者たちの猛反発にもかかわらず，この方針は貫かれた．ブールは，これら3つの新設大学のいずれかの地位を求めて，公募に応じることにした．最終的に応募から3年後の1849年になって，ブールはコークのクイーンズ・カレッジの数学教授に任ぜられた．

　1849年までにアイルランドは，ジャガイモ葉枯れ病がもたらした最悪の飢饉と疫病に見舞われた．真菌類がジャガイモの収穫を壊滅的に荒廃させるこの植物病は，ジャガイモに食を依存していたアイルランドの貧困層を打ちのめした．餓死を免れた人たちも，栄養失調で免疫が弱っていて，チフス，赤痢，コレラ，回帰熱などの疫病に無防備であった．英国の統治者たちは，この大災厄の原因が枯れ葉病の真菌であることに気づくのが遅れたばかりか，アイルランド人たちが怠惰なためだと非難した．この偏見にみちた状況分析が，何百万人もの人々が飢えているアイルランドから食糧輸出を続けることを正当化するのに使われた．1845年から1852年までの間に，800万人のアイルランド人のうち少なくとも100万人が亡くなり，他の150万人は移民として逃れた[14]．

　ブールは，この悲劇についてほとんど何も語っていない．彼は，動物への残酷な扱いについては義憤を表明したことがあるけれども，アイルランドの人々に対する彼の態度は，どちらかと言うと両義的であった．コークのカレッジ開学の頃にブールがアイルランドについて書いたソネット[†4]の一部からは，そんな態度が窺える．

　　　汝が知恵まだ若々しかれど　年経たる
　　　汝が苦しみと涙の数々　おお，汝が留むる
　　　苦き思い　過ぎし日の痛恨たれこめる心

[†4] 十四行詩とも呼ばれる短い定型詩．ブールはときどき，おもに気分転換のために，発表は想定しないパーソナルな詩作をした．マックヘイルが書いた評伝（MacHale, 1985）によると，ブールの詩作スタイルはワーズワスやミルトンの影響を受けていたようである．また，テニスンも彼のお気に入りであった．

願わくば汝が心底より消し去られんことを[15]

　コークは学術文化の中心地などでは全くなかったが，ここでブールが得た地位と人生の可能性は，19世紀を代表する偉大な数学者の一人に対して提供されたものとしては，私学校の校長とは比較にならないほど適切なものだった．彼の父親は少し前に亡くなっていた．母親には十分な手当をすることで，彼はついに家族を経済的に支える重荷から解放され，自らの人生について考えることができるようになった．コークで彼が教えることになった数学は，大学のものとしては，かなりレベルの低いものであった．シラバスを見ると，「分数と小数の計算」から始まって現在なら中学校で教えるような内容がそれに続いている．ブールの年俸は250ポンド[†5]で，学生からの受講料——学期ごとに1人当たり約2ポンド——も彼の収入になった．彼は助手を持たず，毎週の宿題はすべて自分で採点した．

　クイーンズ・カレッジをめぐる諍（いさか）いは続いた．傑出した科学者であったコークの学長ケイン卿（Sir Robert Kane）はカトリックだったけれども，明らかにカトリック系は過小評価されていた．21名の教授陣のうちカトリックだったのは，あと1人だけだった．カトリック教会の権威筋は，聖職者がカレッジの仕事に参加するのを禁止さえした．アイルランド人の教授候補者は意図的にはずされ，イングランドやスコットランド出身の二流の候補者たちが教授になったと感じる人たちもいた．学長のケインは，教授たちと親しい関係を築こうとしなかった．彼の妻はコークのような田舎には住む気がなかった．そこで学長は大学の所在地にはほとんど行かずに，首都ダブリンから大学運営を取り仕切ろうとした．このことが，気まぐれで喧嘩腰の態度で臨（のぞ）む彼のやり方と相俟（あいま）って，絶えず学長と教授陣が対立する事態を招いていた．これら不毛な争いに，たいていブールも巻き込まれていた[16]．

　やがてブールの妻となるメアリー・エヴェレスト（Mary Everest）は，コークに住む人たちから彼の人物評を最初に聞いたときの印象を，のちの回想に記している．ある貴婦人は，「あの数学の教授は，どんな人ですか？」と会話相手から尋ねられたとき，「あなたの娘さんを一緒にさせても安心できる，そんな男性です」と答えていた．別の貴婦人の家をメアリーが訪ねたとき幼い子供たちがいないので尋ねると，ブールが彼らを散歩に連れて行ってくれたのだという．よくあることで，

[†5] 当時の250ポンドがいまのお金でどれくらいの金額に相当するかは，どの経済指標を使うかにも依存し，換算はとても難しい．ソブリン金貨の金含有量に現在の金価格を掛けた「単純金本位制」で考えると，1ポンド＝34,200円程度（2016年6月現在）程度になり，ブールの年俸は900万円弱，いまの日本の大学教授と同程度になる．ロンドンの生活事情や金銭価値を歴史的にたどって要約した刑事法院のページ https://www.oldbaileyonline.org/static/Coinage.jsp (accessed 2016/6/23) によると，年収100ポンド以下では中程度の生活を維持するのは難しい，年収500ポンド以上だと"middle class"（じつは上から2%ほどの富裕層）になるとある．

いつも助かるので喜んでいると彼女は言った．「ブールさんは，みんなの人気者みたいですね」とメアリーが言うと，貴婦人は異を唱えた．

> 彼は，私が気に入るタイプなんかじゃありません．あの人たちの上流社会は，私ちっとも楽しめません．私，ああいう立派な人たちと付き合いたいとは思いません．(中略) あの人は，相手によこしまなところがあると思っていても，決して顔に出しません．あんな純粋で高潔な人のそばにいると，こっちが何かぎょっとさせるような悪いことをしていないかと，気になって落ち着かないんです．あの人は，私が邪悪な人間であるみたいに感じさせてしまう．でも，彼が私の子供たちの相手をしてくれているときは安心しています．子供たちがよい感化を受けているのを知っていますから[17]．

メアリー・エヴェレストは，かなりエキセントリックな聖職者の娘で，世界最高峰に名をとどめる測量家であった陸軍中佐ジョージ・エヴェレスト卿の姪にあたる．彼女は，ブールの友人で同僚のジョン・ライオール（John Ryall）——コークの副学長でギリシャ語の教授——の姪でもあった．ライオール家とのつながりが，ジョージとメアリーを結び付けた．子供の頃からメアリーは数学に才能を示し，ジョージが個人指導を始めてから，彼らは仲のいい友人となり，頻繁な文通もした．ブールのほうでは，17歳の年齢差からして，それ以上の関係はありえないと思っていたようである．しかし，最初に出会ってから5年後，ブールが40歳のときにメアリーの父親が亡くなると，事態は急転回する．支えもなく残されたメアリーに対してブールは求婚し，彼らはその年のうちに結婚した．

彼らの結婚生活は，9年だけに終わる．ブールが，わずか49歳で亡くなったためだ．寒い10月の暴風雨の中を3マイル歩いて授業に向かったブールは，気管支炎から肺炎を発症し，2週間後に亡くなった．悲しいことに，彼の死は妻の奇妙な医学上の思い込みによって，早められた．彼女は，冷たい水浸しのベッドシートに寝かせることによって，彼の肺炎を治療しようと試みたのである[18]．

にもかかわらず，彼らの結婚生活は明らかに幸福なものであった[19]．メアリー・ブールは「明るく輝いていた夢のような日々」だったと回想している．彼らは，5人の子供をもうけた．すべて女の子であった．ブール未亡人は世紀を越えて長生きし，第一次世界大戦が英国海峡を挟んで熾烈を極めていた時期に84歳で亡くなった．彼女は，さまざまな神秘的信念に執着するようになり，無意味なたわごとを山のように書いた．ブールの娘たちは，いずれも興味津々の人生を送った．三女アリシア（Alicia）は，驚異的な幾何学的才能の持ち主であった．彼女は，4次元空間

内の図形を明瞭に視覚的にとらえることができた．この能力によって，彼女はいくつかの重要な数学的発見をすることができた[†6]．しかし，最も驚嘆すべきなのは，末娘のエセル・リリアン（Ethel Lilian）だ．彼女は父親が亡くなったとき，まだ6ヵ月の赤ん坊で，子供時代はひどく貧乏だったと回想している．リリー——そう彼女は呼ばれていた——は，やがて19世紀末にロンドンを本拠にしていた亡命ロシア人の革命運動家たちのサークルに出入りするようになる．革命運動家の仲間を手助けするために当時ポーランドの大部分を領土に含んでいたロシア帝国に足を運んだ彼女が，ワルシャワ要塞監獄を見上げていたとき，その姿を鉄格子越しに見ていた囚人が，のちに夫となるヴォイニッチ（Wilfred Voynich）だったという．何年か後にロシア帝国を逃れてロンドンに辿り着いたヴォイニッチは，彼女を見つけ出した．このロマンティックな再会ののち，まもなく彼らは結婚する．

　リリーは，のちに小説『あぶ』（*The Gadfly*）[†7]の作者として有名になる．この小説は，彼女が短い一時期だけ激しい情事を重ねたシドニー・ライリー（Sidney Riley）という男の破天荒な生き方にインスピレーションを得て執筆されたものだ．のちに，ライリーの諜報員としての活動にもとづいて，『ライリー：スパイの切り札』（*Riley: Ace of Spies*）というTVミニ・シリーズも放映され，彼のことは広く知られるようになった[†8]．とてつもなく皮肉なことに，ライリーが激しい反共主義者でボルシェヴィキに捕えられてロシアで処刑された人物であるにもかかわらず，この男の恋人が書いた小説は——当局者たちの真意は不明だが——ソヴィエト・ロシアの学校の生徒たちの必読書に指定されていたのである[†9]．1955年，ソヴィエト共産党機関紙『プラウダ』は，『あぶ』の作者がニューヨークに健在だとわかり，彼女にソ連側から印税15,000ドルの小切手が手渡されたという報告を，モスクワの読者たちに伝えた．彼女は，その5年後に96歳で亡くなった[20]．

✎ ブールの論理代数

　本題の，論理に対して適用される，ブールの新しい代数に話を戻そう．x と y が

[†6] マックヘイル（MacHale, 1985）によると，彼女は大学教育は受けておらず，数学的活動も断続的であった．70歳の頃の1930年に甥のテイラー（G.I.Taylor）にカナダの幾何学者コクセター（H.S.M.Coxeter）を紹介され，一緒に仕事をしている．1940年に80歳で亡くなった．
[†7] 日本語訳は，エセル・ヴォイニッチ，佐野朝子訳，『あぶ』，講談社文庫，1981．ただし，現在は絶版．
[†8] 12話からなるシリーズとして，1983年にITVで放映された．
[†9] 旧ソ連では3回にもわたって映画化されており，2番目の映画化（1955）のときにはショスタコーヴィチが組曲『馬あぶ』を作曲している．実物にあたって確認していないが，上記の佐野朝子訳はオリジナルの英語からではなくロシア語版からの訳だという．

2つのクラスを表すとき，ブールは x と y の両方のクラスに属するものからなるクラスを xy と書いて表した．ここで彼は，通常の代数における掛け算とのアナロジーを示唆する意図をもって，この記法を用いている．現在の用語法では，xy は x と y の**共通部分**と呼ばれる[21]．私たちは，x がクラスを表すとき方程式 $xx = x$ がつねに成り立つことも見てきた．ブールは，ここから次の問いに導かれた．**x が数を表す通常の代数の場合，方程式 $xx=x$ が成り立つのは，どのような場合だろうか？** 答えは単純明快である．方程式が成り立つのは，x が 0 か 1 のときであり，それらの場合に限る．ブールは，ここから論理の代数は通常の代数を 0 と 1 の 2 つの値だけに制限したものにほかならない，という原理を導き出した．しかし，これに意味を持たせるためには，0 と 1 の記号がクラスを表すように再解釈することが必要になる．手掛かりは，0 と 1 のそれぞれが通常の掛け算に関してどのようにふるまうか眺めてみることで得られる．**0 掛ける任意の数は 0 であり，1 掛ける任意の数は掛けた数そのものになる**．式で書くと，

$$0x = 0, \qquad 1x = x.$$

クラスの掛け算においても同じ式が成り立つような，クラス 0 と 1 を探してみよう．すぐわかるように，0 を**属するものが何もないクラス**だと解釈すれば，すべてのクラス x に対して $0x$ が 0 と等しくなる．現代的な用語で言えば，0 は**空集合**にほかならない．同様にして，1 を**いま考察している範囲ですべての対象を含むクラス**——「論述がいま扱っている宇宙」と言ってもいい——だと解釈すれば，すべてのクラス x に対して $1x$ が x と等しくなる．

通常の代数では，掛け算のほかに足し算や引き算も扱う．それゆえ，論理の代数は通常の代数に特別なルール $xx = x$ が課されたものになることをブールが示すためには，彼は $+$ と $-$ の解釈も与えなければならなかった．そこで，x と y が 2 つのクラスを表すとき，$x+y$ は x か y のいずれかのうちに見いだされるものすべてのクラスを表す，とブールは解釈した．現在の用語で言うと，x と y の**合併**である．ブール自身が挙げている例を使うと，x が男の人のクラスで y が女の人のクラスだとすると，$x+y$ はすべての男女の人間からなるクラスになる．また，ブールは x には属するが y には属さないものからなるクラスを，$x-y$ と表記している[22]．もし x がすべての人々からなるクラスを表し，y がすべての子供からなるクラスを表すとすれば，$x-y$ はすべての大人からなるクラスを表すことになるだろう．特に，$1-x$ は x に含まれないものすべてからなるクラスを表すだろうから，

$$x + (1-x) = 1.$$

ブールの代数がどんなふうに働くか，これから少し見てみよう．通常の代数の記法に従って xx を x^2 と記すことにすると，ブールの基本ルールは $x^2 = x$ または $x - x^2 = 0$ と書ける．通常の代数規則に従ってこれを因数分解すると，

$$x(1-x) = 0.$$

言葉で表現すると「**任意に与えられたクラス x について，それに属しかつ属さないものは，いっさい存在しない**」．ブールにとって，これは心ときめく結果であり，彼の試みが正しい方向に向かっていると勇気づけてくれるものだった．じっさい彼は，アリストテレスの『形而上学』を引用して，この方程式が表している内容を述べている．

> （前略）「矛盾律」をアリストテレスは，すべての哲学の基礎となる公理だと述べている．「同じ性質が，ある事物について同時に帰属しかつ帰属しないということは，不可能である．（中略）これは，すべての原理のうちでも最も確かなものである．（中略）それゆえ，論証を行う者は，これを究極の判断の拠り所とする．なぜなら，これは本性上，他のすべての諸公理の源泉だからである．（後略）」[23]

ブールは，新しく一般性をもった考え方の導入を試みる科学者の誰もがするように，その当否を探る目印となる重要な従来の知見——この場合はアリストテレスの矛盾律——に当たってみて，それが新しい考え方から自然に出てくるのを知って，確認の手応えに歓喜していたに違いない．じっさい，ブールの時代に論理学について書いている大部分の論者は，この学問の題目全体をアリストテレスが何世紀も前に達成した結果と同一視していたのである．ブールが書いているように，こうした態度は「論理の科学は，他のすべての科学分野では当然とされている，知識は不完全で進歩の途上にある，という条件を免除されている（後略）」という慢心を保ち続けることにほかならない．アリストテレスが研究したのは論理学の一部分で，**三段論法**（*syllogisms*）と呼ばれる非常に特殊な，限定された種類の推論を扱うものだった．これは，**前提**（*premises*）と呼ばれる2つの命題から，**結論**（*conclusion*）と呼ばれる別の命題を導き出す推論方法である[*3]．前提と結論は，次の4つのタイプのいずれかに当たる命題として表現できるものでなければならない．

命題のタイプ	例
すべての X は Y である	すべての馬は動物である．
どの X も Y ではない	どの木も動物ではない．
ある X は Y である	ある馬は純血統である．
ある X は Y ではない	ある馬は純血統ではない．

妥当な三段論法の例を次に示そう[†10]．

$$\frac{\text{すべての } X \text{ は } Y \text{ である}}{\text{すべての } Y \text{ は } Z \text{ である}}$$
$$\text{すべての } X \text{ は } Z \text{ である}$$

　この三段論法が**妥当**（*valid*）であるとは，X, Y, Z をどのような性質（述語）で置き換えても，前提となっている 2 つの命題が真である限り結論も真になるということを意味する．この三段論法の型について，2 つの例を以下に示そう．

$$\frac{\text{すべての馬は哺乳動物である．}}{\text{すべての哺乳動物は脊椎動物である．}}$$
$$\text{すべての馬は脊椎動物である．}$$

$$\frac{\text{すべてのブージャムは怪物スナークである．}}{\text{すべての怪物スナークは紫色をしている．}}\text{[†11]}$$
$$\text{すべてのブージャムは紫色をしている．}$$

　ブールの代数的方法は，この三段論法が妥当な型（タイプ）であることを容易に示すことができる．X に属するすべてのものが Y に属するというのは，X に属しながら Y には属さないものは何もない，と言うのと同じことである．すなわち，$X(1-Y) = 0$，あるいはこれと同等の $X = XY$．同様にして，2 つ目の前提は $Y = YZ$ と書ける．これらの方程式から，以下の結果が得られる．

---

*3　ルイス・キャロルによると，「お馬鹿推論（sillygism）」は「とりすましたお嬢さんたち（prim Misses）」から「錯覚（delusion）」を導き出すもの，とのことである（Carroll, 1988, pp.258-259）．[訳者補足：日本語訳では，柳瀬尚紀訳『シルヴィーとブルーノ』（ちくま文庫，1987）の p.237．柳瀬訳では "sillygism" は「辟易論法」，"prim Misses" は「浅女観念」，"delusion" は「戯論」となっているが，いずれも訳註がついている．英語スペルをもじった駄洒落なので，どのみち直接的な日本語訳は不可能に近い．]

[†10]　実線の上の 2 つの命題が「前提」，実線の下が「結論」である．以下同様．

[†11]　ブージャム，スナークは，ルイス・キャロルの詩「スナーク狩り」に出てくる得体の知れない架空の動物．

$$X = XY = X(YZ) = (XY)Z = XZ.$$

これは，私たちが求めていた結論である[24]．

もちろん，三段論法の形をしているように見えても妥当でない場合もある．**妥当でない三段論法**の例は，先ほどの例の2つ目の前提と結論とを入れ替えることで得られる．

$$\frac{\begin{array}{c}\text{すべての } X \text{ は } Y \text{ である}\\ \text{すべての } X \text{ は } Z \text{ である}\end{array}}{\text{すべての } Y \text{ は } Z \text{ である}}$$

この場合は，2つの前提 $X = XY$ と $X = XZ$ から，想定されている結論 $Y = YZ$ を得ることはできない[†12]．

今にして思えば，三段論法が論理学のすべてだという当時広く行き渡っていた思い込みや，ブールがそれを痛烈に批判していたことなどは，なかなか理解しにくいところである．ブールは，日常的に用いられる推論の多くが，彼の言う**二次的命題**（*secondary propositions*）——命題間の関係を表す命題——を含むことを指摘した．そうした命題については，三段論法は使えない．

そんな推論の簡単な例として，ジョーとスーザンの会話に耳を傾けてみよう．ジョーの小切手帳が見当たらず，探すのをスーザンが手伝っているという状況である．

スーザン：「あなた，買い物に行ったときスーパーに置き忘れてきたんじゃないの？」

ジョー：「いや，それはない．僕がスーパーに電話したら，彼らは探してくれたんだけれども見つからないと言ってきた．僕がスーパーに置き忘れてきたんだったら，彼らは間違いなく見つけたはずだ．」

スーザン：「ちょっと待って！ ゆうベレストランで食事したとき，あなた小切手を切っていたわね．私そのとき，あなたのジャケットのポケットに小切手帳があるのを見たわよ．もし，あのあと小切手帳を使っていなかったら，まだそこにあるはずよ．」

[†12] この三段論法が妥当な型になっていないということは，反例が必ず見つかることを意味する．「反例となる命題を考えなさい」というのが通常の練習問題であるが，ここではブールの論理代数に敬意を表してブール値での反例を挙げておこう．$X = Z = 0, Y = 1$ の場合，前提 $X = XY = 0$ と $X = XZ = 0$ は成り立つが，$Y = 1, YZ = 0$ だから $Y \neq YZ$ となり，結論 $Y = YZ$ が成り立たない反例となっていることがわかる．

ジョー:「なるほど，きみの言う通りだ．僕はあのあと小切手を切ったりしていないから，小切手帳はまだジャケットのポケットにあるはずだ．」

　論理学にとって間が悪い日でなければ，ジョーが上衣を手にとると探していた小切手帳が見つかり，めでたく一件落着となるわけである．では，ジョーとスーザンの推理を分析するのに，ブールの代数がどのように使えるかを見てゆこう．
　ジョーとスーザンは，彼らの推理において次の命題を扱っている．（各命題をアルファベットの大文字でラベルしてある．）

L 　　ジョーはスーパーに小切手帳を置き忘れてきた
F 　　ジョーの小切手帳はスーパーで見つかった
W 　　ジョーはゆうべ行ったレストランで小切手を切った
P 　　ゆうべ小切手を切ってから，ジョーは小切手帳をジャケットのポケットにしまった
H 　　ジョーはゆうべのレストランのあとは，小切手帳を使っていない
S 　　ジョーの小切手帳は，彼のジャケットのポケットにまだある

ジョーとスーザンは，次のような推論の形を用いた．

前提．　　　もし L ならば F である
　　　　　　　F ではない
　　　　　　　W であり，かつ P である
　　　　　　　もし W かつ P かつ H であれば，S である
　　　　　　　H である

結論．　　　L ではない
　　　　　　　S である

　アリストテレスの三段論法と同様に，上記の推論も妥当な形をしている．他の妥当な推論と同じように，この場合も**前提**と呼ばれる命題がすべて真であれば，**結論**と呼ばれる命題も真であると推論していいからだ．
　ブールは，クラスについての演算で機能したのと同じ代数が，この種の推論についても機能するだろうと考えた[25]．ブールは，$X = 1$ のような方程式を，命題 X が真であることを意味するものとして使った．同様にして，彼は方程式 $X = 0$ を，

X が偽であることを意味するものとして使った．このやり方で，彼は「X ではない」を，$X = 0$ という方程式で書くことができた．また，「X かつ Y である」を，彼は $XY = 1$ という方程式で書いた．これでうまくゆく理由は，「X かつ Y である」が真であるのは X と Y がともに真である場合だが，代数的に $XY = 1$ が成り立つのは $X = Y = 1$ の場合で，$XY = 0$ が成り立つのは $X = 0$ または $Y = 0$（あるいは両方とも 0）の場合であるからだ．

最後に「もし X ならば Y である」という命題だが，これは次の方程式で表せる．

$$X(1-Y) = 0.$$

これを理解するためには，まず，上の命題は次の代数的な主張と同じことを言っているのに注意する．

もし $X = 1$ が成り立つ**ならば** $Y = 1$ が成り立つ

ところが，条件文を表現するものとして提案されている方程式 $X(1-Y) = 0$ に $X = 1$ を代入すると，$1 - Y = 0$ すなわち $Y = 1$ が導かれる．

こうした考え方を用いることによって，ジョーとスーザンが推理の前提として使った各命題を方程式で表すことが可能になる．

$$L(1-F) = 0,$$
$$F = 0,$$
$$WP = 1,$$
$$WPH(1-S) = 0,$$
$$H = 1.$$

2番目の方程式を最初の方程式に代入すると，$L = 0$ すなわち最初の結論が導かれる．3番目と5番目の方程式を4番目の方程式に代入すると，$1 - S = 0$ すなわち $S = 1$ が導かれる．これは，結論の2番目として期待していた結果そのものである．

もちろん，ジョーやスーザンがこんな代数を使う必要は全然ない．しかし，ごく普通に人間が付き合っている日常世界で起こっている，形式ばらず暗黙のうちに行われるような種類の推理の流れが，ブールの代数を使って把握できるという事実は，もっと複雑な論理的推論を把握するのにも使えそうだと勇気づけてくれるものだ．数学は，高度に複雑な論理的推論を系統的に組み込んだものと考えることがで

きるかもしれない．そして，それがなぜ数学が自然科学でこんなに役立つのかという理由なのではないか．だとすると，論理学の理論を究極的にテストするのは，それが数学的推論のすべてを包括できるか否かだということになる．私たちは，この問題を次章で取り上げることになるだろう．

　ブールの方法を紹介する最後の例として，この章の冒頭で取り上げたサミュエル・クラークによる神の存在証明に戻ることにしよう．クラークの長々と込み入った演繹を追うことはしないが，ブールがそれをいかに料理したかを眺めてみるのは，ちょっと楽しそうである．そこで，一部だけだが，以下に引用する[26]．

前提．
1. なにものかが存在する．
2. もし，なにものかが存在するのであれば，それはつねに存在していたか，あるいは何も存在しないところから事物が出現してきたか，のいずれかである．
3. もし，なにものかが存在するのであれば，それは自らの本性により必然的に存在するか，他の存在者の意思によって存在するか，のいずれかである．
4. もし，それが自らの本性により必然的に存在するのであれば，それはつねに存在していた．
5. もし，それ（なにものか）が他の存在者の意思によって存在するのであれば，何も存在しないところから事物が出現してきたという仮説は偽である．

私たちは，上記の諸命題を記号によって表現しなければならない．
以下のように記号化しよう．

$x =$ なにものかが存在する．
$y =$ なにものかが，つねに存在していた．
$z =$ 何も存在しないところから事物が出現してきた．
$p =$ それ（なにものか）は自らの本性により必然的に存在する．
$q =$ それは他の存在者の意思によって存在する．

この記号をもとに，ブールは前提の各命題から次の各方程式を得た．

$$1 - x = 0,$$
$$x\{yz + (1-y)(1-z)\} = 0,{}^{\dagger 13}$$
$$x\{pq + (1-p)(1-q)\} = 0,$$
$$p(1-y) = 0,$$
$$qz = 0.$$

クラークは，彼の精妙な形而上学的議論が，こんな単純な方程式の操作に還元されてしまうのを見たら，何と言うだろうか．ニュートンの信奉者として，わりと喜んだかもしれない．しかし，数学を激しく嫌っていた喧嘩早い形而上学者のハミルトン卿は，ぞっとして，ひどく反感をかきたてられたに違いない．

✒ ブールと「ライプニッツの夢」

ブールの論理代数のシステムは，アリストテレス論理学の全体をカバーし，さらにその先にまで守備範囲を広げていた．しかし，それでもライプニッツの夢を実現するために必要なものを用意できたかというと，まだまだ足りないところがあった．例えば，次の命題を考えてみよう．

すべての単位を落とす学生は，愚か者か怠け者かのいずれかである

ちょっと見ると，これは次のタイプの命題であるような気がする．

$$\text{すべての } X \text{ は } Y \text{ である}$$

しかし，このタイプの命題だとして理解するには，愚か者であるか怠け者である学生たち全員を 1 つのクラスとして，ひとまとめにして扱うことが必要になる．ひとまとめのクラスとして扱ってしまうと，それぞれの学生が愚か者だったために単位を落としたのか怠け者だったために単位を落としたのか，区別して推論を進めることが不可能になってしまう．私たちは次章で，フレーゲ（Gottlob Frege）による論理学のシステムが，いかにして上のような繊細なタイプの推論も含めて扱えるよう組み立てられているかを見ることになるだろう．

---

†13 ブールは，クラークの議論にある「y であるか z であるか，のいずれかである」を排他的論理和（y と z が両方とも成り立つことは決してない）の意に解して，方程式を立てている．y と z の排他的論理和は，「y であり z ではない」と「z であり y ではない」を合わせたものだから，代数的には $y(1-z) + z(1-y)$ で表せる．だから，「x ならば，この排他的論理和が成り立つ」という命題は，方程式 $x\{1 - [y(1-z) + z(1-y)]\} = 0$ で表される．前提の 3 番目の命題と方程式についても同様である．

ブールの代数は，計算のための規則を備えたシステムとして，単刀直入に使うことができる．だから，一定の限界はあるけれども，ライプニッツが探求していた**推論計算**（calculus ratiocinator）に形を与えたと言えるかもしれない．ライプニッツは，このテーマについては手紙に書いたか，未発表の草稿として残しただけで，それらを集めて刊行する真剣な努力が払われたのは，ようやく19世紀も末になってからである．だから，ブールが彼の先駆者の努力に気づいていたと考えるのは，まず無理である．にもかかわらず，ブールの全面開花したシステムとライプニッツの断片的な試みとを比較してみるのは興味深い．冒頭の章で部分的に紹介したライプニッツの試論は，公理2として $A \oplus A = A$ を宣言している．だから，ライプニッツが考えていた論理演算は，ブールの基本原理 $xx = x$ に従うものだったと考えることができる．ライプニッツはそれだけでなく，少数の公理群からすべての推論規則が導き出される完全な演繹系として彼の論理学を提案していた．これは，現代の論理学で行われていることとも合致し，この意味では彼はブールの先を行っていた．

ジョージ・ブールの達成の偉大さは，論理的推論を数学の一分野として発展させることが可能であることを，決定的に示して見せた点にある．先駆者として論理学を開拓したアリストテレス以降，ある程度の（特にヘレニズム期のストア派や12世紀からのヨーロッパのスコラ学者たちによる）発展はあったが，アリストテレスがやり残したまま2000年間にわたって事実上手つかずだった課題を見いだしたのはブールである．ブール以降，数理論理学は途切れることなく発展を続けて，現在に至っている[*4]．

[*4] 国際組織である記号論理学会（Association for Symbolic Logic）は，2つの季刊学会誌を刊行しており，新しい研究を広く知らしめるための定期的な会議も開催している．また，ヨーロッパの論理学者たちは，彼ら独自の年次ミーティングを開いている．論理学とコンピュータとの間の関連を扱う分野の新しい研究は，年次の国際会議 Logic in Computer Science and Computer Science Logic conferences で発表されている．

第3章　フレーゲ：画期的達成から絶望へ

　1902年の6月，中世の趣を残すドイツの街イェーナに住む，当時53歳のゴットロープ・フレーゲ（Gottlob Frege）宛てに，一通の手紙が届いた．差出人は，若い英国の哲学者バートランド・ラッセル（Bertrand Russell）であった．フレーゲは自分が重要で根本的な発見をしたと信じていたが，彼の仕事はほとんど完全に無視されてきた．だから，彼は手紙の前半の次のような箇所を読んだとき，ある満足を感じたに違いない．「すべての主要問題について私は学兄とまったく同意見でございます．（中略）学兄の御著書には，他の論理学者に求めても得られない検討・区別・定義が見いだされます[†1]．」しかし，手紙は「ただ一点だけ私は難点に逢着いたしました．」と続く．フレーゲはすぐに，この1つの「難点」が彼のライフワーク全体を崩壊させてしまうだろうことを悟った．ラッセルが続いて次のように書いていることも，彼をあまり慰めることにはならなかったに違いない．「論理学の厳密な論究は，基礎的な諸問題については，まだ非常に遅れております．学兄の御研究は私の知るかぎり現代最良のものと存じます．さればこそ私は学兄に深い敬意を表する次第であります．」

　フレーゲは問題点に気づいたことを，ただちにラッセルに書き送った．彼が自分で作り上げた論理学的手法を算術の基礎に応用した学術書の第2巻の原稿は，すでに印刷所に行っていた．フレーゲは次の言葉で始まる補遺を，急いで付け加えることにした．「一人の科学者にとって，その仕事が完成したまさにそのときに，それが土台から崩壊するのを見る以上にひどい不幸はない．私は，バートランド・ラッセル氏より受け取った手紙によって，そうした立場に置かれることになってしまった．（後略）」

　ずっと後になって，フレーゲの死から40年近く経って，この一件についてラッセルは次のように書いている．

　　学問的な誠実さと潔さについて考えるとき，真理に対するフレーゲの献身に比肩すべきものを私は知らない．彼に比べて全く取るに足らない連中によって

[†1] この有名な手紙については，野本和幸（編）『フレーゲ著作集』第6巻（勁草書房，2002.）に収録されている土屋純一氏の訳を使わせていただいた．ただし，著者が部分的に引用しているので，文意が通じるように少し手を加えた．

都合よく無視されながらも，人生のすべてを費やして彼の労作をほとんど完成させ，著書の第2巻がすぐにも印刷されようとしていた間際，彼の基本的な仮定に誤りが含まれていたのを知ったとき，フレーゲは個人的な失望の感情を完全に抑えて，知的な喜びをもって応じたのである．これは，ほとんど超人的なことであったが，人は，ただ優位を占め有名になろうとする粗野な努力とは違って，真に創造的な仕事と学問に打ち込んでいる場合には，そうした態度を取り得るのだということを物語っている[1]．

現代の哲学者マイケル・ダメット（Michael Dummett）の仕事は，多くがフレーゲの着想に触発されたものだった．しかし，彼はフレーゲの「誠実さ」について，全く異なる調子で書いている．

> 長年にわたって，その哲学的見解を学ぶことに私が多大の時間と思索を捧げてきた人物が，少なくとも晩年には毒々しい人種差別主義者，とりわけ反ユダヤ主義者だったというのは，じつに皮肉な事実であった．（中略）彼の日記は，フレーゲが極端な右翼的意見を持っていた人間であり，議会制度，民主主義者，自由主義者，カトリック，フランスそして何よりもユダヤ人に対する，憎悪に満ちた敵意を持っていたことを示している．ユダヤ人たちに対して，彼は政治的権利が剥奪され，望むらくはドイツから追放されるべきだと，考えていた．私はフレーゲを完全に理性的な人間として尊敬していたので，はげしいショックを受けた[2]．

フレーゲの論理学への貢献は，はかりしれないほど重要である．彼は，はじめて通常の数学で使われる論理的推論をすべて含む，十分に発展した論理体系を与えた．また，論理的分析を用いて言語を研究する彼の先駆的な仕事は，その後の哲学の重要な発展の基礎となった．今日，たいていの大学図書館で「フレーゲ」をキーワードに蔵書検索すると，ゆうに50を超える文献が出てくるだろう．しかし1925年に，自分のライフワークが空しいだけの結果に終わったという痛恨の中で彼が死んだとき，その死は学術的コミュニティーからは無視された[3]．

フレーゲは，1848年11月8日にドイツの小さな町ヴィスマールで生まれた．彼の父親は福音主義教会の聖職者で，女子高校の校長をしていた．彼の母親もこの学校で働いていた．フレーゲは38歳のときに，当時35歳だったマーガレーテ・リーゼバーグ（Margarete Lieseberg）という女性と結婚した．17年後に彼女が亡くなるまでの結婚生活だったが，実子を残すことはなかった．母方の親類に当たる

第3章 フレーゲ：画期的達成から絶望へ | 41

ゴットロープ・フレーゲ（Gottlob Frege）ミュンスター大学 数理論理学および基礎論研究所 提供

聖職者からの頼みで，フレーゲは1908年に当時5歳の孤児だった男の子を養子として引き取った．じつは，フレーゲが死の前年の1924年に記し，ダメットをあれほど憤慨させ幻滅させることになった，悪名高い日記が世に知られることになったのは，この養子アルフレート（Alfred）のおかげである．アルフレート・フレーゲ自身は，パリ占領ドイツ軍の一員として従軍していたが，1944年の6月，交戦中に戦死した．連合軍のノルマンディー上陸後わずか1週間余り，パリ解放の2ヵ月前のことである．くだんの日記は，父親が手書きしたものをアルフレートがタイプし，ヒトラーが権力を掌握した5年後の1938年になって，ショルツ（Heinrich Scholz）が管理していたフレーゲ文書館(アーカイヴ)に送ったものである．当時のドイツでは，ダメットを憤慨させたような感情的傾向は，例外的なものではなかった．元の手書きの日記と，アルフレートが父親の一生について書いたものは，ともに失われて現存しない．

　フレーゲは21歳のとき，大学に入学した．イェーナで2年間学んだのち，彼はゲッティンゲン大学に移り，その3年後そこで数学の博士号を授与された．学位取得後，彼はイェーナ大学の私講師（Privatdozent）に任命されたが，この地位は無報酬であった．この時期，彼は母親の金銭的支援を受けていたと思われる．彼女は，フレーゲの父親が亡くなったあと，女学校の経営を引き継いでいた．5年後にフレーゲは昇進して，イェーナ大学の准教授（ausserordentlichen Professor）となるが，退官する1918年まで，その地位のままであった．大学の同僚たちはフレーゲの仕事を全く評価しなかったので，彼が正教授の地位に昇進することは決してなかったのである．晩年は生活に貧窮し，生地ヴィスマールに近いバート・クライネンの親類の許に寄宿することを強いられ，そこで亡くなった．例の無惨な日記の記入最終日から1年余り後のことである．

フレーゲが最初にイェーナ大学に地位を得た 1873 年当時，新たに統一を果たしたばかりのドイツは幸福感いっぱいの状態であった．ナポレオン 3 世のフランスとの間の戦争は，大勝利に終わった．とてつもないスピードで工業が発展していった．皇帝ヴィルヘルム 1 世が世を去るまでは，宰相ビスマルクが狡猾な政治手腕を発揮し，各国との同盟関係を注意深く築くことでドイツの安全を保った．ビスマルクと「先の皇帝[†2]」が，終生にわたるフレーゲのヒーローであった．しかしながら，皇帝が軍隊と外交関係についての完全な統帥権を持つべきだと考えていたビスマルクは，徹頭徹尾の反動主義者であった．彼は，民主主義は呪うべきものだとみなし，社会民主党の活動の多くを非合法化する立法措置を推し進めた．

ヴィルヘルム 2 世が帝位を継ぐと，まもなく彼はビスマルクを退任させた．この新皇帝は，虚栄心の強い，不安定な人物で，やがて外交政策を大災厄に導いた．自らの策略の効果を繰り返し見誤っては，他の欧州列強からの警戒を招き，ついにはドイツに対抗するフランス，ロシアそして英国の同盟が形成されるに至った．東はロシア，西はフランスの，二正面で展開される戦争が起こりうるという危険に直面したドイツの参謀は，「シュリーフェン・プラン」と呼ばれる巧妙な，しかし破滅的な結果を招くことになる作戦計画を立案した．これは，ロシア軍は動員に時間がかかり急には展開できないと予想して，フランスを短期攻略で敗北させるのを狙いとしていた[4]．

1914 年の夏，セルビア民族主義者にフェルディナント大公を暗殺されたオーストリアは，ドイツの後ろ盾を取り付けると，報復としてセルビアに宣戦布告する．これに対してロシアは，オーストリアがスラブ同胞のセルビアを破壊するのを黙視できないとして，動員を開始する．ドイツの将軍たちは，「シュリーフェン・プラン」をただちに実行し，皇帝にベルギーを通ってのフランス攻撃にすぐ踏み切るよう進言する．侵攻に伴う中立国ベルギーに対する主権侵害が英国の参戦をもたらし，破滅的な大戦が始まった．これは，その後の 1 世紀にわたって影を落とし続けることになる．戦争が筋書き通りに進むことはめったにないが，「シュリーフェン・プラン」の短期攻撃が止まると，戦闘は血なまぐさい膠着状態に陥った．そして，ヨーロッパの最良の若者たちを，塹壕戦によって大量に殺し続けた．たぶん戦況が悪化しているのには気づかずに，ドイツの学界権威者の多くは，ベルギー全体の併合を含む領土拡張の上での講和を大声で叫んでいた．

ドイツが勝利の機会を逃し続け，英国による海上封鎖が犠牲者を増やしてゆくなか，軍隊の指揮権限を掌握したのがルーデンドルフ将軍である．この気まぐれなギ

[†2] ドイツ皇帝ヴィルヘルム 1 世（在位 1871-1888）を指す．

ャンブラー（彼は戦後ヒトラーのビヤホール一揆に加わった）は，連合国側と妥協する講和を拒み続けた．ようやく敗北を悟るのは，英国の攻勢がバルカン半島に風穴をあけ，中央同盟が崩壊してドイツの脇腹を脅かすに至ってからである．ルーデンドルフは皇帝に，休戦しかないことを告げた．こうして大戦は終結し，ドイツの帝政も崩壊した．

　新しい共和制のドイツで権力を引き継いだのは，社会民主党を中心とした政府であった．ことの成り行きに納得できなかった多くのドイツ人（フレーゲもそのうちの一人であった）は，ドイツは自らの意志に反して戦争することを強いられたのだ，そして社会主義者たちの裏切りとユダヤ人（すぐに付け加えられた）の裏切りがなければドイツは負けるはずがなかったのだ，というストーリーを受け容れるようになっていった．これが，悪意に満ちた雰囲気を生み出し，やがてヒトラーが権力を握ることを可能にした．

　ヴェルサイユ講和条約は非現実的な額の賠償金をドイツに課し，その結果として 1923 年にドイツは極度のインフレに見舞われた．これは，人々の個人的な蓄えを——おそらくはフレーゲの年金も——すべて流し去ってしまう金融上の破局であった．フレーゲが，彼のまがまがしい日記を記したのは，この状況下においてだった．彼は，この卑小な地位に突き落とされたドイツを救ってくれる，偉大な指導者を探し求めていた．この役割を果たしてくれるのではないかと大きな期待を寄せていたルーデンドルフが，ヒトラーの一揆[†3]なんかに加わったことに，フレーゲは失望を記している．彼はヒンデンブルク将軍にはまだ期待していたが，将軍が年を取り過ぎていることを恐れた．そのヒンデンブルクが共和国の重要な権限をヒトラーに委譲するときまで，フレーゲは生きていなかった．

　1924 年 4 月 22 日[†4]の日記に，フレーゲは故郷の町でユダヤ人たちが彼の適切だと考える方法で遇されていた子供時代を回想している．そして，フランスとその有害な影響だとするものについての彼の考えを開陳(かいちん)している．

> 当時は，ユダヤ人がヴィスマールに逗留(とうりゅう)を許されるのは，歳の市(としのいち)の開かれる一定期間のみ，という法律があった．（中略）私の察するところ，この法律の起源は古い．おそらく，大昔のヴィスマールの住人たちは，ユダヤ人たちによって，この法律を作らなければならないような目に遭(あ)わされていたのだ．

[†3] 1923 年 11 月ミュンツェンでヒトラーらが起こした，クーデター未遂事件（いわゆるビヤホール一揆）を指す．
[†4] 日記編者のキーンツラーが指摘していることだが，この日は，ちょうどカント生誕 200 年に当たり，ドイツ各地でこれを祝う式典が盛大に催されていた．フレーゲ日記は，これには一言も触れていない．

たぶん，ユダヤ人流の商売の方法，並びに，この商法と緊密に結びついたユダヤの民族性というものがあったのだろう．（中略）普通平等選挙が行われるようになり，その権利はユダヤ人にも与えられた．ユダヤ人にも居住の自由が与えられたが，こんなことになったのは，フランスのおかげである．我々は，フランス人たちからの贈り物を余りに簡単に喜びすぎる．高潔で祖国愛にあふれるドイツ人に戻ることさえできたなら…（中略）そもそも，1813 年[†5]以前の我々に対するフランス人たちの態度が酷薄極まりないものであったにもかかわらず，フランスのやることなすことを何でも盲目的に有難がるとは．（中略）私が反ユダヤ主義というものを本当に正しく理解するようになったのは，ようやくここ数年になってからのことである．ユダヤ人に対抗する法律を作りたければ，はっきりとユダヤ人を見分けることのできる基準を示すことができるのでなければならない．私はかねてからこの困難に頭を悩ませている[†6]．

　ここでフレーゲにとっては単に理論的な問題に過ぎなかったもの——ユダヤ人たちを十分に正確な方法で定義して差別的に処遇すること——は，ナチ統治時代に入ると，ごく実際的な問題となる．20 世紀最大の思想家の一人と目され，フレーゲの崇拝者にして弟子であったウィトゲンシュタイン（Ludwig Wittgenstein）は，ナチの人種条項によればユダヤ人と規定されることになっていただろう[†7]．

　別の日に記された日記には，社会民主主義やカトリックを罵る言葉が綴られている．

　　　帝国は 1914 年に癌を患った．すなわち，社会民主主義である．（4 月 24 日）
　　　私は，教皇至上主義（Ultramontanism）と，それを体現する中央党（Zentrum）とが，我が国および国民にとって非常に有害であることは解っていたのだったが，ルーデンドルフ閣下が［最近の］論説において暴いている，教皇至上主義の策動・陰謀について知らされた私は，この主義に極めて深い戦きを覚えた[*1]．私は，中央党の，底の底まで非ドイツ的な精神にまだ毒されて

[†5] ナポレオンのロシア遠征失敗を機に組織された連合軍が，ドイツからナポレオンの軍隊を放逐したのが，1813 年である．

[†6] フレーゲの日記からの引用部分は，野本和幸（編）『フレーゲ著作集』第 6 巻（勁草書房，2002.）に収録されている樋口克己・石井雅史 両氏の訳を使わせていただいた．抜粋で引用されているので，文意のつながり等を考えて，表現や表記を少し変えた箇所がある．

[†7] ウィトゲンシュタインは 1929 年にオーストリアから英国に渡り，ケンブリッジ大学のフェローとなった．1939 年に教授となった直後に英国の市民権を取得している．

[*1] 中央党（Zentrum）は，ドイツのカトリック系の政党．教皇至上主義（Ultramontanism）という言葉は，「山の向こう」すなわちローマからの影響を当てこすっている．［訳者補足：中央党は，メルケル首相（2016 年現在）が率いるキリスト教民主党の前身である．］

はいないあらゆる人に，このルーデンドルフ閣下の論説を，繰り返し読み，その言わんとするところをよくよく考えて貰いたい．中央党は，ビスマルクの帝国の転覆を狙う敵のなかで，これまででも最も悪辣なものである．（中略）彼らはつねに教皇のほうに眼差しを向けて，この男からの指図を待っているからである．（4月26日）[5]

フレーゲのこうした極右的な考え方は，第一次大戦直後のドイツでは，決して稀なものではなかった．にもかかわらず，単にこの日記が1年後に死ぬ老人の苦い（もしかすると少し耄碌した）痛憤を表しただけのものなのか，疑問が湧く．なんとしたことか，そうではなかったのだ．フレーゲが，相当長い期間にわたって右翼的な考えの持ち主だったことに，ほとんど疑問の余地はない．フレーゲのイェーナでの同僚で哲学教授だったブルーノ・バウフ（Bruno Bauch）は，第一次大戦中に右翼的なドイツ哲学協会（DPG）を創設し，この協会が発行する学術誌のエディターとなった．フレーゲはこのDPGの早くからの支持者であり，その学術誌上に論文を発表している．バウフが国家の概念について書いた文章は，ユダヤ人が決して真のドイツ人たりえないと主張している．彼のグループは，1933年にナチが権力を掌握する際には，諸手を挙げてそれを支持した[6]．

✒ フレーゲの概念記法

晩年にフレーゲが表出した恐ろしい考えから，若い頃の論理学への輝かしい貢献へと目を転じると，ちょっと救われた気分になる．1879年[*2]，彼は『概念記法』（*Begriffsschrift*）と題された100ページ足らずの冊子を出版した．"*Begriffsschrift*"というのは他の言語に翻訳するのが難しい言葉だ．フレーゲは，「概念」を意味するドイツ語 "*Beriff*" と，大ざっぱに言って「筆記（法）」ないし「書き方の流儀」を意味する "*Schrift*" とを組み合わせて，これを造語した．冊子には，「算術の式言語を模造した純粋な思考のための一つの式言語」というサブタイトルが付け加えられている．この仕事は，「おそらく単一の著書としては，論理学の歴史上で最も重要な作」[7]と呼ばれてきた．

フレーゲは，数学で使われる論理推論のすべてをカバーできる論理の体系を探し求めた．ブールは出発点として通常の代数を用い，論理関係を表すのに代数で使わ

[*2] 私は『概念記法』の出版100周年を記念して1979年に開催された国際会議に招待され，この著書がどのようにして，その後の計算機科学の発展へとつながっていったかを跡づける講演をする栄誉に浴した．これは，私にとって第2のキャリアとなる科学史の世界に足を踏み入れる最初のきっかけとなった．

れている記号を使った．フレーゲはというと，その代数も数学の他の分野も，すべて論理を土台としてその上に立つ構造として構築することを意図していた．だから，混同を避けるために，論理関係を表す別の特別な記号を導入することが重要だと彼は考え，独自の記号を作り出した．また，ブールは命題間の関係を表す命題を「二次的命題」として考えたのだが，フレーゲは命題間を結び付けるのと同じ関係が，個々の命題の構造を分析するのにも使えることを見抜き，こうした関係を彼の論理体系の基礎に置いた．この決定的な洞察は広く受け容れられ，現代論理学の基礎を形づくっている．

たとえば，フレーゲは次のような命題

$$\text{すべての馬は哺乳動物である}$$

を分析するのに，「もし（if）… ならば（then）… である」という論理関係を用いて，

$$\text{もし（if）} x \text{が馬ならば（then）} x \text{は哺乳動物である}$$

と表せることに注目する．同様に，次のような命題

$$\text{ある馬は純血統である}$$

を分析する場合には「… であり，かつ（and）… である」という論理関係を用いれば，

$$x \text{は馬であり，かつ} x \text{は純血統である．}$$

という表し方ができる．

しかしながら，上記の2つの例において，文字 x の使い方は同じではない．最初の例が言いたいのは，**x が何であったとしても（任意の x について）**主張されている内容は正しい，ということだ．これに対し2番目の例が言いたいのは，**ある x が存在して，少なくともその x について**は主張されている内容が正しい，ということだ．現代的な記号の使い方では，「**任意の x について**」を $\forall$ と書いて表し，「**ある x について**」を $\exists$ と書いて表す．したがって，上記2つの命題は，以下のように書き表すことができる．

$$(\forall x)\,(\text{もし } x \text{ が馬であれば，} x \text{ は哺乳動物である})$$
$$(\exists x)\,(x \text{ は馬でありかつ純血統である})$$

この記号 $\forall$ は，A の文字を逆さにすることで「すべての（all）」という語を暗示

し，**普遍量化子**[†8]（*universal quantifier*）と呼ばれている．同様にして記号∃は，Eの文字を裏返すことで「存在する（exists）」の語を暗示し，**存在量化子**（*existential quantifier*）と呼ばれている．だから，2番目の命題は，次のように読むことができる．

馬でありかつ純血統であるような x が存在する．

論理関係「もし（*if*）… ならば（*then*）… である」は通常⊃と記号化され[†9]，論理関係「… であり，かつ（*and*）… である」は∧と記号化されている．これらを使うと，上記の命題は以下にように表される[8]．

($\forall x$) （x は馬である ⊃ x は哺乳動物である）
($\exists x$) （x は馬である ∧ x は純血統である）

これらを，より簡略化すると，次のように書ける．

($\forall x$) （馬 (x) ⊃ 哺乳動物 (x)）
($\exists x$) （馬 (x) ∧ 純血統 (x)）

あるいは，英語の馬（horse），哺乳動物（mammal），純血統（pure-bred）を最初の文字で簡略化すると，次のように書ける．

($\forall x$) （$h(x) \supset m(x)$）
($\exists x$) （$h(x) \wedge p(x)$）

前章で，ジョーとスーザンが，論理的推論を使ってジョーの小切手帳の所在場所を突き止める話を取り上げた．あの例では，各命題を次のように文字で簡略化して表した．

- L 　ジョーはスーパーに小切手帳を置き忘れてきた
- F 　ジョーの小切手帳はスーパーで見つかった
- W 　ジョーはゆうべ行ったレストランで小切手を切った
- P 　ゆうべ小切手を切ってから，ジョーは小切手帳をジャケットのポケットにしまった

[†8] 全称量化子とも呼ばれる．"quantifier" の日本語訳には，量化子のほか「限量子」という用語も使われる．したがって "universal quantifier" は，日本語では，普遍量化子，普遍限量子，全称量化子，全称限量子の4通りに呼ばれているのが現状である．

[†9] 記号 → が使われることもある．たとえば，$x^2 > 0 \to x \neq 0$．数学者はこちらを使うことが多く，分析哲学や記号論理学の人たちは ⊃ を使うことが多い．

H　　ジョーはゆうべのレストランのあとは，小切手帳を使っていない
S　　ジョーの小切手帳は，彼のジャケットのポケットにまだある

彼らは，次のような推論の形を用いた．

前提．　　　もし L ならば F である
　　　　　　　F ではない
　　　　　　　W であり，かつ P である
　　　　　　　もし W かつ P かつ H であれば，S である
　　　　　　　H である

結論．　　　L ではない
　　　　　　　S である

これまでに導入した記号にもう1つ「…でない」を表す記号 $\neg$ を付け加えることによって，この推論の形は次のように表すことができる．

$$L \supset F$$
$$\neg F$$
$$W \wedge P$$
$$W \wedge P \wedge H \supset S$$
$$H$$
$$\overline{}$$
$$\neg L$$
$$S$$

もう1つだけ説明しておくべき記号は，「…または (*or*) …である」を表す $\vee$ である．下の表に，ここまで導入した記号をまとめておこう．

$\neg$	…でない
$\vee$	…または…
$\wedge$	…かつ…
$\supset$	もし…ならば…
$\forall$	すべて（任意）の…は
$\exists$	ある…は

前章の終わりで，私たちは次の例のような命題

すべての単位を落とす学生は，愚か者か怠け者かのいずれかである

が，ブールの分析方法では論理構造をとらえ切れないことを見た．これは，フレーゲの論理体系では，容易に扱うことができる．

$F(x)$ で「x は単位を落とす学生である」，
$S(x)$ で「x は愚か者である」，
$L(x)$ で「x は怠け者である」，

と書くことにすると，例に取り上げた命題は次のように表すことができる．

$$(\forall x)\ (F(x) \supset S(x) \vee L(x))$$

ここまで来ると，フレーゲは単に論理の数学的な扱い方を開発しようとしたのではなくて，全く新しい言語を創り上げようとしていたことが，明白に見て取れよう．この点でフレーゲは，思慮深い記号の選び方こそが力を発揮するという，ライプニッツの普遍言語の概念によって導かれたのだと言っていい[9]．フレーゲの新言語の表現力の豊かさは，以下の例からも推し量ることができよう．ここで，$L(x, y)$ は「x は y を愛している」を表す．

誰もが誰かを愛している．	$(\forall x)(\exists y) x$ は y を愛している	$(\forall x)(\exists y) L(x, y)$
すべての人を愛している人がいる．	$(\exists x)(\forall y) x$ は y を愛している	$(\exists x)(\forall y) L(x, y)$
誰もが誰かから愛されている．	$(\forall y)(\exists x) x$ は y を愛している	$(\forall y)(\exists x) L(x, y)$
誰もから愛されている人がいる．	$(\exists y)(\forall x) x$ は y を愛している	$(\exists y)(\forall x) L(x, y)$

さらに，もう1つ例を付け加えよう．

誰もが，恋をしている人のことを好きになる（Everyone loves a lover）

まず最初に，次のように書いてみよう．

$$(\forall x)(\forall y)\ [y \text{ は恋をしている人である} \supset L(x, y)]$$

ここで，私たちが「恋をしている人（a lover）」を簡単のため「誰かを愛している人」のことだとみなすことにすると，私たちは「y は恋をしている人である」を $(\exists z) L(y, z)$ で置き換えることができる．そうすると，最後に次の表現が得られる．

$$(\forall x)(\forall y)\ [(\exists z) L(y, z) \supset L(x, y)]$$

形式構文法の創始者フレーゲ

　ブールの論理学は，通常の数学の手法を使っており，単に数学の一分野として開拓された．だから，当然ながら数学的手法に含まれている論理が使われている．しかし，論理の学を展開するために論理を使うというのでは，なにか自己循環した話になってしまう．フレーゲにとって，これは受け容れられないものであった．彼が意図していたのは，いかにして数学全体が論理学によって基礎づけられるかを示すことであった．論理学とは，数学の他のすべての部分の土台を提供するはずのものなのであった．これを完全に説得力のあるものとするために，途中の過程では論理学を**使わず**に彼の論理学を展開する，なんらかの方法をフレーゲは見いださなければならなかった．それに対する彼の解決策が，情け容赦なく精密な文法——あるいは構文法（$syntax$）——の規則を備えた人工言語として，彼の「概念記法（$Begriffsschrift$）」を開発することであった．これによって論理的推論を，記号が並んでいるパタンのみを参照して純粋に機械的に——**推論規則**だけによって——遂行できる操作として示すことが可能になった．これはまた，詳細な構文規則を持つように構築された，最初の人工的な形式言語の例ともなった．この視点から眺めてみると，「概念記法」は，今日のコンピュータで使われているすべてのプログラミング言語の祖先なのである．

　最も基本的なフレーゲの推論規則の働き方を見てみよう．$\diamond$ と $\triangle$ を，フレーゲの概念記法で書かれた任意の2つの命題だとする．もし，$\diamond$ と（$\diamond \supset \triangle$）の両方が肯定されるならば，命題 $\triangle$ も肯定することが許される．この操作について注目すべきなのは，この規則を遂行するのに際して「$\supset$」が何を意味しているかは全く考えなくていい，という点だ．もちろん私たちは，この規則が $\diamond$ と（もし $\diamond$ ならば $\triangle$）から $\triangle$ を導くだけだから，誤謬に導かれることはない，と理解することはできる．しかし，推論規則を実際に援用するのに必要なのは，命題 $\diamond$ を構成している記号列と，長いほうの命題の前半部分に現れる文字列とを，1つずつ順番に付き合わせてゆく作業だけである[10]．ジョーの小切手帳のありかを推論する先ほどの例で，私たちは次の命題を前提の1つとして持っている．

$$W \wedge P \wedge H \supset S$$

もし $W \wedge P \wedge H$ が正しいと言うことができれば，この推論規則は，結論として求めている命題のうちの1つ——すなわち S ——を私たちが導くことを可能にしてくれる．以下のように並べてみれば，文字列の突き合わせが容易にできる．

$$W \wedge P \wedge H \supset S$$
$$W \wedge P \wedge H$$

　フレーゲの論理学は，今日の大学の数学，計算機科学，哲学などの学科で学ぶ学部学生が論理学の授業で教わる，標準的な論理学となっている[11]．彼の仕事は，その後の膨大な量の研究が積み重ねられてゆく基礎となり，間接的にはチューリング (Alan Turing) が万能計算機の概念を生み出すことにもつながっていった．いや，これは本題からは少し先走りし過ぎた話題になってしまう．

　フレーゲの論理体系は，ブールのものから見ると，著しい進歩を遂げたものであった．歴史上初めて，厳密な数理論理学の体系が，通常の数学で用いられるすべての推論を，少なくとも原理的には，その守備範囲内に捉えたのである．しかし，このことを達成する過程で，彼が放棄したものもある．フレーゲの論理体系で，ある一定の前提に対して推論規則を逐次適用して，望みの結論に到達できる場合は当然ある．しかし，望みの結論を導くのに失敗したとき，まだ推論規則を十分な賢明さや執拗さで適用できていないため失敗したのか，それとも端的に与えられた前提からは決して導出できない結論を追いかけていたのか，フレーゲの体系は知るすべを与えてくれない．ということは，論理学の規則を知る賢人たちが集まって「さあ，計算しよう」と言いながら，ある重要な結論が導かれるか否かを過たずに決定するという，ライプニッツのあの夢を，このフレーゲの論理体系では実現できないことを意味している．

ラッセルの手紙が壊滅的な打撃となった理由

　もしフレーゲの論理体系がそれほど偉大な達成だったとしたら，なぜラッセルの手紙が彼を絶望の淵に突き落としたのだろうか？　フレーゲは，彼の論理体系を，完全な算術の基礎づけを与えるための，単なる踏み石だとみなしていた．ライプニッツとニュートンが創始した微積分学は，とてつもなく実り多い発展を遂げたのだが，数学者たちが微積分操作において慣習的に用いてきた議論には，途中のいくつかの推論ステップに正当化し難い深刻な問題を残していた．19世紀を通じて，これらの問題は次第に整理されてゆき，遂には数体系についての深遠な理論の発展によって解決の見通しが立つようになった．しかし，これは結局のところ，すべての基礎づけを自然数

$$1, 2, 3, \cdots$$

に置くことを意味した．

　フレーゲは，純粋に論理学的な自然数の理論を提供し，それによって算術が，そして微積分学から発展してきた分野も含む数学の全体が，論理学の一分野であると証明したかった．こうした考え方は，やがて論理主義（*logicism*）と呼ばれることになるが，ラッセルも同じ立場に立っていた．論理主義とは，米国の論理学者チャーチ（Alonzo Church）の説明によると，論理学と数学との関係が，同一科目の基礎部分と上級部分との関係に相当すると主張する立場である*3．

　こうして，フレーゲは純粋に論理学的な用語で自然数を定義したいと考え，彼の論理体系から自然数が持つ性質を導こうとした．たとえば数 3 は，論理学の一部として説明されることになる．どうやって，そんなことが可能になるのか？　自然数は，集合の性質，すなわち集合に含まれる要素の個数である．数 3 とは，以下のようなものすべてが共有する何かであろう．聖三位一体，1 台のトロイカ馬橇(ばそり)を引く馬の集合，（通常の）クローバーの小葉の一揃い，$\{a, b, c\}$ という文字の集合…．数 3 そのものには何も言及せずに，私たちは 2 つの集合が**同じ**この個数の要素を持つのを知ることができる．要素を付き合わせるだけでいい．フレーゲの着想は，数 3 を，これらの集合すべての集まりと同一視することにあった．すなわち，数 3 とは，すべての 3 つ揃いのものからなる集合にほかならない．そして一般に，ある集合に含まれる要素の個数とは，その集合と要素の 1 対 1 対応が可能なすべての集合のコレクションとして**定義**できる[12]．

　算術の基礎についての 2 巻からなるフレーゲの著書は，彼が作り上げた概念記法の論理体系を用いて，いかに自然数と算術の理論が展開できるかを示そうとしたものだ．ラッセルが 1902 年に送った手紙は，フレーゲの試み全体が不整合で，自己矛盾を含むことを指摘していた．フレーゲの算術は，実質的に「集合の集合」の概念を使っていた．ラッセルは手紙の中で，「集合の集合」という考え方からは，容易に矛盾が導かれ得ることを説明した．ラッセルの「逆理」は，次のようにして説明できる．ある集合が，要素としてその集合自身に属するとき，それを非通常（*extraordinary*）集合と呼び，そうでない場合は通常（*ordinary*）集合と呼ぶことにしよう．どんな集合が，非通常集合になるのだろうか？　ラッセル自身が挙げている例は，「英単語 19 語未満で定義できるもの全体の集合（*the set of all those things that can be defined in fewer than 19 English words*）」である．この集合自

---

*3　幾何学は，数値座標を用いることによって結局は算術に還元可能だと，現在では一般に考えられている．ところがフレーゲは，幾何学は別のものに違いないと，信じ続けていた．フレーゲの考え方のこうした側面を力説し，また本節の内容についての他の有益なコメントをくれたパトリシア・ブランシェット（Patricia Blanchette）に感謝する．

身が英単語16語で定義されているから，この集合に属する要素となる．だから，この集合は非通常集合である．別の例として，「スズメでないもの全体の集合」を挙げておこう．この集合がどんなものであるにせよ，スズメではないことは確かだ．だから，これも非通常集合になる．

　ラッセルは，通常集合全体からなる集合 ε について考えてみるよう，フレーゲに提案した．この集合 ε は，通常集合なのだろうか，それとも非通常集合なのだろうか？　当然，どちらかでなければならないはずだ．しかし，どちらでもなさそうなのだ．ε が通常集合だと仮定してみよう．もしそうなら，ε は通常集合全体からなる集合だと定義されているのだから，ε は自分自身に要素として属することになる．これは，ε が非通常集合だということにほかならない．しかし，ε が非通常集合だとすると，これは通常集合全体からなる集合 ε の要素ではありえない．すると，要素としてその集合自身には属さないのだから，ε は通常集合だということになってしまう！　どちらを仮定しても，矛盾に導かれてしまうのだ！

　ラッセルの逆理は，その後たくさん見いだされた類縁のパズルの最初の例で，これらは単に楽しいパズル以上のものではない．しかし，フレーゲがラッセルからの手紙を受け取ったとき，彼はそれを面白がったりするどころではなかった．彼は，自分が算術の理論を構築するのに使ってきた体系から，容易に矛盾が導かれ得ることを，ただちに認識した．そして，矛盾が導かれると数学的に証明されたら，議論の前提のどれかが間違いであると示されたことになる．この原理は，証明したいことの否定を仮定すると矛盾が導かれることを示す，背理法という証明手法として，時代を通じて用いられてきた．しかし，哀れなフレーゲにとって，この矛盾は，彼が建設してきた全体系そのものの前提が，もはや維持できないことを明白に示すものであった．フレーゲは，この打撃から終生立ち直ることはできなかった[13]．

✒ フレーゲと言語哲学

　1892年にフレーゲは，ある哲学の学術誌に「意味内容と指し示し（*On Sense and Denotation*）[†10]」とでも訳されるような意味合いの標題を付けた論文を発表した[14]．哲学者たちがフレーゲの仕事にこれほど興味を抱いてきたのは，彼の論理学

---

†10　原論文は，"Über Sinn und Bedeutung," *Zeitschrift für Philosophie und philosophische Kritik*, NF 100, 1892, pp. 25-50．日本語訳は「意義と意味について」（土屋俊訳），黒田亘・野本和幸編，『フレーゲ著作集4 哲学論集』，勁草書房，1999, pp.71-102．M. Blackによる英訳タイトルは 'On Sense and Reference.'　日本のフレーゲ学者や分析哲学者たちの間では，"Sinn" を「意義」，"Bedeutung" を「意味」と訳す約束事になっているようであるが，原著が英語圏での訳語 "Sense"，"Denotation(Reference)" にもとづく議論をしているので，その表現のニュアンスを生かすことを優先した．

と並んで，この論文が提起した論点のためでもある．

　フレーゲは，全く違う意味内容（senses）や意義（meaning）を持っている異なる語であっても，同じ 1 つの特定の対象を名指ししたり指示するのに使うことができることを指摘した．彼の有名な例は，「明けの明星」と「宵の明星」という語句を用いたものである．これらの意味内容（sense）は全く異なっている．片方は夜明け前に見える明るく輝く星を，他方は日没後に見える明るく輝く星のことを語っている．しかし，両者は同じ惑星——金星——を表示（denote）している．両方の表現が同じ対象を指しているという事実は，自明ではない．ある時点で，天文学的な発見によってわかったことなのだ．フレーゲが関心を持っていた問題は，語句の置換可能性にかかわっている．次の文を考えてみよう．

　　　　　　　金星は明けの明星である．

これは，次の文とは非常に異なっている．

　　　　　　　金星は金星である．

これは，文の中の 1 つの語句を，同じ対象を指示するけれども別の意義を持つ語句で置き換えることによって導かれた事例である．

　こうした点に注目するという着想が，20 世紀哲学で主要な分野へと発展する流れ——言語の哲学——の発端となった[15]．さらに，現在の計算機科学における重要な概念のいくつかも，フレーゲのこの論文に起源を持っていると言えるのである[16]．

✎ フレーゲと「ライプニッツの夢」

　フレーゲは彼の概念記法が，ライプニッツの呼び求めていた論理の普遍言語に，具体的な形を与えたものだと考えた．じっさい，フレーゲの論理学は多様な主題のほとんどを扱うことができた．けれども，ライプニッツが生きていたとしたら，彼は失望したであろうと思われる．彼の願望を，少なくとも 2 つの点で満足させ損なっているからだ．まず，ライプニッツが思い描いた言語は，論理的演繹だけでなく，科学と哲学のすべての真理をも自動的に含むようなものであった．しかしこれは，注意深い実験と理論化に基づく科学が 18 世紀 19 世紀を通じて大規模な発展を遂げる前にのみ考え得る，ナイーヴな期待と言うべきものだろう．

　私たちのストーリーから眺めると，フレーゲの論理体系のもう一方の限界のほうに目を向けるのが適切であろう．ライプニッツが追い求めたのは，効果的な計算の

道具にもなる言語であり，記号の集まりを直接操作することによって論理的推論を系統的に遂行できるようなものであった．じつのところ，フレーゲの論理体系の中では，最も簡単な演繹をする場合でさえ，ほとんど堪え難いほど込み入った操作になってしまう．フレーゲの概念記法の中では，演繹の過程がとんでもなく長々としたものになるだけでなく，その推論規則は，望みの結論が与えられた前提から導出できるのか否かを決定するいかなる計算手続きも与えてくれないのだ．

　フレーゲの概念記法は通常の数学で使われる論理を十分に包括したものだったので，いまや数学的活動そのものを数学的方法によって研究することが可能になった．このあとの章で私たちが見ることになるように，こうした研究は極めて驚くべき，そして全く予想外の発展へと導かれた．フレーゲ流の論理体系の中で与えられた命題が正しいか否かを示すことができるような計算的手法の探求は，1936年にクライマックスを迎え，正否を決める一般的な計算手続きは存在しないことが**証明**されてしまう．これは，ライプニッツの夢にとっては，悪い知らせであった．ところが，このネガティヴな結果を証明するまさにその過程で，アラン・チューリングは何かライプニッツが大喜びしそうなものを発見した．彼は，単一のマシンで「普遍的」なもの，すなわち，どんな計算でもそれだけで遂行可能なマシンを，原理的には作れることを見いだしたのだった．

第4章　無限を巡り歩いたカントル

自然数の列 $1, 2, 3, \cdots$ は，ずっと，いつまでも続く．どんなに大きな数が与えられたとしても，それに1を加えれば，与えられた数よりも大きな自然数を作ることができる．私たちは，1から始まって1ずつ順に加えてゆくプロセスによって生成されるものが自然数である，と理解していいだろう．

$$1+1=2, 1+2=3, \cdots, 1+99=100, \cdots$$

どんな有限の範囲をも超えて続いてゆく，このようなプロセスを，アリストテレスは「可能態無限（可能的無限）」と呼んで，特徴づけた．しかし，アリストテレスは，このプロセスが完結したもの——すべての自然数の集合——に到達し得ると考えることは認めようとはしなかった．それは「現実態無限（実無限）」を認めることを意味するが，そんなことは正当化できないとアリストテレスは断言した[1]．こうしたアリストテレスの考え方は，12世紀以降のスコラ神学系の哲学者たち，とりわけ13世紀のトマス・アクィナスに大きな影響を与えた．無限の本性をめぐる問題は，数学者たち，哲学者たち，そして神学者たちをも悩ませてきた．神学者たちは，完結した実無限というのは，実は神の心に映る様相であるという答えを提案し，単なる人間にとっては謎にとどまるほかないと結論づけた．ライプニッツは，そんな考え方にはとらわれずに，次のように書いている．

> 私は，実無限をたいそう好んでおりますので，一般によく言われているような自然は実無限を忌み嫌うという見方を認めるどころか，むしろ造物主の御業（みわざ）の完全さをより見事な姿で示すために，自然は至るところで実無限を頻繁に使っていると考えております[2]．

微積分学で極限過程を扱うことは，18世紀19世紀の数学者たちにとって非常に重要なものとなり，可能的無限を使う典型的な例となった．これに関連して，ドイツの大数学者ガウス（Carl Friedrich Gauss; 1777-1855）は次のように警告している．

> （前略）私は，無限が絡む量をあたかも完結したものであるかのように使うこと

には，とりわけ強く異議を申し立てておきたい．これは，数学では決して許されないことである．無限と言っているのは，正しくは極限と言うべきところを，便宜的にそういう言い方をしているだけなのである[3].

19世紀も半ば以降になると，問題を正確に定式化するためには完結した無限を使うのが自然だと思われるような，数学上の問題がいくつも出てきた．こうした状況に直面していた数学者の中で，大ガウスの警告を平然と無視して，深遠で一貫性のある実無限の数学理論を創造するという挑戦をあえて引き受けたのは，カントル（Georg Cantor）ただ一人であった．カントルの著作は，批判の嵐を呼び起こした．数学者たちだけでなく，哲学者たちも神学者たちも，これまで神聖視されてきた無限という領域に数学的方法によって土足で踏み込もうとするカントルの無鉄砲さを攻撃した．フレーゲは，実無限を取り込もうとするカントルの努力を支持するほうの立場で，数学の将来にとっての重要性を認めていた．フレーゲは，カントルの実無限を喜んで迎える数学者たちと，呪うべき理論とみなす数学者たちとの間で，やがて激しい闘争が起こることも，はっきりと予期していた．

> なぜなら，無限は算術の中で結局は否定されえないであろうし，（中略）よって私たちは，この問題が，重大で決定的な闘いの場を用意するだろうと予期できる[4].

フレーゲがこの文章を書いたときに予期できなかったのは，この「重大で決定的な闘い」の初期の犠牲者が，ほかならぬ彼自身だったことである．フレーゲがこの文章を書いた10年後に，有名なラッセルからの手紙で示唆されたパラドックスによって，算術を基礎づける仕事を発展させてきた自らの大著が闘いの犠牲者となってしまったのを知るのである．もう1つ，フレーゲが想像だにしなかったことがある．それに引き続いた激烈な議論，真剣な研究，カントルの実無限をめぐる論争，といったものの中から，やがて汎用デジタル計算機を発展させるための鍵となる洞察が生み出されるという，意外な展開である．

🖋 エンジニアか数学者か

のちにドイツの大学で数学教授になる人物としては少し場違いな地，ロシア帝国の首都サンクト・ペテルブルクで，1845年ゲオルク・カントルは生まれた．カントルの母マリ・ベーム（Marie Böhm）は高名な音楽家の家系の出身で，彼女

ゲオルク・カントル（Georg Cantor）オーバーヴォルファッハ数学研究所・写真史料館 所蔵

自身も秀でた音楽家であった．父ゲオルク・ヴァルデマール（Georg Waldemar Cantor）はコペンハーゲンの生まれだが，子供のときサンクト・ペテルブルクに渡った．彼は，ペテルブルクでルーテル派の福音教会のもとで育てられ，教育を受けたと信じられている．マリはカトリックの洗礼を受けていたが，結婚後は彼女も福音教会に従った．いちばん年上のゲオルクと他の3人の子供たちは，この信仰のもとで育てられた[5]．

ゲオルク・ヴァルデマールは，非常な成功をおさめた事業家であった．彼はサンクト・ペテルブルクで卸売り業を営んだあと，同市証券取引所の株式仲買人となった．あるカントル研究者は，学生時代のゲオルクが父親から受け取った何通かの手紙について，感嘆を込めて書いている．

> （前略）この多面的で，教養豊かで，成熟した人物については，魅惑されずにはおられない．これらの手紙の中に息づいているのは，たいていの成功した事業家たちのうちには，ごく稀にしか見いだされないような素晴らしい精神性である[6]．

19世紀における死病の代表格ともいえる結核は，とりわけ貧窮層の人々に猛威をふるったが，金持ちも感染を免除されているわけではなかった．ゲオルクの父は，この恐ろしい病気に感染し，遂には死に至った．まだ40代のとき結核に罹ったゲオルク・ヴァルデマールは，ロシアでの事業を清算してドイツに移住した．家族がドイツに移ったのは，長男のゲオルクが11歳のときであった．それでも，成功した事業からの蓄えは，ドイツに移住した7年後に彼が亡くなったあとでも，4人の子供たちを扶養するには十分過ぎるほど残されていた．

ゲオルクの父は，彼の長男に最も適している職業はエンジニアだと信じていた．しかし，ゲオルク少年は数学者になりたいという願望を抱いていた．彼の希望を渋々ながらも父親がついに認めたとき，ゲオルクは大きな喜びに満たされた．若きゲオルク・カントルは，ベルリンでワイエルシュトラス（Karl Weierstrass），クンマー（Ernst Kummer），クロネッカー（Leopold Kronecker）という，当代最高峰の3人の大数学者のもとで学ぶ機会を得た．カントルの数学上の関心は，きわめて伝統的な分野から始まった．初期のキャリアからは，やがて彼が数学的思考の地平を革命的な方向に拡張することになるとか，師クロネッカーが彼の仕事は単なるたわごとに過ぎないと攻撃し続ける宿敵になるといったことを，予見するのは困難だったと思われる．

カントルが最初に大学での教職地位を得たのは，ハレ大学であった．そして，じつは人生の終わりまでこの地で過ごすことになる．ハレは工業都市で，ザーレ川を遡(さかのぼ)ること35マイルほどで，フレーゲが住んでいたイェーナに至る．この時代のドイツの大学では典型的なことだが，カントルが最初に任命されたのは私講師（Privatdozent）という俸給なしの地位であった．明らかに，こういう環境でアカデミックな経歴を築いてゆくためには，当初は他に財政的基盤を持っていることが必要である．ハレ大学の数学を率いていたエドゥアルト・ハイネ（Eduard Heine）は，カントルが卓越した数学の力を持っていることを見抜き，無限級数に関連する一連の問題を研究するようカントルを説得した．私たちは，すでに第1章で無限級数に出会っている．ライプニッツの有名な級数だ．

$$\frac{\pi}{4} = 1 - \frac{1}{3} + \frac{1}{5} - \frac{1}{7} + \frac{1}{9} - \frac{1}{11} + \cdots$$

このような級数で出会う「無限」であれば，可能的無限の考え方だけで完全に理解できる．先ほど引用した「無限と言っているのは，正しくは極限と言うべきところを，便宜的にそういう言い方をしているだけ」だとガウスが言ったとき，まさに彼が思い浮かべていたような可能的無限である．なぜなら，無限級数の値とは，級数の項を1つまた1つと足してゆくとき限りなく近づく極限値（ライプニッツの級数であれば $\frac{\pi}{4}$ が極限値）のことであり，私たちはその値に級数が極限として**収束する**と言っているのだから．ここでは，「完結した」無限を問題にする必要は全くない．収束に向かう過程のどのステップにおいても，たかだか有限個の項を足し合わせているだけなのである．

しかし，ライプニッツの時代から2世紀も経つと，当然ながら無限級数を扱う主題も発展し，かなり高度なものになってきた．カントルが研究したのは，**三角級**

数（*trigonometric series*）†1 と呼ばれるものである（サインやコサインの三角関数を項とした級数を扱うので，この名前がある）[7]．彼は，2つの異なる三角級数表現が同じもの†2 に収束することがあり得るかどうか，もしあり得るとしたら，いかなる条件であるかを見いだそうとした．そして，よほど異様な状況でない限り，そんなことは起こり得ないことを実際に証明した．この探求が，カントルをずっと遠いところにまで連れて行った．彼が望む結果をきちんと導くためには，無限集合を完結した全体として扱い，それらに対する複雑な操作を施す必要があることを，カントルは認識した．まもなく，彼は独立した主題としての**集合論**（*Mengenlehre*）を建設するという，未踏の領域に進んで行った．

🖋 サイズが異なる無限集合の発見

すべての自然数 $1, 2, 3, \cdots$ の全体を完結したものとして，無限集合として扱うことが，もし許されるとしたら，次のように問うことも意味を持つはずである．「この集合には何個の要素が含まれているのか？」と．無限集合に含まれる要素を数えることのできるような，無限数といったものが存在するのだろうか？ ライプニッツは，実無限を認めることに何の異議もないという立場であったが，この問題には頭を悩ませ，カトリックの司祭で神学者かつ哲学者でもあったマールブランシュ（Nicolas Malebranche）に宛てた手紙の中で，彼の考えを述べている．無限数というようなものは存在しない，というのがライプニッツの結論であった．ライプニッツがそう考えた理由は，次のように説明できるだろう．

私たちは，2つの集合の要素が同じ個数だということを，何個あると知らない場合でさえ，明言することが可能である．片方の集合に含まれる各要素を，他方の集合に含まれる各要素と，1対1に対応させることができさえすればいい[*1]．たとえば講堂を見て，空席が全くなく，かつ立っている聴衆が1人もいないことが確認できれば，講堂の座席数と聴衆の数がちょうど等しいと明言することができる．各座席と聴衆各個人とが，ちょうど1対1にマッチングできているからだ．わざわざ数える必要はない．ライプニッツは，もし無限数というものが存在するなら，それにも同じ考え方が適用できるはずだと考えた．もし，2つの無限集合があって，両者に含まれる要素間に1対1の対応がつくのなら，2つの集合は同じ個数の要素

---

†1 フーリエ級数と呼ばれることが多い．
†2 原著の表現 "same thing" をそのまま生かした．「同じ関数」と言いたいところだが，三角級数表現が与えられただけでは，連続な関数に一様収束するようなことは全く保証されていない．三角級数が収束しない箇所も存在するような場合も視野に入れて，カントルは研究していた．
*1 これは，フレーゲが「数」を定義する試みに乗り出したときに用いたのと，同じアイデアである．

を含む，と結論しなければならない．では，この考え方を，自然数 $1, 2, 3, \cdots$ 全体の集合と偶数 $2, 4, 6, \cdots$ 全体の集合とに適用してみるとどうなるだろうか，とライプニッツは問いかけた．両者を 1 対 1 にマッチングさせることが可能なことは，すぐわかる．次のように対応させればいい．

$$\begin{array}{cccc} 1 & 2 & 3 & 4 \cdots \\ \updownarrow & \updownarrow & \updownarrow & \updownarrow \\ 2 & 4 & 6 & 8 \cdots \end{array}$$

　無限集合であっても，各自然数と各偶数をマッチングさせるこのやり方は，完全に明示的に決められていることに注意しておこう．たとえば，自然数 117 に対応づけられる偶数は 234 であり，自然数 4228 には偶数 8456 が対応づけられる，等々．ライプニッツは，もし無限数などというものが存在するとしたら，上のような 1 対 1 の対応づけができるのだから自然数の「個数」と偶数の「個数」が同じだと結論づけるほかないが，そんなことを認めることができるだろうか，と問う．自然数の中には，偶数だけでなく，奇数も含まれているではないか．数学の最も基本的な原理の一つは，ユークリッドが述べているように「全体は部分よりも大きい」[8]ということだったはずだ．このように考えたライプニッツは，すべての自然数の「個数」というような観念は，そもそもからして自己矛盾した筋道の立たない考えであり，無限集合の要素の個数について意味のあることを語ることはできないのだ，と結論づけた．彼は，次のように書いている．

　　あらゆる［自然］数に対して，それを倍にした偶数を対応づけることができます．ですから，すべての［自然］数の個数は，すべての偶数の個数よりも大きくはないことになり，全体が部分よりも大きくはないということになってしまいます[9]．

　カントルも，ライプニッツが直面した同じディレンマについて考えた．無限集合に含まれる要素の個数について語ることは無意味だと考えるのか，それとも，無限集合については全体と部分とで含まれる要素の数が等しい場合もあり得ると考えるのか？　この苦しい選択を迫られてライプニッツが前者の答えを選んだ岐路で，しかしながらカントルはもう一方の答えを選んだ．彼は無限集合にも適用できる**数**の理論を構築する途に進み，その帰結として，無限集合に含まれる要素の個数はその［真］部分集合に含まれる要素と同じ個数である場合があることを，そのまま受け容れた．

ライプニッツが足を踏み入れるのをやめた、まさにその場所からカントルは探求を始めた。そして、2 つの無限集合の間での 1 対 1 のマッチングは、どのような場合に可能であるのかを調べることを開始した。ライプニッツは、自然数全体の集合とその真部分集合である偶数全体の集合との間で、そうした 1 対 1 のマッチングを構成できることを見いだした。カントルは、自然数の集合よりも大きそうに思える集合について考えてみた。彼が考察した例の 1 つは、$\frac{1}{2}$ や $\frac{5}{3}$ のように、分数として表せる（正の）数の全体からなる集合である。自然数は分母が 1 の分数（$\frac{7}{1}$ のように）とみなせるから、自然数全体の集合は、この集合の真部分集合だと考えることができる。しかし、少し考えただけで、カントルは分数の集合と自然数の集合との間に 1 対 1 の対応をつける方法を見いだすことができた。すべての分数表現は、次のような列に並べることができる。

$$\left|\frac{1}{1}\right|\frac{1}{2}\frac{2}{1}\left|\frac{1}{3}\frac{2}{2}\frac{3}{1}\right|\frac{1}{4}\frac{2}{3}\frac{3}{2}\frac{4}{1}\left|\frac{1}{5}\frac{2}{4}\frac{3}{3}\frac{4}{2}\frac{5}{1}\right|\cdots$$

この分数表現の列は、分母と分子の和によってグループ分けしてある。最初のグループは、分母と分子の和が 2 となる分数で、これは 1 つしかない。次が、分母と分子の和が 3 になる分数 (2 つある)、その次は和が 4 となる分数のグループ (3 つある)、さらにその次は和が 5 になる分数 (4 つある)、等々。この方法で分数を並べてゆけば、自然数との 1 対 1 対応を構成できることが容易に理解できる[10]。

$$\begin{array}{ccccccccccccccc}
\frac{1}{1} & \frac{1}{2} & \frac{2}{1} & \frac{1}{3} & \frac{2}{2} & \frac{3}{1} & \frac{1}{4} & \frac{2}{3} & \frac{3}{2} & \frac{4}{1} & \frac{1}{5} & \frac{2}{4} & \frac{3}{3} & \frac{4}{2} & \frac{5}{1} & \cdots \\
\updownarrow & \updownarrow & \updownarrow & \updownarrow & \updownarrow & \updownarrow & \updownarrow & \updownarrow & \updownarrow & \updownarrow & \updownarrow & \updownarrow & \updownarrow & \updownarrow & \updownarrow & \\
1 & 2 & 3 & 4 & 5 & 6 & 7 & 8 & 9 & 10 & 11 & 12 & 13 & 14 & 15 & \cdots
\end{array}$$

直観的には自然数よりもずっとたくさんの分数があると思えるにもかかわらず、このような 1 対 1 対応が明示されたとなると、すべての無限集合は自然数と 1 対 1 に対応づけ可能なのではないか、という疑問が湧いてくる。カントルの偉大な達成は、そうではないことを示したことである。分数で表される数は、**有理数**と呼ばれる。有理数を小数で表すと、小数点以下の桁に現れる数字の並び方は、どこかから先は必ず繰り返しパタンになる。いくつか例を示そう。

$$\frac{1}{3} = 0.3333333333333333333333\cdots$$
$$\frac{1}{4} = 0.2500000000000000000000\cdots$$
$$\frac{5}{3} = 1.6666666666666666666666\cdots$$
$$\frac{24}{11} = 2.1818181818181818181818\cdots$$
$$\frac{9}{7} = 1.2857142857142857142857\cdots$$

小数（無限小数）で表すことのできる数すべて——現われる数字の並び方がやがて繰り返しパタンに落ち着く場合も，そうでない場合も含めて——を**実数**という．無限小数表現で並ぶ数字のパタンが決して繰り返しにはならない実数は，**無理数**と呼ばれる．以下に，無理数であることがわかっている数の例を，いくつか示そう．

$$\sqrt{2} = 1.414213562373095050\cdots$$
$$\sqrt[3]{2} = 1.259921049894873160\cdots$$
$$\pi = 3.141592653589793240\cdots$$
$$2^{\sqrt{2}} = 2.665144142690225190\cdots$$

上の例に出てくる $\sqrt{2}$ や $\sqrt[3]{2}$ のような数は，有理数の全部と合わせて，**代数的数**と呼ばれている．これらの数が，代数方程式[†3]の解となっているからだ．（$\sqrt{2}$ は方程式 $x^2 = 2$ の解であり，$\sqrt[3]{2}$ は方程式 $x^3 = 2$ の解である．）π や $2^{\sqrt{2}}$ は，いかなる代数方程式の解にもならないことが証明されている．こうした数は，**超越数**と呼ばれる．

分数の全体と自然数の全体との間の 1 対 1 対応づけが可能なことを示したあと，カントルは代数的数全体の集合に注意を向けた．そして，これに対しても自然数との間での 1 対 1 対応を見いだすのは，そう難しいことではなかった．こうなると，果たして実数全体の集合もそうなのか，と彼が疑問に思ったのは当然だ．私たちは，当時 28 歳のカントルが思いめぐらせていた考えの跡を，1873 年にデデキント（Richard Dedekind）に書き送った何通かの手紙の中にたどることができる．デデキントは，カントルが前年スイスで休暇を過ごしていたとき偶然に知遇を得た，少

[†3] ここで言う代数方程式とは，整数係数（有理数係数としても同等）の代数方程式 $a_0 x^n + a_1 x^{n-1} + \cdots + a_n = 0$（$a_0, a_1, \cdots, a_n$ は整数［有理数］）を指す．$(x-e)(x-\pi) = 0$ は 2 次方程式ではあるが，係数は整数や有理数ではない．だから，代数的数ではない解を持ち得るのである．

壮の数学者†4である．カントルのほうは，ハレ大学で教授に昇進したばかりであった．カントルは，本章ですでに述べたように自然数と［その全体を含む］分数の集合との間に1対1の対応を構築できることを，デデキントに書き送った．彼は，代数的数の全体に対してさえ，同じことができることも記している．カントルは，自然数と実数の集合の間においても同様の1対1対応が構築可能だろうかという問いを，デデキントへの手紙の中で提起している．デデキントの返信を見ると，彼のほうでは，この問題はあまり重要ではないと思っていたことが示唆される．それから1週間ほどして，カントルは別の手紙をデデキントに送った．その手紙の中でカントルは，実数の集合を自然数の集合と1対1に対応させることは**できない**という，驚くべき事実の証明を記している．無限集合には，少なくとも2つの，異なるサイズのものがあるのだ．

　この時点でカントル自身は，この発見が出版に値するかどうかにさえ，確信を持つことができなかったように見える．彼は，証明を見せた師のワイエルシュトラスから発表を奨められたあとで，ようやく論文を提出している．カントルが発表した4ページの論文からは，彼の成し遂げたことが持つ革命的な意義は，ほとんど気づくことさえ困難である．論文の強調点は，無限集合のサイズが1つだけではないという事実を発見したことには置かれておらず，むしろその系として，超越数が存在することの新しい証明法をカントルが得たことに置かれている．カントルの証明は，代数的数は自然数と1対1に対応づけることができるが，実数ではそのような対応づけができず，したがって実数の集合は代数的数の集合とは一致しないことを示すものとなっている．ここから，少なくとも1つの代数的ではない実数，すなわち超越数が存在しなければならないことが導かれる[11]．

　この間に，カントルの個人的生活のほうでも，花開く展開があった．1874年に彼は，妹の友人で才能豊かな音楽家であった，ヴァリー・グットマン（Vally Guttman）と結婚した．夫婦は6人の子をもうけ，どの筋からも裏付けられているのは，情愛深い互いに献身的な家族を築いたということである．カントルは，専門的なことになると押しが強く，ときに気難しいという評判があったが，家庭の中では明らかに非常に優しい人物であった．食事どきのカントル家の様子として伝えられるところによれば，

　　（前略）食事どきのテーブルで，彼は静かに座って子供たちが会話をリードするのにまかせ，やがて立ち上がって妻に「こんな僕に満足し，愛してくれている

---

†4　デデキントはカントルより10歳余り年上で，このとき40歳を少し過ぎていた．

かい？」といった言葉をかけ，彼女に食事のお礼を述べるのが常であった[12]．

しかし，彼が集合論を発展させる努力に心血を注ぐようになってゆくと，この人心をかき乱す新しい考え方に敵対する動きの高まりに，カントルは直面する．とりわけ彼のかつての師であったクロネッカーは，カントルの研究が目指す方向を間断なく全面否定し，彼の論文が発表されるのを妨害することまでした．こうした雰囲気の中で，カントルが彼に比肩するレベルの同僚たちと日々接することのできるような，より格の高い大学に地位を得るのは望むべくもなかった．彼は，遅れた田舎——つまりハレに留まるほかなかった．カントルは，親しくしていたデデキントをハレ大学に転任させようと画策したが，失敗する．1886 年，この状況から逃れられないと断念したカントルは，家族のためハレに壮麗な家を購入した．

カントルによる超限数の探求

数学者は実無限と何の関わりも持つべきではないというガウスの警告を無視して，カントルは，これまで神学者と形而上学者の領分であった無限という世界に魅惑され，惹きつけられていった．彼の数学的研究はラディカルな考え方の基礎を提供したが，彼はその研究に求められる遙かその先にまで迫っていった．自然数 1, 2, 3, ⋯ は日常的な会話において，2 つの異なった，しかし関連した言い方で用いられる．個数を数えるのと，順番をつけるのに用いられる．たとえば，以下の例のような具合に．

- この部屋には 4 人の人たちがいる．
- ジョーの競走馬は 4 着でゴールに入った．

日常の言語は，こうした**基数**（*cardinal numbers*）と**順序数**（*ordinal numbers*）の区別を，語形の違いとして認識している．1, 2, 3（*one, two, three*），⋯ に対して 1 番目，2 番目，3 番目（*first, second, third*），⋯ というふうに．基数は，ある集合にどれだけ多くのものが含まれているのかを特定するのに用いられ，順序数はそれらのものがどのような順序で整列しているのかを特定するのに用いられる．自然数と実数との間に 1 対 1 対応をつけることはできないというカントルの発見は，彼に超限基数（無限基数）について考えることを促した．三角級数についての彼の研究は，超限順序数（無限順序数）の概念に至る途を示唆した．

カントルは，すべての集合（有限であれ無限であれ）には，それぞれ対応する唯

一の基数が存在すると想定した．カントルは基数を，集合に含まれる要素がそれぞれ持つ個別の特性をすべて無視したあとの残余として得られる，ただの無個性な「単位」の集まりとみなせる，という考え方をした．特に，1 対 1 対応のつく 2 つの集合は，同じ基数を持つことになる．全く任意に与えられた集合を M で表すとき，カントルはその基数を $\overline{\overline{M}}$ で表す記法を導入した[13]．たとえば，

$$A = \{\clubsuit, \diamondsuit, \heartsuit, \spadesuit\},\ B = \{3, 6, 7, 8\},\ C = \{6, 5\},$$

とすると[*2]，

$$\overline{\overline{A}} = \overline{\overline{B}} = 4,\ \overline{\overline{C}} = 2$$

である．もちろん，集合 A と集合 B との間の 1 対 1 対応をつけるのはやさしい．

$$\begin{array}{cccc} \clubsuit & \diamondsuit & \heartsuit & \spadesuit \\ \updownarrow & \updownarrow & \updownarrow & \updownarrow \\ 3 & 6 & 7 & 8 \end{array}$$

2 つの集合が同じ基数を持たない場合は，どうなるのだろうか？　記号を用いて表すと，集合 M と集合 N が $\overline{\overline{M}} \neq \overline{\overline{N}}$ となる場合だ．そのときは，2 つの基数のうちの一方がより大きく，他方がより小さいことが考えられる．ふつう使われる不等号 $<$（小<small>しょう</small>なり）あるいは $>$（大<small>だい</small>なり）を用いれば，私たちは $\overline{\overline{M}} < \overline{\overline{N}}$（または $\overline{\overline{N}} > \overline{\overline{M}}$）と書いて集合 N がより大きな基数を持つことを表すことができる．有限集合の場合このことを示すには，N の**真部分集合**と M との間に 1 対 1 対応をつけてみせればよい[14]．上の例では $\overline{\overline{A}} > \overline{\overline{C}}$（$4 > 2$ だから）であるが，A の真部分集合 $\{\diamondsuit, \heartsuit\}$ と C との間に次のような 1 対 1 対応をつけてみせることによって，基数の大小関係は確認できる．

$$\begin{array}{cc} 6 & 5 \\ \updownarrow & \updownarrow \\ \diamondsuit & \heartsuit \end{array}$$

話を有限集合だけに限っていれば，よく知られている簡単なことがらを難解な用語を使って表現しているだけのように思える．実際，カントルの着想が本当に威力を発揮するのは，その考え方が無限集合に適用されてからである．カントルは無限集合の基数のことを，**超限基数**と呼んだ．彼が超限基数として扱った最初の例は，

---

*2　ここでは，中括弧の記号で挟まれた $\{\cdots\}$ の中に並んでいるものが要素となって集合を構成していることを示す記法が用いられている．

自然数全体の集合が持つ基数で，カントルは $\aleph_0$ という記号を導入してこれを表した．$\aleph_0$ は「アレフ・ゼロ」と読む．$\aleph$ はヘブライ語のアルファベットの最初の文字である[*3]．

　カントルは，実数の集合が持つ基数を C という記号で表した（これは，実数の集合が連続体 continuum とも呼ばれることに由来する）．カントルは，C がちょうど $\aleph_0$ の次に大きい基数であると確信していた．これが正しいと述べる命題，すなわち，$\aleph_0$ と C の間の大きさを持つ基数は存在しないという主張は，カントルの**連続体仮説**（continuum hypothesis）として知られている．何年にもわたって張りつめた努力を注ぎ込んだにもかかわらず，カントルはこの問題に決着をつけることができなかった．彼は，連続体仮説を証明することも，その否定を証明することもできなかった．このことが，カントルに終わることのない苦痛を与え続けた．私たちが今日知っていることをもとに，あと知恵で考えると，哀れなカントルは何度も何度も石壁に頭をぶちつけ続けていたようなものだと理解できる．ずっとのちになって，ゲーデル（Kurt Gödel, 1938 年）とコーエン（Paul Cohen, 1963 年）がこの問題に関する根本的な発見をするが，それらは連続体仮説が解決を与えられるとしたら，通常の数学からは遠く離れた独特の方法論が必要なことを示しているからだ．だから，カントルがこれに決着をつけられなかったことは，全く驚くにはあたらない．実際，現在でも，ゲーデル–コーエンの否定的な結果が期待できる最善のものなのか，それとも新しい強力な手法が出てきてもっと満足できる結果をもたらし得るのか，専門家たちの意見は分かれている．

　三角級数（フーリエ級数）に関する研究において，カントルは何度も何度も繰り返し適用される操作について考えることを迫られた．第 1 段階，第 2 段階，第 3 段階… 等々と続く過程が問題になるが，カントルはこの過程が無限回の段階続いてもいいし，さらにその先まで続いてもいいことに気づいた．まもなく彼は，ω 回のステップ，$(\omega+1)$ 回目のステップ等について語るようになり，やがて彼が超限順序数と呼ぶことになるものの算術を構築してゆく[*4]．まず，有限集合 $\{\clubsuit, \diamondsuit, \heartsuit\}$ について考えてみよう．この集合の要素は，以下の 6 通りの違った順番に並べることができる．

[*3] カントルがヘブライ語のアルファベットを用いたことは，彼がユダヤ人だという，かなり広く行き渡った誤解の一因かもしれない．カントル自身は 1895 年 4 月 30 日付けのある手紙の中で，「ここでの目的のためには，他の言語のアルファベットの文字は，すでに多用され過ぎていると，私には思われましたので」と，ヘブライ文字を用いた理由を説明している．（カントルの手紙のコピーを見せてくださったシャーマン・スタイン［Sherman Stein］氏に感謝する．）

[*4] ω は，ギリシャ語のアルファベットの最後の文字で，「オメガ」と読む．

1番目	2番目	3番目	1番目	2番目	3番目	1番目	2番目	3番目	1番目	2番目	3番目	1番目	2番目	3番目	1番目	2番目	3番目
↓	↓	↓	↓	↓	↓	↓	↓	↓	↓	↓	↓	↓	↓	↓	↓	↓	↓
♣	♢	♡	♣	♡	♢	♢	♣	♡	♢	♡	♣	♡	♣	♢	♡	♢	♣

しかし，これら6つの順位づけは，すべて同じパタンの並び方であることに注意しておこう．すべて，1番目の次に2番目のものが来て，最後に3番目のアイテムが来る．同様のことが，すべての有限集合について当てはまる．n 個の要素からなる集合であったとすれば，1番目の要素，2番目の要素，$\cdots$，n 番目の要素という並び方のパタンになるほかない．しかし，無限集合の場合は全く様子が違ってくることにカントルは気づいた．無限集合は，多くの異なった順位づけのパタンに並べることができるのだ．たとえば，自然数の全体を以下のように，偶数全体が先に並んだあと奇数が続くという順序に並べることができる．

$$2, 4, 6, \cdots, 1, 3, 5, \cdots$$

これら各要素について，それぞれが何番目に並んでいるのかを順に指定することを考えてみよう．通常の有限順序数を使ってゆくと，偶数が並んでいる左半分だけで全部を使い果たしてしまう．

1番目	2番目	3番目	$\cdots$	?	?	?	$\cdots$
↓	↓	↓		↓	↓	↓	
2	4	6	$\cdots$	1	3	5	$\cdots$

カントルは，超限順序数を使って，この困難に対応する方法を見いだした．すべての有限順序数の直後に，カントルは最初の超限順序数——彼はギリシャ文字の ω で表した——がくると規約した．ω に続く順序数は $\omega+1$，続いて $\omega+2$，等々となる．このカントルの超限順序数を使えば，この例での奇数の並びにも容易に番号をふることができる．

1番目	2番目	3番目	$\cdots$	ω番目	$(\omega+1)$番目	$(\omega+2)$番目	$\cdots$
↓	↓	↓		↓	↓	↓	
2	4	6	$\cdots$	1	3	5	$\cdots$

カントルは，超限順序数の次々に大きいものを作ることによって，自然数の集合を無数に異なった順序パタンで並べる［整列順序を与える］のが可能なことを見いだした．彼は，有限順序数——これらは自然数 $1, 2, 3, \cdots$ だと思っていい——を**第**

一類の数（the *first number class*）と呼び，自然数全体の集合の整列順序パタンそれぞれに対応する超限順序数を**第二類の数**（the *second number class*）と呼んだ．この「第二類の数」を構成する各超限順序数の全体からなる集合をカントルは考え，その基数を $\aleph_1$ という記号で表した．**驚くべきことに，カントルは $\aleph_0$ が最小の超限基数であることを証明できただけでなく，$\aleph_1$ がその次にくる超限基数であることも証明することができた．** だから，$\aleph_1 > \aleph_0$ であり，かつ $\aleph_0$ より大きくて $\aleph_1$ より小さいような基数は存在しない．

カントルが必死に証明しようとしていた連続体仮説とは，基数 C が基数 $\aleph_0$ の直後にくるという主張であった．彼は $\aleph_1$ が $\aleph_0$ のすぐ次にくる基数であることを知ったわけだから，連続体仮説は次の簡潔な問いに帰着できる．

$$C \stackrel{?}{=} \aleph_1.$$

残念なことに，この方程式を書いただけでは，それが真であるという証明にカントルがいくらかでも近づいたことを意味するわけではなかった．

第一類の数と第二類の数があるのだったら，第三類の数もあるのだろうか？　まさに，その通りである！　基数が $\aleph_1$ の集合を順序づけるには，第一類と第二類の順序数ではもちろん不十分だ．カントルは，ω_1 を第三類の最初の超限順序数として導入し，第三類の超限順序数の全体からなる集合の基数を $\aleph_2$ とした．すると，$\aleph_2$ が $\aleph_1$ より大きい，直後にくる次の基数であることが証明できる．$\aleph_2$ の直後の基数 $\aleph_3$ も同様にして構成でき，$\aleph_3$ の次は $\aleph_4$ であり，この過程をいくらでも続けることができるのをカントルは見て取った．これらの過程で，やがて $\aleph_\omega$ が構成できるが，それでも終わりではなくて，これは際限なく続く．

こうした考えを発展させながら，カントルはこれまで誰一人として足を踏み入れたことのない領域を踏査していった．彼が頼ることのできる数学的規則は，ここには何も見当たらない．すべてを，彼自身の直観だけを頼りに，唯一人で創り上げていかなければならなかった．彼が探索した領域の性質を考えると，全体としては彼の仕事がかなりよく仕上がっていることは驚嘆に値する．

しかし，カントルの企てには，それが開始された当初から反対があった．クロネッカーが敵対したことは，すでに述べた通りである．数学者たちのあいだで伝えられてきて，広く信じられてきた逸話によると，有名なフランスの数学者ポアンカレ（Henri Poincaré）は，やがてカントルの集合論は「そこから人々が治癒回復した病だったと回想される日が来るだろう」と語ったという．やや出所の怪しい話だと思われるが，そんな逸話が流通したということ自体，カントルが直面しなければならなかった敵意の強さを物語っている．

対角線論法

　もし，いまの学生がカントルの達成したことのうち1つだけは学ぶとしたら，ほぼ間違いなく対角線論法ということになるだろう．この手法は，1891年に，わずか4ページの論文の中で発表された．カントルは，超限数に関する決定的な論文発表後——その論文がリプリントもされていたにもかかわらず——かなりの期間，数学研究をやめていた．その時期のあとに発表されたのが，1891年の論文である．カントルが，自然数と実数との間には1対1対応が成立しないこと——あるいは彼がのちに導入した記法で表現すれば $\aleph_0 < C$ という事実——を最初に発表したのは，1874年である．このとき証明に用いられた手法は，ワイエルシュトラスが開発した極限過程を扱う基本理論から借りてきたものだった．対角線論法を用いると，同じ結論が論理学の基本から直接ただちに得られることが見て取れる．対角線論法は，本書のこのあとのストーリーでも，しばしば出てくるであろう．

　対角線論法を理解してもらうには，ラベル付けしたパッケージの喩えがわかりやすいだろう．ここで特別なのは，ラベルとして，パッケージの中に入る品目と同種のものを使うことである．たとえば，トランプのカードの4種類のスート ♣, ♢, ♡, ♠ を考えてみよう．これらのスートのいくつかを含むパッケージに，各スートでラベリングする状況を考える．たとえば，以下のような具合である．

　上と同じ情報を，以下の表のようにまとめることもできる．表で "+" とある箇所は，パッケージの中身にそのスートが含まれていることを，"−" は含まれていないことを表している．

パッケージの中身 ラベル	♣	♢	♡	♠
ラベル「♣」がついたパッケージ	⊖	+	+	−
ラベル「♢」がついたパッケージ	−	⊕	−	+
ラベル「♡」がついたパッケージ	−	+	⊕	+
ラベル「♠」がついたパッケージ	+	+	−	⊖

　表の最も左側の列は，付けられたラベルによる各パッケージの区別を示してい

る．それぞれの右側に水平に並んでいる各セルには，そのパッケージに各スートが入っているか否かを示す "+" または "−" の記号が記入されている．これらの記号は，対角線上のセルでは○で囲んで強調されている．では，対角線論法の手法を使って，ラベル付けされたどのパッケージとも異なる，新しいパッケージを作ってみよう．新しい表を用意して，上の対角線上の各セルと反対の記号を記入する．前ページの表で♣の対角線のセルを見ると記号は "−" になっているから，私たちの新しい表では♣のところには "+" の記号が入る．同様にして，◇のところには "−"，♡のところには "−"，♠のところには "+" の記号が入る．まとめると，下の表になる．

	♣	◇	♡	♠
新規パッケージ	+	−	−	+

したがって，私たちの新しいパッケージは {♣, ♠} である．これは，最初のラベル付けされたパッケージのいずれとも中身が異なっている．どうして，そうだと言えるのか？　まず，これは♣でラベル付けされたパッケージとは，中身が一致しない．なぜなら，♣でラベル付けされたパッケージに♣は入っていないが，私たちの新規パッケージには入っているからだ．同様の理屈で，これは◇でラベル付けされたパッケージとは，中身が一致しない．なぜなら，◇でラベル付けされたほうに◇は入っているが，新規パッケージには入っていないからだ．等々．

おわかりのように，ここまで「パッケージ」と呼んできたものは，集合のことにほかならない．そして，ラベル付けは，各集合とこれらの集合の要素になり得るものとを1対1に対応させる方法のことである．この方法は，完全に一般的に通用するものだ．有限集合であろうと無限集合であろうと，同じように適用できる．各集合の要素になりうるものと同じ種類の要素によって，各集合をラベル付けしてあれば，対角線論法が示すやり方を用いて，ラベル付けされたどの集合とも異なる新しい集合を作ることが，つねに可能である．

自然数 1, 2, 3, ⋯ の集合について，このやり方がどのように進んでゆくかを眺めてみよう．各パッケージごとに，好みの自然数を拾い集めては，詰め込む．{7, 11, 17} のように，わずかの自然数だけが入っているパッケージもあるだろう．別のパッケージには，すべての偶数が詰まっていたりする．これらに，自然数を使ってラベル付けした様子を思い浮かべてみよう．次ページ冒頭のように，無限の列に並べることができるはずだ．

$$
\begin{array}{cccc}
1 & 2 & 3 & 4 & \cdots \\
\updownarrow & \updownarrow & \updownarrow & \updownarrow & \cdots \\
M_1 & M_2 & M_3 & M_4 & \cdots
\end{array}
$$

ここで，$M_1, M_2, M_3, M_4, \cdots$ は，それぞれが自然数を詰め込んだパッケージである．これを元に，自然数を要素とする新しい集合 M を次の表に従って構成してみよう．この M は，$M_1, M_2, M_3, M_4, \cdots$ のいずれとも異なるはずである．

1	もし 1 が M_1 に含まれていれば "−"	そうでなければ "+"
2	もし 2 が M_2 に含まれていれば "−"	そうでなければ "+"
3	もし 3 が M_3 に含まれていれば "−"	そうでなければ "+"
4 ⋯	もし 4 が M_4 に含まれていれば "−" ⋯⋯	そうでなければ "+" ⋯

別の言い方をすると，自然数 1 は M_1 に含まれていない場合に M に含まれ，自然数 2 は M_2 に含まれていなければ M に含まれる，等々の決め方によって，集合 M を構成するわけである．この決め方から明らかに，自然数を要素とする集合 M は，M_1 とは異なり，M_2 とは異なり，$\cdots$，等々が導かれる．

もし仮に，自然数 $1, 2, 3, \cdots$ と，自然数を要素とする集合の全体との間に 1 対 1 対応がついたとしたら，$M_1, M_2, M_3, M_4, \cdots$ はその対応を表現しているものとみなせる．しかし，これらのすべてと異なる集合 M を作れるということは，**自然数の全体と「自然数を要素とする集合」の全体との間にはそのような 1 対 1 対応をつけることはできない**，ということを示している．別の言い方をすると，すべての「自然数を要素とする集合」からなる集合の基数は $\aleph_0$ よりも大きい，ということだ．じつは，「自然数を要素とする集合」すべての集合の基数は，ほかならぬ基数 C——実数全体の集合の基数——そのものであることを証明することができる[15]．こうして，対角線論法は，実数のほうが自然数よりも「多い」ことを示す別の方法を提供するのである．

この方法は非常に一般的で，さまざまな大きさの超限基数を順に生成するやり方を与える（これはカントルが順序数を積み上げていって基数 $\aleph_s$ の系列を作ったのとは別の方法である）．たとえば，私たちは実数を集めた各パッケージを，それぞれ特定の実数を使ってラベル付けした状況を考えることができる．対角線論法は，そうしたラベル付けを実数の各部分集合すべてに対して行うことはできない，と教

えてくれる．だから，実数の部分集合すべての集合の基数は，実数全体の集合の基数 C より大きいのでなければならない[16]．この操作も際限なく続けることができる．そして，より大きな基数をこの［ベキ集合を作る］方法で得ていったものと，カントルの系列 $\aleph_0, \aleph_1, \aleph_2, \cdots$ とが，どのように織り合わさっているのかという問題は，現在でも議論の続いている未決着の難問である．

抑鬱と悲劇

　ことの始まりから，カントルの企ては敵対に出会っていた．有限の世界に生きる有限の人間が，無限について意味のある主張をすると望むことなどできるのか，という考えからくる抵抗だ．しかし，世紀の変わり目頃になると，事態ははるかに悪化する．カントル流の制限のない方法で無限集合を扱うと，そこからは，あからさまな矛盾あるいは馬鹿げた結論が導かれ得ることが発見されたからだ．災難は，カントルの超限基数の全体，あるいは超限順序数の全体を，1つの集合として扱うことを試みたとたんに始まった．もし，すべての基数全体が集合として存在し得るとしたら，その基数はどうなるのだろうか？　すべての基数よりも大きい，ということになるはずだ．だけれども，そんなこと可能なのか？　なんだって，すべての基数よりも大きい基数[†5]なんていうのがあり得るのか？

　カントル自身がこの矛盾に気づいた少しあとに，イタリアの数学者ブラリ-フォルティ（Burali-Forti）も同様の困難を見いだした．ブラリ-フォルティは，超限順序数の全体を集合として扱おうとすると，「すべての超限順序数よりも大きい超限順序数」という自己矛盾した考えに導かれてしまうことを示した．明らかに，これは馬鹿げている．そしてラッセルが現われて，最もショッキングな一撃を放った．彼が考えたのは，**すべての集合からなる集合**というものが存在し得るのか，という問いだったと言っていい．もし，そのような集合があり得るとしたら，それに対して対角線論法を適用すると，どうなるだろうか？　別の言い方をすると，勝手な集合の寄せ集めをパッケージしては，各パッケージごとに特定の集合を選んでラベル付けに使う，という状況を思い浮かべてみる．私たちは，ラベル付けされたどのパッケージ（集合の集合）とも異なるパッケージをつねに作れる，ということを再確認しておこう．ラッセルが，「それ自身は要素として含まない集合すべての集合」をめぐる彼の有名なパラドックスを見いだしたのは，まさにこうした状況について熟考していたときであった．これは，前章で触れたように，フレーゲを打ちの

[†5] 「すべての基数」の中には，それよりも大きいとされるこの基数自身も含まれるはずだから，自分が自分自身よりも大きいという矛盾した話になってしまう．

めすことになった手紙の中で，ラッセルが伝えたパラドックスである．

　ラッセルがパラドックスを見つけたのはカントルの議論について思索しているときだったが，パラドックス自体は超限数を扱うような過程には依存していない．だから，多くの数学者たちにとっては，あたかも最も基本的な論理的推論さえも至るところに落とし穴があって，もう無条件には信頼できないと思える出来事だった．もちろん，数学者たちの大半は，論理学の基礎からは遠く離れたところで通常の数学の仕事を続けていた．しかし，数学の本性や基礎について気に懸けている人たちにとっては，状況は，数学の基礎の危機以外のなにものでもなかった．これらの数学者たちや哲学者たちは，まもなく彼らが2つの陣営に分かれて対立しているのに気づいた．片方の陣営の人々は，集合論は数学の欠かすことのできない一部分であり，どんな代償を支払っても守るべきものだと考えていた．他方の陣営の人々は，健全な数学の本体を，カントル流の超限数による汚染から隔離して守らなければならないと信じていた．20世紀の最初の30年ほどの時期，数理論理学者たちの仕事は，もっぱらこうした問題にかかりきりになっていたと言っていい．

　カントルが一連の「神経衰弱」の最初の発作に襲われたのは1884年で，強度の抑鬱状態が約2ヵ月にわたって続いた．そこから回復したカントルは，彼の精神に生じた困難の原因が，連続体仮説への集中からくる過労と師クロネッカーとの確執にあると考えた．このときカントルは，クロネッカーに宛てて友好的な関係を復活させたいとの手紙すら送っており，クロネッカーからは暖かい文面の返書を受け取っている．カントル自身による精神的困難の説明は，長い間，広範に，そのまま額面通りに受け取られてきたが，心の病をめぐる出来事のいくつかは今では躁鬱病による症状だとみなされている．いかに苛酷な外的事件に見舞われたにしても，彼の心の病は基本的には内因的なものであり，脳の化学上の不全に根ざすものだという理解が次第に定着してきている．クロネッカーとの不和や連続体仮説が解決できない困難さなどの環境因子は，病の主な原因というよりは，病を促進するきっかけだったと見るのが今では一般的である[17]．

　この「神経衰弱」の症状発現は，カントルの画期的な集合論構築の仕事が——先ほど述べた対角線論法の論文は別として——終わりを迎えてゆく兆しとなった．断続的に深刻な精神の症状が現われるのに挟まれた時期，彼は次第に哲学や神学を含む数学以外のテーマに時間を振り向けるようになってゆき，とりわけシェークスピア劇作品には本当の著者が別にいるのではないかという問題にのめり込む．この最後のテーマについて彼は自分の仕事が非常に重要だという考えを発展させてゆき，それが誇大妄想（パラノイア）と紙一重だと感じる周囲の人たちは抑えるのにやっきになっていた．1899年は，カントルにとって危機と悲劇の年であった．この年，彼は集合論

をめぐるパラドックスに初めて直面した．その直後，彼がいちばん可愛がっていた13歳の末息子の突然の死に見舞われる．

　どんな分野の，どんな主題であっても，単に趣味的に取り組むことなどできないのが，ゲオルク・カントルであった．彼は，エリザベス朝時代全般および特にシェークスピア劇作品について，専門家となるレベルまで研究し，多くのモノグラフを出版した．そこには，シェークスピアのものとされる劇作品がじつはフランシス・ベーコンによって書かれたことを証明した，という主張が述べられていた．もちろん，これは集合論や超限数とは何の関係もなかった．しかしカントルは，彼の哲学や神学の研究は，無限をめぐる自分の仕事と密接な関連を持っていると考えていた．カントルは，超限数の先には，単なる有限の人間知性では決して把握できない「絶対無限」が存在するのだと信じていた．集合論に持ち上がってきた心を迷わせ苦しめるパラドックスさえもが，この視点から理解される．たとえば，超限基数すべての大きさは絶対無限として理解されるべきであり，単なる基数だと考えると矛盾が導かれてしまうのは，そのためなのである，と．

決定的な闘いへ？

　ドイツの哲学思想の中で最高峰に位置するとされるのがカント（Immanuel Kant）であり，彼の「批判哲学」は次の2つの問いに答えるかたちに組み立てられている．

- いかにして純粋数学は可能か？
- いかにして純粋自然科学は可能か？

　最初の問いに対するカントの答えは，彼が空間および時間についての「純粋直観」と呼ぶものに依拠している．空間に対する純粋直観が幾何学に，時間に対する純粋直観が算術に，それぞれ対応させられる．これらの直観は，経験的な感覚の働きからは独立したものだと，彼は考えた[18]．カントが自然科学の重要さを強調したにもかかわらず，カント以後の19世紀ドイツ哲学は，別の方向へと発展していった．観念と概念を根本的なものと考え，あたかも世界をこれらだけから成り立っているかのように理解しようとする，絶対的観念論へと進んでいった．この流れの指導的哲学者の一人が，ヘーゲル（Georg Wilhelm Friedrich Hegel）であった．彼の講義には，何百人もの熱心な弟子や学生たちが詰めかけた．ヘーゲルは多くの信奉者（有名なのはマルクスとエンゲルス）を持ち，今でも学者たちは彼の著作か

ら研究に値するものを見いだしている．しかし彼は，ただ嘲笑を招くしかないところまで，とことん理性をねじ曲げることのできる人物であった．特に，彼が書いた大部の 2 巻からなる『大論理学』で，読者は次のような表現について読まされ，深い思索にふけることを求められる．

> 無は自己自身との単純な同一性である．
> 存在は無である．
> 無は存在である．
> 互いに他方へと推移するこれら両カテゴリーは，その上のカテゴリーへと転化する．これが生成である[†6]．

その一方で，19 世紀の終わりに向かう頃のドイツでは，部分的にはコント (August Comte) の「実証的」な考え方から勢いを得て，また自然科学の進歩からも後押しされて，新しい「経験主義哲学」が発展してくる．経験主義者たちにとって，世界を理解するための出発点となるものは，感覚所与(センス・データ)である．カントルは，経験主義哲学をヘーゲル的なナンセンスへの反動だと理解していたが，荒削りで単純すぎると考えていた．ヘルムホルツ (Hermann von Helmholtz) は偉大な自然科学者で，経験主義哲学の主唱者の一人として，カントが経験科学に主要な焦点を当てていたのを復権させたいと願っていた．ところが，数えることと測定することについてヘルムホルツが書いた短いパンフレットは，カントルを激怒させた．1887 年に発表した，超限数を数学的，哲学的，神学的な視点から概観する記事の中で，カントルはこのパンフレットをやり玉に上げて「極端に経験主義的で心理主義的な視点が，およそ考えつくことさえ不可能なほどの教条主義と結び付けられている」と批判し，さらに次のように続けている．

> このように，今日のドイツではカント–フィヒテ–ヘーゲル–シェリングの誇大な観念論哲学の反動として，講壇経験主義哲学の懐疑論がすっかり支配的になってしまっている．この懐疑主義は，ついには算術にまで到達し，この領域に最悪の致命的な結論を導いている．結局のところ，これは実証主義的な懐疑論にとっても，最も有害な帰結となって跳ね返ることが明らかになるだろうが．

[†6] ここはヘーゲルから著者がきちんと引用しているわけでもないので，著者の英文表現をそのまま和訳した．

この記事は，超限数を扱ったカントルの論文集として1890年に出版された著書に収録された．この冊子の書評を記したフレーゲは，上に引用したカントルの評言を選んで強調している．そして，すでに本章の最初のほうで一部を引用した，フレーゲ自身の注目すべきコメントが続く．ラッセルからの手紙で致命的な痛手を受ける，ちょうど10年前に活字になった文章である．

　　　まさに，その通りなのだ！　算術は，実証主義的な懐疑論の教義が座礁する暗礁なのである．なぜなら，無限は算術の中で結局は否定されえないであろうし，他方，無限はこの実証主義的な認識論の方向とは相容れないものだからである．よって私たちは，この問題が，重大で決定的な闘いの場を用意するだろうと予期できる[19]．

カントルは，第一次世界大戦がまだ激しく続いていた1918年の1月6日，心臓発作によって不意に亡くなった．フレーゲが軍事的メタファーで予言した「決定的な闘い」だが，今日になって振り返ってみると，驚くべき結果をいろいろもたらしたものの，「決定的」とは全く言い難い意外な結末になったと言えよう．たぶん，その中でも最も意外な副産物が，チューリング（Alan Turing）による汎用計算機の数学的モデルであろう．

第5章 ヒルベルトの救済プログラム

　1737年，ライプニッツが最後に仕えた主君ジョージ1世の息子に当たる英国王ジョージ2世[†1]は，ドイツ中部のライネ川が南北に通る中世の町ゲッティンゲンに大学を創設した．この魅力的な大学都市には，市の城壁や，いくつかのゴシック様式の教会，古い通りに面した半木骨造の家屋群などが，いまも残っている．ゲッティンゲン大学は19世紀このかた，卓越した数学的伝統を誇りにしており，ガウス（Carl Friedrich Gauss），リーマン（Bernhard Riemann），ディリクレ（Lejeune Dirichlet），クライン（Felix Klein）といった錚々たる大数学者たちを輩出してきた．しかし，ゲッティンゲン数学の最も輝かしい時期は，20世紀の前半に訪れる．ダーフィット・ヒルベルト（David Hilbert）の名声に引かれて，あらゆる国から学生が集まってくるゲッティンゲンは，1933年にナチスがドイツの権力を掌握したあと数学者たちの大脱出が始まるまで，文字通り世界の数学の中心地であった．

　私が大学院生だった1940年代の終わり頃でも，いまだに1920年代のゲッティンゲンにまつわる諸々の逸話が，学生たちの間で先輩から後輩へと面白おかしく生き生きと語り継がれていた[†2]．うぶで疑うことを知らないベッセル-ハーゲン（Bessel-Hagen）が，ジーゲル（Carl Ludwig Siegel）の容赦ない悪戯によって何度も何度も騙された話などを，私たちはよく聞かされたものである．私が特に気に入っているのは，ヒルベルトの破れたズボンの話である．ある時期，ヒルベルトのズボンが何日も破れたままになっていて，みんな気恥ずかしい思いで困惑していた．大先生に恥をかかせないよう，上手な機略を用いて，それとなく気づいてもらうという困難な仕事は，当時ヒルベルトの助手をしていたクーラン（Richard Courant）が引き受けることになった．数学の話をしながら田舎道をぶらぶらと散歩するのがヒルベルトは好きなことを知っていたクーランは，先生を散歩に誘った．わざと棘の多い茂みを通ったあとで，クーランは先生のズボンが棘に引っかかって破れてしまったようだと告げた．「いや，そうじゃないんだ」とヒルベルトは答えた．「じつは，何週間も破れたままになっていたんだ．なのに，誰も気づかないんだよ．」

[†1] 第1章の話から想像がつくように，ジョージ2世はハノーヴァー選帝侯も兼ねていた．
[†2] 著者が大学院生時代を過ごしたプリンストン大学には，ゲッティンゲンからの「亡命」数学者がたくさんいた．

第 5 章　ヒルベルトの救済プログラム

ダーフィット・ヒルベルト（David Hilbert）著者所蔵の写真

　ヒルベルトが，数学そのものを使って数学の確実性を証明しようとする驚嘆すべき一大作戦に乗り出したのは，この逸話と同じ頃，1920 年代のことである．ヒルベルトの大作戦は，結果的にチューリングによる計算の本質の洞察をもたらしたのだが，そこに至るまでには予想外の一連の出来事が続くことになる．

　ダーフィット・ヒルベルトは，プロシア東部の都市ケーニヒスベルク——哲学者カント（Immanuel Kant）を生み出したことを誇りにしていた町——に生まれ，プロテスタントの家族の中で育った．1870 年にナポレオン 3 世のフランスに対する戦争をビスマルクが仕掛けてドイツを圧勝に導き，その勢いを用いてドイツ統一を成就させ，プロシア王を皇帝（カイゼル）とするドイツ帝国が成立したとき，ヒルベルトは 8 歳の男の子だった．数学を学ぶため彼がケーニヒスベルク大学に入学する頃には，その才能は目立つものになっていた．入学後には，会話を交わす中で数学を理解し吸収するという，彼独特のスタイルが築かれていった．親しくなったミンコフスキー（Hermann Minkowski），フルヴィッツ（Adolf Hurwitz）と 3 人で，数学の話をしながら長い散歩に出る日々が続いた[1]．

　ヒルベルトが数学者としての歩みを始めたときには，ライプニッツとニュートンによって微積分学が創られてから 2 世紀もの時間が経過していた．この間に，極限操作を応用した華々しい成果の数々が，積み重ねられてきた．これらの成果の多くは，数学的記号を全く形式的に操作することによって得られたもので，その含意について深い考慮が払われることは少なかった．しかし，19 世紀の半ばになると，熟慮の時代が訪れる．単なる記号操作を超えて，概念的な理解が必要となるような問題が，いろいろ持ち上がってきていた．その先頭に立っていたのが，前章で取り上げたカントルと，その師ワイエルシュトラス，その友人デデキントであった．

　1888 年にヒルベルトは，彼の研究分野の指導的人物たちに渡りをつけるべく，

ドイツの主要な数学研究の中心地を訪ね歩く旅に出た．ベルリンでは，2年前に知遇を得た，カントルの宿敵クロネッカーを訪問している．クロネッカーは偉大な数学者であり，彼の仕事はヒルベルト自身が上げた成果の中でも重要な役割を担っていた．しかし，半世紀余り後にかつてヒルベルトの学生であったワイルが書いた追悼記事によると，ヒルベルトはクロネッカーが「その力と権威を使って，恣意的な彼の哲学的原理が作ったプロクルステスの寝台†3に数学を無理やり合わせようとしている」と感じていた．この「哲学的原理」に導かれてクロネッカーは，当時の新しい数学の流れの大半について，きわめて否定的な態度を示した．クロネッカーが異を唱えざるを得ないと感じたのは，カントルの超限数だけではなかった．解析学の極限過程について厳密な基礎づけを提供しようとした，ワイエルシュトラス，カントル，デデキントらの努力すべてが，彼にとっては認めがたいものであった．クロネッカーは，これらの努力を無価値なものとして却けた．彼が特に固執したのは，数学的な存在の証明は**構成的**でなければならない，という点だった．すなわち，クロネッカーにとっては，ある特定の条件を満たす数学的な実体が本当に存在するという証明は，その数学的存在を明示的に表す方法を提供するものでなければならなかった．

　ヒルベルトは，まもなく彼自身の仕事によって，この格言に挑戦する．さらにずっとのちに，彼は講義で学生にこの区別を次のように説明するのを好んだ．この講義室にいる学生全員のうちで最も頭髪が薄い学生が存在する（頭が完全に禿げ上がった学生はいないとして）ことは——それが誰であるか特定する方法を私は全く知らないけれども——疑う余地がない，と[2]．

若きヒルベルトの数学的成功

　この世界は絶えざる流れの中にあるが，変化せずに一定のものもある．数学者たちは，全体として変化を受けるものの中で，何が厳密に同一のまま保たれるかを見いだすという問題に，しばしば取り組んできた．こういう場合，彼らの用語では，ある特定の**変換**のもとでの**不変量**は何か，という言い方になる．こうした研究のうち，**代数的不変式**の理論と呼ばれることになるものの先鞭をつけたのは，第2章で取り上げたブールの初期の論文である[3]．19世紀の最後の四半世紀に至る頃までには，代数的不変式の研究は，数学の中でも特に注目を集める重要な分野になっていた．不変式を見いだして整理するために，壮烈な代数操作の空中戦とも言うべき

---

†3　プロクルステスは，ギリシャ神話に出てくるアッティカの強盗．旅人を鉄の寝台に寝かせ，背丈が長過ぎたら足を切断，短過ぎたら引っ張って伸ばし，寝台のサイズに無理やり合わせたとされる．

努力が続けられていたが，そんな名人芸ができる第一人者はドイツの数学者ゴルダン（Paul Gordan）で，同時代人からは「不変式の帝王」などと呼ばれていた．代数操作の深い茂みを縫うように進みつつ，ゴルダンは不変式の構造をシンプルに見通す定理を予想するに至った．この「ゴルダン予想」によれば，ある変換についての不変式全体を考えたときに，必ずそのうちの有限個の基本不変式というものが存在し，任意の不変式を基本不変式の多項式として表すことができる，というのである．しかし，ゴルダンによる正攻法では，彼の「予想」は限られた特殊な場合にしか証明することができなかった．ゴルダン予想は，当時の数学者たちにとって未解決の大きな問題とみなされており，おそらくゴルダンに匹敵するほどの代数操作の達人でなければ証明できないだろうと一般に思われていた．こうした雰囲気の中でヒルベルトが成し遂げたゴルダン予想の証明は，当時の数学者たちにとって晴天の霹靂であった．複雑な代数形式を操作する替わりに，ヒルベルトは抽象的思考の力で問題を解いてしまったのだ．

　ヒルベルトがこの問題に没入するようになったのは，彼が直接ゴルダン本人と会ってからである．6ヵ月にわたる集中的な努力のあとに彼が見いだした解は，現在では**ヒルベルトの基底定理**と呼ばれている非常に一般的な結果にもとづくもので，その証明はいたって単刀直入である．ヒルベルトは，彼の「基底定理」を使って，もしゴルダン予想が成り立たないと仮定すると矛盾が導かれることを証明した．この，あっと息をのむようなゴルダン予想の証明は，非構成的な証明だから，クロネッカーにとって満足できるものではなかったであろう．基本不変式のリストを提供できるようにするかわりに，ヒルベルトはそれらが存在することだけを証明したのだ．非存在を仮定すると矛盾が導かれる，という証明によって．しかし，抽象的思考の威力を示してみせることによって，ヒルベルトの証明は次の世紀の数学への窓を開いたのである．ヒルベルトの証明が開示した，より一般性をもった視点は，結果的に古典的な代数的不変式の理論を葬り去った．現在では，ゴルダンは彼がヒルベルトの証明に対して示した拒否反応のセリフによって，もっぱら記憶されている．「これは数学と言えるようなものじゃない」とゴルダンは言った．「これじゃ，まるで神学だ」．

　ゴルダン問題を解決することで大評判をとり，一挙に当代第一流の数学者の一人と目されるに至ったヒルベルトだが，その栄誉だけに安住することはなかった．不変式論の分野からそれきり立ち去る前に，彼はもう少し細部にまで立ち入った仕上げをする．ゴルダン予想には別証明を与え，こちらは完全に構成的な証明となった[4]．それに加えて彼は，さまざまな数学の分野にわたる論文を，文字通り弾幕射撃のように発表し続けた．そのうちの目を引く一篇の短い論文は，まごうかたなき

「カントル主義的偏向」の匂いを漂わせており，クロネッカーならきっと軽蔑したであろう書き方となっている．ただ，多産な研究成果にもかかわらず，ヒルベルトの世間的なキャリアでは窮状が続いた．ケーニヒスベルク大学での彼の地位は，何年も私講師（Privatdozent）のままで，収入は開講科目を受講する学生が支払うわずかな受講料だけであった．ボルティモアから来ていた数学者を相手に，彼を唯一の受講学生とする講義を学期まるまる続けたこともあった．親友のミンコフスキーに宛てたある手紙では，11人の私講師が同数の学生を奪い合う状況だと，皮肉まじりに記している．

　1892年になると，若きヒルベルトの人生に転機が訪れる．前年末に68歳でクロネッカーが亡くなり，次いでワイエルシュトラスが定年で退官した．これを機に，異動の止まってしまっていたドイツの大学の数学教職世界の解凍が始まり，アカデミック・ポジションの椅子取りゲームが動き出した．そして，6年間もの私講師時代を脱して，ヒルベルトはようやくケーニヒスベルク大学で正規の教職の地位に昇進した．同じ年に，彼は親しいダンス相手で気に入っていたケーテ・イェロッシュ（Kathe Jerosch）と結婚する．翌年には彼らの息子フランツも生まれた．一方，この間にゲッティンゲン大学の数学科の指導的地位にあったクライン（Felix Klein）はヒルベルトに目をつけて，彼を呼び寄せることを心に決めていた．1895年の春にはクラインの招致策は効を奏し，ヒルベルトはゲッティンゲンに移った．このあと亡くなるまでの48年間にわたり，ヒルベルトはゲッティンゲンで人生を送ることになる．

　ヒルベルトによるゴルダン予想のまばゆいばかりの証明が代数的不変式の古典的理論の終焉をもたらしたとしたら，ドイツ数学会の求めに応じてまとめられた彼の包括的な「数論報告」（Zahlbericht）は，壮大な数学的パノラマの幕開けを告げるものであった．数学会が期待していたのは，代数的整数論という，多くの数学者が困惑してきた比較的新しい数学の分野における，最近の研究状況についての概説であった[5]．ところが，彼らが受け取ったのは，第一原理から出発して徹底的に考え抜かれた，この分野まるごとを再構築した労作であった．半世紀以上のちの私の大学院生時代でも，この「数論報告」を私たちは楽しみながら学び，多くの有益なものを得ることができた．

　ヒルベルトは，私講師時代のケーニヒスベルクでの講義の蓄積があったので，ゲッティンゲンに赴任する際には，数学の多岐にわたるテーマについて開講する用意ができていた．彼の指導のもとで博士号を取った総勢69人のうちの最初の学生であるブルーメンタール（Otto Blumenthal）は，ゲッティンゲンに到着した時期のヒルベルトの印象を，40年経ったあとでも生き生きと思い出して報告することが

できた.「この赤い髭を生やし全く月並みの服を着た,中背で活気のある男は,〔他の教授たちと比べると〕どう見ても教授という感じがしなかった」[†4].ヒルベルトの講義は「とても的確ではあったが,重要な命題を繰り返し唱えるような傾向があって,どちらかというと凡庸な講義スタイルであった.しかし,豊富な内容と説明の簡明さが,講義形式のことなど忘れさせた.彼は自分が結果を出した新しい事実を,特にそんなことは断らずに,積極的に講義で紹介した.受講者全員が理解できたかどうか確かめる労を,彼が取っていることは明らかだった.彼は,自分自身のためにではなく,学生たちのために講義した」とブルーメンタールは述べている[6].

1898年冬期のヒルベルトの開講科目が「ユークリッド幾何学の原理」と題されていたのを知って,学生たちは驚いた.彼らは,ヒルベルトが代数的整数論にどっぷり浸っている人だと思っていたので,幾何学的なテーマに興味を持つことがあるなどとは考えてもみなかった.それに,アナウンスされた講義テーマは,全くもって奇妙な感じがした.ユークリッド幾何学とは,しょせん中学や高校で習う科目に過ぎないのだから.講義が始まると,学生たちの驚きは,さらに大きくなっていった.彼らは,幾何学の**基礎づけ**の全く新しい発展へと目を開かされたのである.これは,ヒルベルトが**数学の基礎づけ**への深い興味を垣間見せた最初の出来事である.そして,この彼の興味こそ,私たちのストーリーが焦点を当てるべき話題につながってゆく.

ヒルベルトは彼の講義において,ユークリッドの古典的な扱いの中に見いだされる論証の欠陥を埋めることのできる,幾何学の公理系を与えた.彼は,公理からの定理の導出は純粋な論理によって示されなければならない,と主題の抽象的な性格を強調した.図を見て「わかった」という感じを持つことで,間違いが起こり得るような欠陥は,排除しなければならない.ある有名な逸話によると,彼は,ある定理が成り立つのであれば,点と線と平面を「テーブルと椅子とビアジョッキ」に取り替えても,これらの対象物が公理に従う限り,同じ定理が成り立つのでなければならない,と言ったと伝えられている.彼が成し遂げたことを要約すると,ヒルベルトは彼の幾何学の公理系が整合的である——これらから矛盾は導かれない——ことの証明を与えた.この証明が示したのは,もし仮に彼の幾何学の公理系が矛盾を含んでいれば,実数の算術にも矛盾があることになってしまう,という結論である.だから,ヒルベルトが行ったことは,ユークリッド幾何学の整合性(無矛盾性)を算術の整合性(無矛盾性)に**還元**したことに相当する.算術の無矛盾性は残された問題ということになるが,いつの日か証明できると期待しよう!

[†4]〔他の教授たちと比べると〕は,著者が補った表現.

新しい世紀に向かって

　1900年8月にパリで開かれた数学者国際会議に出席していた数学者たちは，当然ながら新しい世紀の数学がどんなものになるか，思いをめぐらせていた．驚嘆すべき業績によってこの世界の第一人者へと登りつめた当時38歳のヒルベルトが，招待講演を行ったのは，蒸し暑い日のことであった．彼はその講演の中で，20世紀の数学者たちへの挑戦として，当時の数学の方法によっては全く歯が立たないような23の未解決の重要問題を提示した[7]．そして，彼に特徴的なオプティミズムをみなぎらせて，ヒルベルトはすべての数学者が共有していると彼が考える信念について宣言した．

> 「すべての明確に定式化された数学の問題は，必ず確定的な形での解決が可能に違いないという（中略）この信念は（中略）われわれの研究を強力に激励してくれるものだ．われわれは絶えざる召命の声を内側から聞く．**ここに問題がある．解を求めよ．われわれは，純粋な理性によって，その解を見いだすことができる．**（後略）」

　ヒルベルトが真っ先にリストに挙げた冒頭の問題は，カントルの連続体仮説（自然数の集合の濃度と，自然数を要素とする集合すべてからなる集合の濃度との，中間の濃度を持つ集合は存在しないという主張）の真偽を決定することである．これは，集合論を脅かす諸々のパラドックスの発見がクロネッカーの否定的見解に軍配を上げるかに思われた時代にあって，カントルの超限集合論への支持を高らかに鳴り響かせるものであった．

　2番目の問題は，ユークリッド幾何学の公理系の無矛盾性をヒルベルトが証明したときに積み残した課題そのものである．実数の算術の無矛盾性を，なんらかの方法で証明すること．ここまでの無矛盾性の証明は，**相対的な無矛盾性**の証明にとどまる．つまり，片方の公理系の無矛盾性を，他方の公理系の無矛盾性へと還元したに過ぎない．しかし，算術の問題までくると，論理的にいちばん底の基岩にまで達したことになるのを，ヒルベルトは自覚していた．新しい「直接的」な方法が必要になる．この問題はまた，数学における**存在**の意味についてのヒルベルトの考え方を説明する機会をも提供した．クロネッカーの主張では数学的実体が存在することを証明するには，そのものを「構成する」なり「提示する」方法が必要だとされるのに対し，ヒルベルトにとっては，その対象物の存在を仮定しても矛盾が導かれな

いことを証明しさえすれば存在として認めるのに十分なのである．

> 「（前略）もし，ある概念に割り当てられた諸属性が，有限回の論理的推論を適用しても決して矛盾を導くことがないと証明できたら，その概念が数学的な意味で存在することは（中略）それによって証明されたことになる，と私は主張する．」

　このときのヒルベルトによれば，カントルの超限基数すべてからなる集合を仮定することで生み出される矛盾は，単にそのような集合が存在しないことを示すに過ぎないのである．その後，フレーゲを絶望の淵に追いやった1902年の手紙でラッセルが指摘したパラドックスなどが徐々に知られるようになると，数学の基礎づけをめぐる困難は危機の様相を示すに至り，算術の無矛盾性をめぐる問題はますます悪化していった．ヒルベルトが彼の学生や弟子たちとともに，この問題に対する正面攻撃に乗り出すのは，ようやく1920年代になってからであり，彼らには全く予想もつかなかった帰結をもたらすことになる．

　ヒルベルトが1900年に提示した23の問題は，そのあと何世代にもわたって数学者たちを魅了し続けた．問題群は，純粋数学から応用数学にわたる広範な題目を扱っており，このあとのヒルベルト自身による幅広い貢献をも予想させるものだった．ヒルベルトを追悼する記事にワイルが書いているように，ヒルベルトのリストにある問題を1つでも解いた数学者は，それだけで「数学界の叙勲者クラブ」入りしてきたのである．1974年に米国数学会は，ヒルベルトの問題から生まれた数学の発展を跡づける特別シンポジウムを主催し，各問題に関わってきた専門家が招待講演を行った（私も招待される栄誉に浴した）．ヒルベルトの問題がいかに豊かな土壌を拓くものだったかは，シンポジウムの講演録が600ページを超える分厚い冊子として出版されたことからも理解できる[8]．

クロネッカーの亡霊

　カントルの超限集合論，そして数学の基礎についての数学者たちの危惧は，ラッセルが一見何の問題もないように思える推論から矛盾が導かれることを見いだすに至って，頂点に達した．すでに見てきたように，ラッセルからの手紙でパラドックスを知ったフレーゲは，彼のライフワークを端的に放棄してしまった．彼は，その10年前に書いた自身の予言を，思い出すことがあったのだろうかと，いぶかしくもなる．

なぜなら，無限は算術の中で結局は否定されえないであろうから（中略）私たちは，この問題が，重大で決定的な闘いの場を用意するだろうと予期できる[9]．

フレーゲやカントルの友人デデキント は「闘いの場」から退場してしまったとはいえ，乱闘に加わる猛者には事欠かなかった．20 世紀の冒頭，ヒルベルトとポアンカレ（Henri Poincaré）は衆目の一致するところ当代の頂点に立つ 2 人の大数学者であったが，両者とも活気に満ちた態度で，この闘いに加わった．ただし，正反対の立場で．1900 年の次の数学者国際会議は，1904 年——ラッセルがパラドックス発見を告げた 2 年後——に開かれた．この会議における講演で，ヒルベルトは「数学の基礎の危機」に対する彼のアプローチを明らかにし，算術の無矛盾性の証明がどんな形になるべきかの概要を示してみせた[10]．彼は，その証明がカントルの超限数まで含むように拡張し得るという期待を付け加えることも忘れなかった．ポアンカレはすぐさま，ヒルベルトが循環論法を犯してしまっていることを見て取った．その推論方法からは決して矛盾が導かれないことを示そうとする証明の中で，証明によって正当化しようと意図している当の推論方法そのものが使われてしまっているのだ．ヒルベルトがこの批判を受け入れるまでには，何年かを要した．ポアンカレは，彼の言う「カントル主義」が少しは役に立つことがあるのを認めてはいたが，次の点では譲らなかった．

実無限（完結した無限）などというものは存在しないのだ．カントル主義者たちは，このことを忘れてしまった結果，矛盾に陥ったのだ．［強調はポアンカレ］[11]

このポアンカレの言には，80 年ほど前にガウスが書き，前章で引用した言葉が，そっくりそのまま反響している．「私は，無限が絡む量をあたかも**完結した**ものであるかのように使うことには，とりわけ強く異議を申し立てておきたい．これは，数学では決して許されないことである．」カントルの偉大なライフワークは，こうした伝統に対する，英雄的な挑戦であった．

ラッセルも，戦場からは撤退しなかった一人である．彼は，算術を純粋な論理へと還元しようとしたフレーゲの計画で用いられた記号論理の体系を，パラドックスに陥ることがないような形に整備し発展させようと，根気強い努力を続けていた．ラッセルは，彼の努力を同時代の数理論理学者たちと連絡し共有する中で，イタリアの論理学者ペアノ（Giuseppe Peano）が導入した，フレーゲの記法よりはずっと理解しやすい記号化の方法に大いに助けられた（この記号化の方法は，本書の第

3章で紹介したものと本質的に同じものである）．こうしたラッセルの努力を，ポアンカレは辛辣に批判した．

> 「もしも」という言葉の替わりに⊃という記号を使うことで，「もしも」と書いたときには得られなかった何かの御利益が生じるとは，ちょっと理解しがたいことである．

　ポアンカレは，ラッセルの努力を真剣に受け取るならば，それは数学を単なる計算に還元する可能性を開くこと（ライプニッツの夢！）になるという点を指摘することも忘れなかった．そして，その考えそのものを嘲笑している．

> こうして，一つの定理を証明するために，その定理の意味を知ることは必要でもなければ，役にも立たないことになる．（中略）シカゴには生きた豚を入れるとハムやソーセージになって出てくるという伝説的な機械があるそうだが，それと同じようにして，入口に公理を突っ込むと出口から定理が取り出せる，といった機械さえ思い浮かべることができる．数学者は，こうした機械と同様に，もはや自分が何をやっているかを理解する必要はないのである．

　フレーゲの計画をよみがえらせようとしたラッセルの努力は，ホワイトヘッドとの共著で3巻からなる記念碑的な労作『プリンキピア・マセマティカ』として，1910年から1913年にわたって出版された．この労作は，フレーゲの概念記法が創始した純粋な論理学からスタートして，明確に数学と言える題目にまで到達して終わるのだが，その途中はまったくもってポアンカレの言う伝説的なシカゴの機械の精神に沿うかのように，一つ一つ単純で直接的な論理ステップを踏んでゆく形になっている．パラドックスは，念入りに作られた不格好な階層構造——事実上すべての集合が1つ下の階層の要素しか持てないようにした構造——によって避けられるようになっている．この階層構造は通常の数学をはなはだしく不自由にするもので，特別にかなり怪しげな**還元公理**というものを用意して，階層構造の間に立ちはだかる垣根を押し分けて進めるようにしてある[12]．『プリンキピア』には，根本的な混同を含んでいるという欠点があった．フレーゲは2つの異なったレベルの言語——彼が構築した新しい形式言語とこれについて議論する日常言語——の両方を扱っていることを明瞭に理解していたが，ホワイトヘッド–ラッセルの大作ではこの区別が曖昧で，2つのレベルをごっちゃ混ぜにしてしまっていた[13]．このことは，ヒルベルトにとっては決定的に重要だった体系全体の無矛盾性という問題が，

ラッセルたちの文脈では，はっきりと生じてさえこないことを意味する．これらの問題点はあるけれども，『プリンキピア』は，記号論理の体系による数学まるごとの形式化が完全に可能であることを，初めて決定的に示してみせた点で画期的な達成であった．

　ラッセルがパラドックスを避けつつ古典的数学の全域を論理学の基礎の上に乗せようと精励していた頃，若く才能豊かなオランダの数学者ブラウワー（L. E. J. Brouwer）は，そんな試みのほとんどは致命的な欠陥を持っており，捨て去らなければならないと確信していた．1907 年に提出されたブラウワーの博士論文は，カントルの超限集合論や同時代的な数学の営みに対する激しい憎しみに満ちており，まるでクロネッカーの亡霊にとりつかれたかとさえ思えるほどだった．1905 年，ブラウワーは数学研究の手を少し止めて『人生と芸術と神秘主義』という，ロマンティックな厭世観にどっぷり浸かった内容の小冊子を出版した．この「悲しい世界」での生を幻だと断じたあと，この気難しい青年は次のように結んでいる．

　　無惨な人々に充ち満ちた，この世を見よ．自分たちが財産を持っていると勝手に想像している人々や，（中略）知識，権力，健康，栄光，快楽を追い求めて飽くことがない欲望を育んでいる人々．
　　何も持たざる者であること，何も所有できず，身の安全など決して得られないことを知っている者だけが，自分を完全に放棄し自分のすべてを犠牲にし，すべてを与えてしまい，何も知らず，何も欲しがらず，何を知りたいとも思わず，何ものをも顧みず，すべてを放棄する者だけが，すべてを受け取るのだ．無という，彼に開かれた自由の世界，痛みのない瞑想の世界（中略）を[14]．

　自己放棄の人生をこれほど称揚していたブラウワーだったが，やがて彼自身の哲学的確信を満たすような形に数学的実践を土台から再構成すべきだとする，独善的な一大キャンペーンに乗り出すことになる．彼にとって学位論文のテーマを在来の数学分野から選ぶことは容易かったが，そうはせずに，決然として数学基礎論について書くと言い張った[15]．彼の指導教官はその選択をしぶしぶ認めたが，自分の最も優秀な学生が，学位論文に本題とは関係のない奇異な思想を散りばめることに固執するので啞然としてしまった．彼はブラウワーに対し，次のように書き送っている．

　　（前略）私は第 2 章がこのままでよいかどうか再び考えてみたのだが，正直に言うが，ブラウワー，これじゃ駄目だ．ここには，人生についての厭世主義や神

秘主義的な考え方が山ほど織り込んであるが，そんなものは数学じゃないし，数学の基礎にだって何の関係もない[16]．

　ブラウワーにとって，数学というのは数学者の意識の中に存在するもので，究極的には「数学的原始直観」としての**時間**に由来するものなのである．真の数学とは，数学者の直観の中に存在するもので，それを言語的に表現したものの中にあるのではない．数学が論理である（フレーゲやラッセルが主張したように）などということは全くなく，むしろ論理自身は数学から生み出されてくるのだ．ブラウワーにとって，カントルが異なるサイズの無限を発見したと信じているのは全くのたわごとであり，彼の連続体問題などは，くだらない話に過ぎない．ヒルベルトは，数学的に存在が認められるためには，矛盾がないことが示されれば十分だと言ったが，それは間違っている．正反対に，

（前略）数学において**存在する**とは，直観によって構成されることであり，それを記述する特定の言語が無矛盾であるかどうかという問題は，それ自体が重要でないばかりか，数学的に存在するかどうかの判定基準にはならないのだ［強調はブラウワー］[17]．

　数学的存在を確立する唯一の正当な方法として構成してみせることを求めたクロネッカーの主張を繰り返したのに加えて，ブラウワーは論理学の基本法則であるアリストテレスの排中律（任意の命題が端的に真か偽のいずれかであるとする主張）を無限集合に適用することをも非難した[18]．ブラウワーにとっては，ある命題が真とも偽とも言えないことがあり得る．真か偽かを決定することのできる方法が，まだ知られていない命題の場合である．ゴルダン予想に対するヒルベルトの最初の証明は，数学者たちが普通にやるように排中律を使っている．彼は，ゴルダン予想を否定すると矛盾に導かれることを示した．ブラウワーにとっては，こういう証明は受け入れられないのである．

　学位論文を完成させたあと，ブラウワーは意識的に，議論の多い彼の思想はしばらく表に出さず，当面は自分の数学的技倆を世の中に見せることに集中する決心をした．彼が選んだ活動の舞台は，急成長しつつあったトポロジーという新興の分野であった．彼は多くの深遠な結果を見いだし，その中には重要な彼の**不動点定理**[*1]も含まれる．1910年に当時29歳のブラウワーが，この基本的な原理を発表

[*1] 1994年のノーベル経済学賞は，2人の経済学者と数学者ナッシュ（John Nash）の3人に与えられた．ナッシュに対する授賞理由は，彼が1950年の博士論文で与えた定理が経済学や関連分野に非常に多

したとき，彼は早くもヒルベルトの賞賛を受けるに至った．この若者に強く印象づけられたヒルベルトは，自らの牙城とする名高い数学誌『マテマティシュ・アナーレン』（Mathematische Annalen: 数学年鑑）の編集委員会の一員に彼を招き入れさえした．あとで，ヒルベルトは，これをずっと悔やむことになる．1912年，アムステルダム大学に（ヒルベルトも推薦者の一人となって）正規の地位を得たブラウワーは，本来の自分に戻る自由を得たとばかりに，彼が今では**直観主義**と呼ぶようになった革命的プロジェクトを推進してゆく．

　ヘルマン・ワイル（Hermann Weyl）はヒルベルト自慢の弟子で，20世紀を代表する偉大な数学者の一人である．彼は，ゲッティンゲン大学でヒルベルト退官後にその後継の地位にも就く．ワイルの興味は，数学から物理学，哲学さらには芸術にまで及んでいた．ヒルベルトをひどく狼狽させたのは，ワイエルシュトラス，カントル，デデキントたちが構築してきた極限過程を扱う方法の基礎はあやふやだと，このワイルが確信するようになったことだ．彼は，これらすべてが依拠する実数の体系を納得して受け入れることができなかった．大殿堂の全体が「砂上の楼閣である」と彼が言ったのは有名だ[19]．ワイル自身が実数連続体を再構成しようと試みた『連続体（Das Kontinuum）』は，結局のところ自分でも満足できないものに終わった．ブラウワーがこうした問題をどのように扱っているかをワイルが知ったとき，彼は夢中になってしまった．「ブラウワー，これは革命だ」と彼は叫んだ．ヒルベルトにとっては，もう堪え難いことで，「ブルータス，お前もか！」という思いだったであろう．

　ドイツの1920年代は，まさに革命的波乱の時期だった．この国は第一次世界大戦に敗れ，屈辱的なヴェルサイユ条約を受け入れさせられた．皇帝（カイゼル）の退位後に権力を掌握した社会民主党の政権は，厳しい経済的困難と左右の政治勢力からの政権転覆の試みに取り囲まれていた．極端なレトリックが，あらゆる方角から聞こえていた．こうした激烈な雰囲気の中，1922年にヒルベルトは，かつての弟子の論述に対して，それを反逆罪で告発するかのような演説で反論した．

　　ワイルやブラウワーがやっていることは，本質的には，かつてクロネッカーが
　　歩んだ道を辿るのに等しい．彼らは数学の基礎を探求すると称して，彼らの気
　　に入らないものにはクロネッカー流の通商禁止令を宣言して何でもかんでも

く応用されてきたことによる．ナッシュは，この学位論文において，ブラウワーの不動点定理を巧みに使っている．［訳者補足：正確に言うと，ナッシュ均衡解の存在を示すのに直接使われたのは，ブラウワーの不動点定理の拡張版に当たる角谷静夫（かくたにしずお）の不動点定理である．ナッシュは，2015年にアーベル賞を受賞し，授賞式に出席したその帰途に交通事故で亡くなった．］

海に投げ捨てている．しかし，これは，われわれの科学を解体し手足を切断してしまうことを意味する．このような自称改革者に従うならば，われわれの最も価値ある宝物の大部分を失う危険を冒すことになりかねない．ワイルとブラウワーは，一般的な概念としての無理数も関数も，数論的な関数さえも，カントルの高階クラスの〔順序〕数も，ことごとく非合法化している．無限に多くの自然数が与えられたときに最小の自然数が必ず存在するという定理，さらには排中律の論理法則，すなわち素数が有限個しかないか無限に多く存在するかのいずれかであるといった主張さえもが，禁止令の対象となる定理や推論方法の例に入っているのだ．私は，クロネッカー〔の方法〕は，無理数を禁止するほど不能なものだったと信じている．ワイルとブラウワーは［手足を切断したあと］胴体だけは残してくれるらしいが，今日の彼らの努力がクロネッカーほど不能なものではないということがあろうか．否！　ブラウワー〔のプログラム〕は，ワイルが思っているような革命なんかではないのだ．古いやり方の一揆を——かつて現在よりも気迫に満ちて遂行されながら完全に失敗に終わった試みを——繰り返そうとしているだけだ．特に今日では，国家権力はフレーゲとデデキントとカントルの仕事によって完全に武装され要塞化されているので，そんな一揆はどのみち失敗する運命にあるのだ[20] †5．

ヒルベルトの痛罵がほとんど軍事的な色彩さえ帯びているのを目にすると，彼も 1914 年の戦争開始を熱狂的な陶酔で迎え入れたヨーロッパの多くの人々のうちの一人だと思われるかも知れない．しかし，事実は全く正反対だ．彼は最初から，この戦争が愚かしいものだという考えを明らかにしていた．1914 年の 8 月に 93 人の有名なドイツ知識人たちは，英国，フランス，米国が中立国ベルギーへのドイツ軍の侵攻に憤慨しているのに応えて，「文明的世界」に向けた声明書を発表し，「われわれがベルギーの中立国としての権利を侵犯したというのは真実ではない．（中略）われわれの軍隊がルーヴェンを破壊したというのは事実に反する」と主張した．ヒルベルトも声明書にサインすることを求められたが，彼は連合国側の非難が真実かどうか自分は知る術がないと言って，拒否した．1917 年，ワイルとブラウワーをヒルベルトが弾劾する 5 年前，そして血なまぐさい塹壕戦が膨大な数のヨーロッパの若者たちの生命を貪り食っていた時期，ヒルベルトは最近亡くなったフランスの数学者ダルブー（Gaston Darboux）を賛美する追悼記事を発表した．これに憤慨した学生たちがヒルベルトの家の前に押し寄せ，「敵国の数学

---

†5　〔　〕は著者が，［　］は訳者が補った表現．

者」を悼むような記事は撤回しろと叫んだ．ヒルベルトはそれを拒否し，逆に公式の謝罪を求め，それを勝ち取った[21]．才能あふれる若い数学者エミー・ネーター（Emmy Noether）をゲッティンゲン大学の私講師に指名する提案に対して，これは女性が教授職やひいては評議会メンバーに就く途(みち)を開くことになるという理由で反対が持ち上がったとき，ヒルベルトは言った．「私には，候補者の性別が彼女を私講師として認める妨げになるという議論は，まったく理解できない．つまるところ，大学の評議会は共同浴場じゃないんだから[22]．」1917年の9月，まだドイツとその隣国フランスがお互いに相手国市民を可能な限り多く殺戮することに全力を挙げて従事していた頃に，ヒルベルトは「公理的思考」と題する講演をチューリッヒで行ったが，その冒頭を次のようないささか挑発的な言葉で切り出している．

　人々の生活において，それぞれの住民は近所の人たちすべてとうまく折り合いをつけてこそ清栄を喜ぶことができるように，個々の国家の繁栄は各国内の秩序が保たれるだけでなく諸国間の良好な関係が保たれてのみ可能になるように，科学の生命力にも適正な友好関係が必要なのである[23]．

超数学

　算術の無矛盾性は，1900年の国際数学者会議での講演においてヒルベルトが2番目に挙げていた問題である．しかし，ヒルベルトがこの問題に対する真剣なアプローチを定式化したのは，1920年代においてである．彼の学生アッカーマン（Wilhelm Ackermann），彼の助手ベルナイス（Paul Bernays）が緊密に彼と一緒に取り組み，さらにはフォン・ノイマン（John von Neumann）も貢献した[*2]．ヒルベルトは最初，ホワイトヘッドとラッセルの『プリンキピア・マテマティカ』の論理体系の検討から始め，純粋論理的に**数**を定義するというフレーゲやラッセルの目標に沿って進んだ．この目標はまもなく擁護し難いとして放棄されるに至ったが，ラッセルたちが発展させた記号論理はきわめて重要だという見方は維持された．ヒルベルトの新しいプログラムにおいては，数学と論理学の両方が，純粋に形式的な記号言語の中で展開される．そうした言語は，「内側」からも「外側」から

[*2] 20世紀を代表する偉大な数学者の一人であるフォン・ノイマンは，1903年にブダペストに生まれた．神童の誉れ高かった彼は，経済的に豊かで，その才能を伸ばすための援助を惜しまない家族のもとで育った．彼は，純粋数学から応用数学にわたる広範な分野（数理物理学や経済学を含む）に貢献した．1933年にプリンストン高等研究所が設立されたときにポストを得，1957年に亡くなるまでその地位にとどまった．第二次世界大戦中は，ロス・アラモスにおける原爆開発を含む軍事研究に深く関わった．このときの関心は冷戦時代にも続き，彼が先進的な計算機の開発に携わることにつながった．

も眺めることが可能だと考えられる．内側から見ると，どんなに小さな演繹ステップでも必ず明示的に書いてあるという点を除くと，全く普通の数学をやっているだけだ．しかし，外側から眺めると，意味を全く考えなくても扱える，たくさんの式と記号の操作があるに過ぎない．求められるタスクは，この言語の中ではどの式のペアも互いに矛盾することがないことを証明すること，あるいは，それと同等であることが判明しているのだが，$1 = 0$ とか $0 \neq 0$ のような式が決して導出されないと証明することだ．

　ポアンカレとブラウワーの批判に立ち向かわなければならない．無矛盾性の証明を，それを確認しようとしている当の方法に依拠して行おうとするのでは，何もやったことにはならない．ヒルベルトの大胆なアイデアは，彼が**超数学**（*metamathematics*）あるいは**証明論**（*proof theory*）と呼ぶ，全く新しい種類の数学を作り上げることだった．彼が求める無矛盾性の証明は，この超数学の中で行われる．形式系の内部では，制限なしにあらゆる種類の数学的手法をすべて使うことが許される一方，超数学はヒルベルトが「有限の立場」と呼んだ，どんな疑問の余地もない方法に限定して行われる．これにより，ヒルベルトは勝ち誇った軽蔑を込めてブラウワーやワイルに向かって「私は数学が通常の方法を使っている限り決して矛盾に導かれないことを証明した．そして，その証明は，きみたちでさえ認めざるを得ないような方法を使って行われたのだ」とやがて言えるようになると期待した．あるいは，フォン・ノイマンが実際に言ったように「証明論とは，いわば直観主義の基盤の上で古典的な数学が実際にうまくゆくことを示してみせることにより，帰謬法のかたちで直観主義を無意味にしてしまう試みである．[24]」

　この方法で救い出せるであろう数学的「財宝」のうちに，ヒルベルトが特に強調して含めたのがカントルの超限数である．これについてヒルベルトは「これは，私には数学的知性の最も賞賛に値する開花であり，もっと一般的に言って人間の純粋に理性的活動による最も高遠な達成の一つだと思える」[25]と言っている．ブラウワーやワイルの批判を却けて，彼は宣言した．「カントルが創り出してくれた楽園からわれわれを追放することは，誰にもできない」[26]と．ヒルベルトのプログラムが，彼の言う意味では成功するかもしれないことを認める用意のあったブラウワーは，それでも動じなかった．「（前略）数学的に価値のあることは，このようなやり方では何も得られないであろう．間違った理論は，もし仮にそれを論駁するような矛盾が決して内部で生じないとしても，やはり間違っていることに変わりはないのだ．犯罪的な政策は，仮にそれを抑制するいかなる法廷の措置によっても禁止できない場合でも，しょせん犯罪的であることに変わりがないのと同じことである[27]．」

　ヒルベルトとブラウワーの言葉による戦いは，さらにエスカレートして，ヒルベ

ルトが半ば法的な手段に近いものに訴えて『マテマティシュ・アナーレン』の編集委員会からブラウワーを追い出す騒ぎにまで発展し，これをアインシュタインは「なんだい，このカエルとネズミの戦争は」と嘆いたと伝えられる[28]．ヒルベルトおよび彼の協力者たちとブラウワーやワイルたちとの論争が，知識の本質をめぐる根本的な哲学の問題に根ざしていたことは確かである．じっさい，どちらの見解も，カントの考え方に強く影響されていた．しかし，哲学上の論争と違っていたのは，ヒルベルトの立場もブラウワーの立場も，はっきり特定された問題についての研究プログラムという形をとっていたので，論駁に晒される結果が出て決着がつく可能性を持っていたことである．

ブラウワーの直観主義が直面していた主な課題は，彼のプログラムに求められる数学の再構成を実際に遂行してみせることだった．古典的な実数連続体も排中律も使わずに数学をやってゆくことが可能で，数学の「最も価値ある財宝」の一部を失う危険を冒さずに済むと，現場の数学者たちを納得させることだった．しかし，ブラウワーが実際に作ることができた直観主義の数学は悲惨なもので，のちにワイルが「ほとんど堪え難いほどの不便さ」と呼んだ状況にとどまり，改宗者はほとんど現われなかった[29]．ブラウワーが自分の見解を撤回することは決してなかったが，どんどん孤立してゆくのを感じた彼は，晩年は「全く根拠のない財産上の不安と，偏執的な破産，迫害，病気への恐怖」にとりつかれて過ごした．彼は1966年に，自宅のすぐ前の通りを横切ろうとしたとき車にはねられて，85歳で亡くなった[30]．おそらく直観主義のストーリーで最大の皮肉は，結局はブラウワーが意図したように現場の数学者による手直しされた数学実践として生き残るのではなくて，むしろ彼のアイデアを要素として含むようデザインされた形式論理体系の研究という形で生き残ったことであろう[31]．これらの形式体系のうちには，直観主義的な推論を実行する計算機プログラムの基礎として実際に使われているものもある[32]．

ヒルベルトのプログラムが基本的問題として設定したのは，もちろん，すべての発端となった算術の無矛盾性という問題である．アッカーマンとフォン・ノイマンがこの問題に取り組んで部分的な結果を得ており，テクニックをさらに磨きさえすれば，あと一息で完全な結果を得るところまで来ている，と信じられていた．1928年にヒルベルトは彼の学生アッカーマンと共著で，ごく薄い小冊子の論理学教科書を出版した．これは，1917年から彼が（ベルナイスを助手として）講義してきた内容にもとづくもので，この冊子の中で，フレーゲが『概念記法』で与えた論理学の基礎——現在では一階の述語論理と呼ばれるもの——に関する2つの問題が提示された．ある意味で両方の問題とも，それに先立つ時期すでにそれとなく気づかれていたのだが，それらを初めて明確な形で定式化するのを可能に

したのは，論理体系を「外側から」眺めることができるというヒルベルトの洞察であった．これらのうちの最初の問題は，一階の述語論理が**完全**であること——「外側」から見て妥当（valid）な任意の論理式[†6]が，ヒルベルトとアッカーマンの教科書で与えられた推論規則だけを使って形式体系の「内側」で必ず導出できること——を証明するという問題であった．2番目の問題は，ヒルベルトの**決定問題**（*Entscheidungsproblem*）と呼ばれることになる問題で，一階の述語論理の論理式が任意に与えられたとき，それが妥当（valid）であるか否かを，きちんと定義された有限ステップの実効的手続きで決定する方法を与えよ，という問題である[†7]．第7章で私たちが見ることになるように，20世紀になって形を与えられたこれら2つの問題，とりわけ決定問題は，17世紀にライプニッツが夢としてだけ期待したことを，数学的に解くことのできる具体的な問題にしたのである．

　同じ年の1928年，ヒルベルトはボローニャで開かれた数学者国際会議で講演を行った．この会議は，国際関係が開催を不可能にする状況になった場合を除き，4年ごとに定例的に開かれることになっていた．もちろん，1916年には開かれなかった．1920年と1924年には開かれたのだが，まだ大戦後の悪感情が非常に強く，ドイツの数学者たちは招待されなかった．1928年の国際会議にはドイツの数学者たちも招かれたが，前2回の会議から排除されたことに抗議してのボイコットを，ビーベルバッハ（Ludwig Bieberbach; のちのナチ積極協力者）やブラウワーらが呼びかけていた．そうした動きに抗して，ドイツ数学者参加の音頭をとったのがヒルベルトである．彼は講演の中で，一階述語論理の規則（本質的にはフレーゲの規則）を自然数についての公理系に適用することを基本とした形式体系に関する問題を提示した．現在では，この形式体系はペアノ算術（イタリアの論理学者ペアノの名にちなむ），あるいはPA[†8]として知られている．ヒルベルトは，PAが完全であることの証明を求めた．すなわち，PAによって表現可能な任意の命題が，真であることがPA内部で証明可能か，あるいは偽であるとPA内部で証明可能であるか，いずれかであることの証明を求めた．2年後にゲーデル（Kurt Gödel）という名の若い論理学者が与えたこの問題への解は，ヒルベルトが全く予想もしなかったもので，ヒルベルトのプログラムに対する壊滅的なブローをもたらすことが，まもなく明らかになる．

[†6] ある論理式が妥当（valid）とは，その式を「外側から」眺めたとき，あらゆる解釈のもとで正しい，ということ．恒真とも言う．次の第6章にわかりやすい例を挙げた説明がある（pp.104-107）ので，参照されたい．
[†7] ここで著者は，決定問題をヒルベルトが最初に定式化した形で紹介している．
[†8] Peano arithmetic の略記である．

破局

　ヒルベルトの妻ケーテは，伝記を書いた人たちによって，聡明で思慮深い人物として記述されている．忠実に夫を支え，彼の論文の多くを清書し，よき母であり，ヒルベルトの家がいつも出入り自由に迎え入れた若い数学者たちに人生の知恵を授けた．ヒルベルトは自分のことを，世慣れた都会的な優男のように思うのが気に入っており，最高の休暇の過ごし方は同僚の細君と一緒に旅行することだ，などと軽口をたたいた．彼は機会さえ許せば，可愛い若い女性とダンスすることを試み，いちゃいちゃ戯れて，決して飽きることがなかった．彼の「恋の炎」はあまりにも有名で，先生の誕生日を楽しく祝うパーティーで教え子たちは，アルファベット順に先生の「お気に入り」の若い娘の名前を挙げては，即興に戯れの韻文(パロディ)を作る遊びをしたほどである．ところが，アルファベットが "K" まで来たとき，誰も名前を出せずに止まってしまった．そのとき，ケーテが言った．「ねえ，みんな，少しは私のことを思い出してくれたっていいんじゃなくって．」たちまち，次の戯詩(パロディ)が生み出された[†9]．

Gott sei Dank	讃(ほ)むべきは神のご加護
nicht so genau,	お好きになさいと
Nimmt es Käthe	ケーテが言った
seine Frau	賢い素敵な奥様が

　彼らの息子フランツは，夫と妻の（違った形での）悩みの種だった．彼は身体的な外観が父親とそっくりで，そのことが逆に精神的領分では何の類似も伴っていないことを際立たせた．そうでないことを上辺(うわべ)で取り繕う努力にもかかわらず，彼が精神にひどい障害を持つ若者であることは明白になり，遂には精神病院に入院させなければならなくなった．この悲劇に対する父親の反応は，もう息子がいないと思うことだったが，母親は違う感じ方で受け止めた．
　1929年，ゲッティンゲン数学研究所の素晴らしい新築のビルディングが竣工し，開所を迎えた．建築のための資金は，ロックフェラー財団とドイツ共和国政府からの拠出で，これが実現したのはリヒャルト・クーランの巧みな交渉手腕の賜物であった．しかし，ゲッティンゲンが世界の数学研究の中心だった時代は，もう終わり

[†9] 著者が Reid の評伝にある英訳よりも，くだけた訳を試みているので，その雰囲気を生かすことを試みた．彌永健一氏の上手な訳を参考にしたが，より戯詩風のおどけた表現に変えてみた．

に近づいていた．ヒルベルトは 1930 年に教授を退任し，その後継にはヘルマン・ワイルが就任依頼を承諾した．同じ年にヒルベルトは，生まれ故郷のケーニヒスベルク市から「名誉市民」の称号を授与された．彼は，その年の秋にケーニヒスベルクで開かれるドイツ科学者医学者協会の会合で，特別招待講演を行うことも依頼され，適切にも「自然認識と論理」という一般性のある演題を選んだ．彼は，この広範な話題を取り上げたスピーチの中で，自然科学の中での数学，そして数学の中での論理が，それぞれ果たす重要な役割を強調した．彼は，持ち前の楽観主義とともに，解くことのできない問題など存在しないと主張した．そして，彼は次の言葉で講演を締めくくった[33]．

  Wir müssen wissen   （われわれは知らねばならない）
  Wir werden wissen   （われわれは知るであろう）[†10]

 ヒルベルトのこの講演の直前，ケーニヒスベルクでは数学の基礎についてのシンポジウムも開かれた．講演者は，ブラウワーの弟子ハイティンク（A. Heyting），哲学者のカルナップ（Rudolf Carnap），そしてヒルベルトの証明論プログラムを代表する形で参加したフォン・ノイマンであった．全体のイベントの締めくくりに円卓討論が行われたときになって，クルト・ゲーデルという名前の内気そうな青年が，数学基礎論の新しい時代の到来を告げる――それを理解した者にとっては――発表を静かに切り出した（これが次章の主題である）．フォン・ノイマンは，論点をすぐに理解し，ゲーム終了だと結論づけた．ヒルベルトのプログラムが成功することは不可能なのだ．ゲーデルの結果を知ったときのヒルベルトの最初の反応は，怒りであった．彼の「われわれは知るであろう」に対する正面攻撃，と思えるものに対する怒り．しかし，ベルナイスが 1934 年と 1939 年に，ヒルベルトの証明論の到達点を 2 巻からなる大部の著書にまとめたとき，その書物の中でゲーデルの仕事は顕著な役割を演じている[34]．

 1932 年はヒルベルトが 70 歳の誕生日を迎えた年で，当然お祝いは新しい数学研究所の建物で催された．乾杯や音楽があり，もちろんダンスもあった．老数学者は，ダンスのセッションでは，ほとんどずっとダンス・フロアにいた．この 1932 年は，また不況が最も深まった年で，国会選挙ではナチスが大躍進した．翌年の 1

[†10] ヒルベルトの 1930 年のケーニヒスベルク講演の最後の 1 パラグラフは録音されラジオ放送された．その音声は残っており，全米数学者協会の以下のサイトで独英対訳テキストを見ながら（日本語訳はない）ヒルベルトの肉声を聞くことができる．
http://www.maa.org/press/periodicals/convergence/david-hilberts-radio-address-german-and-english

月にはヒトラーが首相に指名され，ドイツ科学の崩壊がそれに続いた．ユダヤ人は大学で教えることを禁止され，一人また一人と，彼らは国外に活路を求めて去っていった．クーランは，第一次大戦でドイツのために軍務に就いていたにもかかわらず，彼があれほど貢献した数学研究所での地位から締め出され，ニューヨーク大学に落ち延びて行った．やがて彼は，そこに別の数学研究所を設立することになる．彼の名を冠された数学研究所は，ニューヨーク市のグリニッジ・ヴィレッジに端麗な建物を構えている．ワイルはナチスの定義で「アーリア人」だったが，ドイツの状況を堪え難いと感じて，プリンストン高等研究所からのオファーを受け入れ，親友のアインシュタインに合流した[*3]．

ヒルベルトは新しい政治状況に当惑していたようで，ますます危険になってきたにもかかわらず体制への批判を口に出したりする一方，「誇るべきドイツの法制度」が恣意的な暴行から人々をなぜ守ることができないのか理解できずにいた．ある会合で，彼のもとで最初に博士号を取ったブルーメンタールと会ったとき，ヒルベルトは彼にいま何を教えているのかと聞いた．彼がもはや教えることを許されていないと告げられたとき，この老数学者は，ブルーメンタールがなぜ法的手段に訴えないのかと，状況を理解できずに憤慨した．ブルーメンタール自身はオランダに逃れたが，1940年にドイツが侵攻した際に囚われの身となった．彼は1944年，現在のチェコ共和国のテレージエンシュタットに設置された，悪名高いユダヤ人ゲットーで病死した．

ヒルベルトは，第二次世界大戦がまだ荒れ狂っていた1943年に亡くなった．ケーテは，その2年後に亡くなった．ヒルベルトの墓碑には，次の言葉が刻まれている．

   Wir müssen wissen   （われわれは知らねばならない）
   Wir werden wissen   （われわれは知るであろう）

[*3] 私は大学院時代の1940年代末，幸運にもこの2人の偉大な科学者の講演を聞く機会を得た．どちらの講演も科学的発表の卓越した例とは言えないものだったが，そんなことは，もちろん重要ではない．私たちは大挙して，高等研究所の本部があるフォルド・ホール（Fuld Hall）に詰めかけ，これら伝説的な人物の話を熱心に聞いた．

ワイルの講演は，そのあとに予定されていた日本の数学者小平邦彦の連続講演を紹介するために行われた．彼の講演について私が最もよく覚えているのは，彼が数学的アイデアを温厚な優しい喜びとともに喋っていたことだ．ワイルの講演がどちらかと言うと雑然とした流れだったのに対し，それに続いた小平のレクチャーは明晰な数学的説明のお手本のように整然としていた．

アインシュタインの講演は，彼が興味を持っていた「統一場理論」の方程式のいくつかが「変分原理」と呼ばれるものによって導出できそうだという発見を機に行われた．彼は黒板に式を書き始めると完全に時間の経過を見失ってしまい，オッペンハイマー（J. Robert Oppenheimer；当時の所長）が時間制限について注意を喚起するまで板書の手が止まらなかった．

第6章　ヒルベルトの計画を転覆させたゲーデル

the
UNIVERSAL
COMPUTER

　高等研究所に2年間滞在する機会を得て，私と妻のヴァージニアがプリンストンに着いてまもない，1952年秋のことである．私たちは乗用車でオールデン・レーンの通りを高等研究所に向かっていた．すると，前を塞ぐようにして，2人の妙ちきりんな人物がもたもた歩いているのが目に入った．話に夢中になっていて，走ってくる車に気づかない様子である．背の高いほうの男は，ぼさぼさの髪で，だらしない服装をしていた．もう1人のほうは，ビジネス・スーツを端麗に身にまとい，ブリーフ・ケースを抱えていた．注意深く運転してすれ違うと，この2人がアインシュタインとゲーデルだとわかった．「まるで，アインシュタインと彼の顧問弁護士みたい！」とヴァージニアが軽口を叩いた．

　この2人の親友は，身繕いのしかただけでなく，多くの点で非常に違っていた．1952年の米国大統領選挙のあと，アインシュタインは言い放った．「ゲーデルは，完全頭がいかれちまった．（中略）なんと彼はアイゼンハウアーに投票したと言うんだ[1]．」リベラルなアインシュタインにとって，共和党の候補に投票するというのは理解しがたいことであった．基本的な哲学上の見解においても，両者の立場は遠く隔たっていた．アインシュタインは，彼の特殊相対論を定式化してゆく過程で，マッハ（Ernst Mach）の懐疑的実証主義とそのカント批判——空間や時間の観念は（客観的ではあるけれども）経験的な観察からは独立したものであるという教義に対する批判——から影響を受けた．ゲーデルはというと，彼は十代の頃からカントを読み始めていたし，終生にわたって古典的なドイツの哲学者たち（とりわけライプニッツ）の著作に深い興味を持ち続けた．ゲーデルは，死後に発見された生前未発表の草稿の1つにおいて，相対性理論は適切に理解されるならば実際には時間の本性についてのカントの見解を是認する理論になっていると主張している[2]．フレーゲやカントルが表明していた実証主義の限界への不満を，ゲーデルも共有していた．当時主流の実証主義的な考え方を拒否していたことこそ，他の論理学者たちが見過ごしていた関連に気づくことを可能にさせ，彼の画期的な発見を可能にしたのだと，ゲーデルは説明している[3]．

　1978年にゲーデルが亡くなったあと，論理学および計算機科学のうちの論理関連分野の研究への貢献を目的とするゲーデル協会（Kurt Gödel Society）が，ウィーンに設立された．定例の会議はウィーンで開催される慣わしになっているの

第6章 ヒルベルトの計画を転覆させたゲーデル

クルト・ゲーデル（Kurt Gödel）とアルバート・アインシュタイン（写真：Richard Arens）

だが，1993年の夏にはゲーデル協会の例会がチェコ共和国のブルノ——87年前にゲーデルが生まれた地——で開かれた．学術的なプログラムに加えて，ゲーデルが子供時代に住んでいた家に記念の碑銘版を取り付けるセレモニーが，ブルノ市当局の手で執り行われた．秋になったかのような冷たい霧雨が降っていて，お定まりのスピーチ（チェコ語）が続く中，傘をさして私たちが立っていたのを，よく覚えている．そのあとは，色鮮やかな民族衣装をまとった地元の楽団が，何曲かの演奏を行った．

　クルト・ゲーデルは，1906年に，当時オーストリア-ハンガリー帝国の一部となっていたブルノで生まれた．バートランド・ラッセルは，どういう理由からかゲーデルがユダヤ人だと思い込んでいたが，それは誤りである．実際には，彼の母方の家系はプロテスタントであり，彼の父親のほうは復古カトリック教会が名目上の宗派であった．ただし，どちらも熱心に教会に通うほうではなかった．クルトは，ずっとドイツ系の学校に通った．彼の几帳面な習慣と，どんなものでも捨てたがらない性向のせいで，小学校時代の学校教育の様子を知ることのできる資料が珍しくもほぼ完全に残っている．彼の成績票を見ると，すべての教科でトップの成績評価を受けていたことがわかる．彼の宿題帳を見ると，この学校が極度のドリル重視のカリキュラムを採用していたことが証拠づけられる．8歳のとき，クルトはリウマチ熱を患った．その結果として心配される，長く続く身体的な後遺症は，特に現われなかったようである．その一方で，ゲーデルが生涯にわたって心気症的な性向となったのは，このときの罹患の結果だということは大いにありうる．彼の兄ルドルフ（Rudolf）は，クルトは子供の頃すでに精神的に不安定になる徴候があったと語っている[4]．

　第一次世界大戦の結果としてオーストリア-ハンガリー帝国が解体すると，新た

第 6 章　ヒルベルトの計画を転覆させたゲーデル　｜　103

にチェコスロバキアという国が形成され，ゲーデルたちの一家はその国の中のドイツ語を話すマイノリティ集団に属する，という状況になった．ブルノの南わずか 68 マイルのところには，同じドイツ語圏のウィーンがあり，立派な大学もあった．まもなく，ルドルフもクルトも，その都市と大学に引き寄せられることになる．ブルノにある中学校†1での厳格な教育を，ほとんど完璧な成績で修了したクルトは，1924 年秋にウィーンに移り，少し前から医学生として移り住んでいた兄ルドルフとアパートメントを共用する．クルトは当初，物理学を学ぶつもりだったが，数論の講義を聞いて整数の間に現われてくるパタンの美しさに魅せられ，自分が本当に求めているものが数学であることを悟った．

オーストリア−ハンガリー帝国の残骸から第一次世界大戦後に生まれたのがオーストリア共和国だが，1938 年ナチス・ドイツに併合されるまで，わずか 20 年しか生き延びなかった．この期間は騒動と混乱の日々であり，「赤い」ウィーン（社会民主党などの左翼）と非常に保守的な地方住民たちとの対立で，共和国はしばしば内戦の瀬戸際にまで揺れ動いた．有名なウィーン学団は，この騒乱が渦巻く雰囲気の中で花開いた．その頃までには，ホワイトヘッドとラッセルが，数学を基礎づけるための人工的な言語を構築し，数学の諸定理の証明が純粋に形式的な記号操作だけで表現できることを示す労作を発表していた．ウィーンの学団が創設されたのは 1924 年のことで，創設に参加した哲学者や科学者たちのグループは，おもにマッハやヘルムホルツの経験主義的・実証主義的な伝統を引き継ぐ人たちから成っていた．第 4 章の終わりで引用した表現を思い出していただければわかるように，これはカントルやフレーゲが激烈な言葉で攻撃した考え方にほかならない．学団の中では，伝統的な形而上学は忌み嫌われ，哲学の重要な目標はホワイトヘッド−ラッセルのものと類似の記号系を研究し，数学だけでなく経験科学をも扱えるようにすることだと信じられていた．創設メンバーのシュリック（Moritz Schlick）が 1936 年，錯乱した彼の元学生によって暗殺されたとき，シュリックが左翼的な思想の持ち主だったという理由でナチスは殺害を正当化した．学団の他の重要な信奉者たちの中には，フレーゲのもとで学んだルドルフ・カルナップ（Rudolf Carnap）や，ゲーデルの指導教員となるハンス・ハーン（Hans Hahn）らもいた*1．

---

†1　ドーソンの評伝（Dawson, 1997）によれば，ゲーデルはこの中学校に 1916 年に入学したとあるから，8 年制の学校だということになる．現在の日本の中高一貫校よりも，さらに 2 年間長い教育課程の，ドイツ式ギムナジウムである．
*1　カルナップは，彼がフレーゲのもとで学んだイェーナ大学で博士号を取得した．彼は，論理実証主義と呼ばれる哲学流派の指導的人物である．1935 年以降，彼は米国の大学に地位を得て，シカゴ大学のち UCLA（カリフォルニア大学ロサンゼルス校）で教えた．ハーンは，ゲーデルの学位論文の指導教員である．ハーンは，数学のいくつかの分野で重要な貢献をし，また哲学上の諸問題にも関心を寄せていた．

隠れた呪縛：クロネッカーの亡霊

　数学の基礎についてのバートランド・ラッセルの考え方が大部の3巻からなる『プリンキピア・マセマティカ』として具体化される一方，ラッセルの弟子で才気縦横かつ無謀を恐れぬルートヴィヒ・ウィトゲンシュタインは，わずか75ページの『論理哲学論稿』を著して世に問うた．これら2人の哲学者の思想は，ウィーン学団(サークル)の会合で進行する議論の中で重要な役割を演じていた．ゲーデルが，おそらくハーンの招きに応じて例会に初めて参加したのは1926年で，会合で耳にした議論の内容にはとても同意できないと感じたと，彼はのちになって述べている．仮にその通りだったとしても，論理学の形式系によって通常の数学すべてを展開してみせたラッセルの力業と，ウィトゲンシュタインが強調する言語の内部でその言語を語ろうとする際にぶち当たる問題との，刺激的な交錯が，若きゲーデルの研究の方向に影響を与えたことは疑う余地がない．言語が語りうるものについてのウィトゲンシュタインの関心は，論理的な形式系は「内側」で数学的な推論を表現できるだけでなく「外側」からも超数学の手法で研究できると考えたヒルベルトの姿勢と，どこかで反響し合っていた．

　ゲッティンゲン大学でヒルベルトが続けていた数理論理学の講義で，彼は論理的演繹の推論規則として，フレーゲが『概念記法』で提案し，ホワイトヘッドとラッセルの『プリンキピア・マセマティカ』にも取り入れられた規則を採用した．1928年にヒルベルトが彼の学生だったアッカーマン（Wilhelm Ackermann）との共著として出版した教科書の中で，ヒルベルトはこの推論規則群に不備はないか，という問題を提起した．すなわち，内容的には必ず正しくなる妥当な（恒真な）主張であるにもかかわらず，用意した推論規則群だけでは前提から結論を証明できないような場合は，決してないと言っていいのだろうか，と．もちろんヒルベルトは，そんな不備はないと信じていた．しかし，彼はその証明を求めたのである．（一階述語論理の）推論規則はこれで**完全**だ，ということの証明を．

　ゲーデルは，この問題を彼の博士論文のテーマに選んだ．ほどなく彼はヒルベルトが望んでいた結果を得ることに成功したのだが，ここには少し皮肉な状況があった．ゲーデルが用いた手法は，当時の論理学者たちが慣れ親しんでいた手法なのであった．しかし当時の論理学者たちの主流は，ブラウワーやワイルが課した狭い制約を気にかけていただけでなく，同様の制約をヒルベルトたちも超数学の研究を進める上で暗黙のうちに受け入れていたことに影響され，自らの手を縛ってしまっていたのである．

論理的な演繹推論は，**諸前提**から**結論**を導くものである．フレーゲ-ラッセル-ヒルベルトの記号論理学[5]では，各前提と結論は論理式で表される．つまるところ，これらは端的に記号の列にほかならない．これら記号列に含まれる記号のあるものは純粋に論理的概念を表し，別の記号は単なる句読点を表し，他の記号は当該の命題が言及している特定の主題内容を指し示している．以下に論理的推論の例を示してみよう．最初の2つの行は2つの前提を表し，最後の3行目は結論を表す．

$$\frac{\begin{array}{c}\text{恋している人はみな幸福だ．}\\ \text{ウィリアムはスーザンに恋している．}\end{array}}{\text{ウィリアムは幸福だ．}}$$

第3章で導入した記号を用いることにすると，私たちは上の推論を以下のような具合に記号論理の言葉へと翻訳できる．

$$\frac{(\forall x)((\exists y)L(x,y) \supset H(x))\\ L(W,S)}{H(W)} \tag{1}$$

この推論では論理記号 $\supset$, $\forall$, $\exists$ が使われているが，これらの含意については第3章に示した表を思い出そう．

$\supset$ 　　もし…ならば…
$\forall$ 　　すべて（任意）の…は
$\exists$ 　　ある…は

x, y のような文字は，**個体変項**（$variables$）などと呼ばれ，考察している範囲に含まれる個体の集団から勝手に取ってきた個体を（代名詞がそうするように）表す働きをする．このほかに大文字で表された L, W, H や S などの記号があるが，これらは主題として言及している特定の事態や対象を指し示している．ここでは，次のような意味に用いられている．

$L = $ 前者が後者を愛しているという関係
$H = $ 幸福であるという性質（状態）
$W = $ ウィリアム
$S = $ スーザン

だから，記号論理に翻訳して書いた推論は，次のような意味に読める．

　　　　任意の x について，もし x が y を愛していると言えるような
　　　　　y が存在するならば，x は幸福である．
　　　　ウィリアムはスーザンを愛している．
　　　　―――――――――――――――――――――――――――
　　　　（ゆえに）ウィリアムは幸福である．

　これが妥当（$valid$）**な推論である**としたら，それは何を意味するのだろうか？ 2 つの前提が真でさえあれば，必ず結論も真になるということだ．それは各命題で言及する個体を選び出す範囲として考えている世界がどんな領域になっていてもかまわないし，文字 L が表す関係がどんな 2 項関係であってもいい．文字 H が表す個体の性質として考えているのがどんな性質であってもいいし，特定の個体を指示する文字 W や S がどの個体を指していてもかまわない．どんな場合を考えても，2 つの前提が真でさえあれば，必ず結論も真になるというのが，推論が**妥当**であるということの意味である．より明確な理解のためには，全く同じ記号論理の式を使う推論であって，その内容を非常に違った意味に解釈できる場合を考えてみるのが役立つ．

　　　　　　　捕食者は鋭い歯を持っている．
　　　　　　　狼は羊を捕食する．
　　　　　　　――――――――――――――――
　　　　　　（だから）狼は鋭い歯を持っている．

　この推論の例も，全く同じ記号論理の式 (1) で表現できるのを見てゆこう．変項 x, y については，勝手な哺乳動物の種を表すことができるものとしよう．他の文字記号については，以下のように解釈する．

$$L = \text{前者が後者を捕食するという関係}$$
$$H = \text{鋭い歯を持っているという特性}$$
$$W = \text{狼}$$
$$S = \text{羊}$$

　このように解釈すれば，記号論理で表された推論の論理式は次のように読める．

　　　　　任意の動物種 x について，もし x がある動物種 y を
　　　　　　捕食するならば x は鋭い歯を持つ．
　　　　　狼は羊を捕食する．
　　　　――――――――――――――――――――――――
　　　　　（ゆえに）狼は鋭い歯を持つ．

隠れた呪縛：クロネッカーの亡霊　｜　107

　ヒルベルトは，ここまで説明したような意味での妥当な推論のすべてについて，前提から出発してフレーゲ-ラッセル-ヒルベルトの推論規則を順々に何回か適用することで結論に至るという形式的証明が必ず存在する，ということの証明を求めたのである．別の言い方をすれば，もし推論が

　　論理式に含まれる文字をどのように解釈しても，前提が真であれば結論も真になる

という性質を持っているならば，フレーゲ-ラッセル-ヒルベルトの推論規則だけを有限回適用することによって前提から結論が必ず導出できる，ということの証明をヒルベルトは欲したのである．ゲーデルは，彼の博士論文でまさにヒルベルトが求めていた通りの結果を与えることに成功した．

　ゲーデルの博士論文は，直截的で明晰な証明を示すという点で，その後に彼が公表したものに共通する特色を見せている．かなり時間を経てようやくその重要性が明らかになっていったこの達成じたい印象的なものではあるが，彼が用いた方法にはほとんど新奇性はなかった．当時の論理学者たちには，よくよく知られていた方法だけが用いられていた，と言ってよかった．となると，ヒルベルト，アッカーマン，さらにベルナイス（Bernays）を含む強力なチームが，どうして証明を見つけられなかったのだろうか，という疑問が生じてくる．じっさいゲーデル自身は，ずっとのちになってからだが，学位論文で彼が証明した完全性定理は，その6年前にノルウェーの論理学者トアラルフ・スコーレム（Thoralf Skolem）が1923年の論文で発表していた結果からの「ほとんど自明な帰結」に過ぎない，とコメントしている．（もっとも，ゲーデルも彼の指導教員も，この当時にスコーレムの論文に気づいていたとは考えにくいが．）1967年にゲーデルが書いた手紙の中で，彼は1920代を振り返って「これが当時の論理学者たちの（中略）盲点となっていたのは，全く驚くべきことです．」と述べている．しかし，彼はそれに続けて，次のように書いている．

　　私は，その説明を見つけるのは難しいことではないと思います．あの時代，数学と非有限的な思考に対して本来必要な認識論的な態度の欠如が，広くはびこっていたことに，その理由があると思います[6]．

　ブラウワーやワイルによる「非有限的」な論法に対する批判（これについては前章で論じた）に応じて，ヒルベルトは彼の「超数学」を有限的な推論だけを許容す

るものとして定義し，形式的論理体系を「外側から」眺める研究はブラウワーでも文句がつけられないよう厳密に有限の立場で行わなければならないということが，少なくとも暗黙のうちに了解されていた[7]．しかし，じつのところゲーデルの完全性定理は，非有限的な方法を使わなければ証明できない定理なのであった．ヒルベルトのプログラムの目的や彼が設けた方法論的制限に異議を唱えることなしに，ゲーデルはこの場合には非有限的な方法がなぜ適切なのかを次のように説明している．

> （前略）ここで扱うこの問題は，数学の基礎をめぐる論争（たとえば数学体系の無矛盾性の問題）から持ち上がってきたものではなく，むしろ，仮に素朴な数学の内容が正しいかどうかなどは問題にしないとしても，その素朴な数学の内部で意義あるものとして提起され得る問題なのである．**それが，証明の方法についての制約が他の数学の問題に比べると，この場合は逼迫した要求とはならない理由である**．[8]［強調は引用者］

決定不可能な命題

　ヒルベルトによる有名な 1900 年の未解決問題のリストの中で，彼は第 2 問題として実数の算術公理が無矛盾であることの証明を求めた．この時点では，その証明がどんな感じのものなのか，誰にも想像がつかなかった．特に，証明方法として証明すべき結果を使うのを避けて，証明が循環論法に陥ってしまわないようにするには，どんな方法を使えばよいのか，見当もつかなかった．私たちが前章で見てきたように，ヒルベルトは 1920 年代になって彼の超数学のプログラムを導入した．無矛盾性が証明されるべき公理系は，論理的形式体系の中に納められ，証明は，その体系の内部における記号の有限列の配列を規則的に操作するだけのものになる．その上で，この形式体系の中では決して矛盾が導かれないことの証明が，「有限の立場による方法」とヒルベルトが呼んだ，ブラウワーが容認するであろう方法よりもさらに厳しい制約を課した方法で遂行されることになっていた．ゲーデルが博士論文を完成させたあと，こうした問題に目を向けたとき，ヒルベルトの計画は成功に向かって順調に進展しているように見えた．
　ボローニャで 1928 年に開かれた国際数学者会議で，ヒルベルトは現在ペアノ算術（以下 PA と略記）と呼ばれているもの——自然数 1, 2, 3, … についての基本理論を納めた形式体系——について講演した．ゲーデルがヒルベルトの計画について考え始めた頃，ヒルベルトの弟子アッカーマンとフォン・ノイマンが有限の立場か

らPAの無矛盾性を証明するという目標に向かって取り組んでおり，その研究は着実に進んでいるように見えた．彼らは，PAに制限を加えた下位の体系について，そうした証明を見つけており，その先の進展を妨げているのはテクニカルな困難に過ぎず，それらが克服されるのは時間の問題であろう——と思われていた．ゲーデル自身もそう信じていたということさえ，十分に考えられる．ともあれ，ゲーデルは，自分が取り組む問題として，より強力な体系がPAに対して**相対的に**無矛盾であることの証明を目指すことにした．それまでにも，重要な相対的無矛盾性の証明はいくつもあったから，これは自然な考え方である．ゲーデルは，実数などの四則演算を適切に含むより強力な体系の無矛盾性を，PAの無矛盾性に還元することを，有限の立場で成し遂げようと考えた．これは，全くもってヒルベルトの足跡を踏襲することにほかならない．ヒルベルトはユークリッド幾何学の無矛盾性を実数の算術演算の無矛盾性に還元したが，ゲーデルはその一歩先まで還元を進めることを考えたのである．もしゲーデルの試みが成功したら，ヒルベルトの学徒たちがもたらすと期待されていたPAの無矛盾性の証明によって，自然数の算術だけでなく実数の算術の無矛盾性までもが自動的に保証されることになり，ヒルベルトが1900年に彼の第2問題として求めていたものが完全に満たされる．ところが，そのようにはならなかった．ゲーデルは，当初の目標に到達できなかっただけでなく，決してそれが成功し得ないことを証明してしまったのだ！　最終的に，ブラワー–ワイルの批判に抗して数学の確実性を守るのを助ける——明らかにゲーデルはそれを望んでいた——かわりに，彼はヒルベルトの計画を実質的に葬り去ってしまった．

　これらの問題をゲーデルが深く考えていったとき，彼は論理的形式体系を**内側から**でなく**外側から**眺めるとはどういう意味なのかを，再考するようになった．ラッセルとホワイトヘッドは，通常の数学すべてが，そのような形式体系の**内側**で展開できることを，十分な説得力をもって示した．ヒルベルトは，彼のいう超数学によって，こうした形式体系を**外側**から見て研究するのに数学的方法——ただし，厳しく制約された形の——を用いることを提案していた．だとしたら，超数学でやっていること自体を形式体系の**内側**で展開できない理由があるだろうか？　外側から見たとき，形式体系では記号列のあいだの関係が扱われている．内側においては，形式体系はさまざまな数学的対象を表現できるものであり，その中には自然数も含まれる．しかも，記号列を自然数によって**コード化**する方法を考え出すのは難しいことではない．そうだ！　**そのようなコードを使えば，外側でやっていることを内側へと埋め込むことができる**．ここで言うコードの働き方を説明するために，先ほど見たように「恋している人はみな幸福だ」という命題がどのように論理式として記

号表現されたかを，思い出すことにしよう．

$$(\forall x)((\exists y)L(x,y) \supset H(x)) \tag{2}$$

　私たちが目にしているのは，10種類の記号が並んだものである．現われてくる記号は，

$$, \ L \ H \ \supset \ \forall \ \exists \ x \ y \ (\ )$$

だけなので，それぞれの記号に1つずつアラビア数字を対応させることができる．置き換えたアラビア数字を各桁に順に割り振ってゆくことで，最も単純なコード化の方法が得られる．これを私たちは採用することにしよう．たとえば，次のように対応させる．

,	L	H	⊃	∀	∃	x	y	(	)
↓	↓	↓	↓	↓	↓	↓	↓	↓	↓
0	1	2	3	4	5	6	7	8	9

　この方法で論理式 (2) に出てくる各記号を数字に置き換えて各桁に並べてゆくと，私たちは次の自然数コードを得る．

$$8469885791860793286 99.$$

　ここで注意しておきたいのは，記号列からそれをコードする数字への変換が簡単にできるだけでなく，その逆変換も簡単にできることだ．もちろん，形式体系には10種類以上の記号が使われるだろうから，別の方法でコード化する必要が生じるが，それに対応するのは難しいことではない．たとえば，アラビア数字のペアを使ってコード化することにすれば，私たちは100種類の異なる記号に対応できる．本質的にこれと同様の方法が，あらゆる論理的形式体系に対して適用できる．だから，形式体系で表現できる多種多様な発言内容（これらは外側から見ればすべて単なる記号列とみなせる）は，こうした方法でコード化すれば，すべて自然数によって表すことが可能になるのである[9]．

　ゲーデルは，こうしたコード化の方法をどのようにして用いれば，形式体系に対する超数学的な主張を同じ形式体系の**内部で**展開できるかを，苦もなく見いだした．しかし，これを進める過程で，ゲーデルはウィーン学団（サークル）が宣揚している格律では厳しく禁じられている思考方法に自ら立っているのを見いだした．ゲーデルは，形式体系の**外側から**眺めると真でありながら，形式体系の**内部では**証明できない命題が存在することを見いだしたのだ．ウィーン学団（サークル）の信奉者たちの多くにとって

は，証明可能という以外の数学的真理の概念は無意味であり，観念論的な形而上学が生み出す妄想なのであった．そうした信念には妨げられずに，ゲーデルはその逆に意味のある数学的真理の概念が存在するだけでなく，その範囲はどんな形式体系の中で証明可能なものよりもずっと広いという，驚くべき結論に導かれたのである．この結論は，広範な論理的形式体系に当てはまる．PA のように比較的弱い体系についても，ホワイトヘッドとラッセルが『プリンキピア・マセマティカ』で示した体系（以下 PM と略記）のように古典的数学の全部を包摂できるほど強力な体系についても，等しく当てはまる．これらのいずれにおいても，その形式体系によって表現できる真な命題でありながら，その体系の内部では証明できないものが存在するからだ．1931 年に発表された驚嘆すべき論文において，「『プリンキピア・マセマティカ』および関連する体系における形式的に決定不可能な命題について」という標題に示されているように，ゲーデルはあえて PM を選んで結果を展開し，このような強力な論理体系であっても数学的真理の全領域を形式体系では包含できる望みがないことを示したのである[10]．

　ゲーデルの証明で決定的なステップは，**「PM の中で証明可能な命題をコードする自然数である」という性質それ自身が PM の中で表現可能である**ことを示した部分にある．この事実を用いてゲーデルは，命題のコード化のしかたを知っている人が見たら PM の中では証明できないという主張を表現していると理解できる，PM の中の命題を構成することができた．すなわち，コード化の方法を知っていれば，ある命題 B が PM の中では証明できないと主張していると読める命題 A を，まず彼は構成することができた．コード化のしかたを知らない人が A という式を見ると，自然数に関する複雑で謎めいた命題を表現する記号列に見えるだけである．しかし，コード化の方法がわかると，謎はたちまち氷解する．A が表現しているのは，ある記号列 B が表現している命題は PM の中では証明できない，という主張なのである．通常は，A と B とは異なる命題である．ゲーデルは，これらを同じ命題にできないだろうか，と問うた．実際，それができるのだ．ゲーデルは，彼がカントルから学んだ数学的トリック——対角線論法——を使えば，それが可能になることを証明した．このトリックを用いて，証明不可能であると主張されている命題が，それを主張している当の命題そのものとなるように，ことを運ぶことができる．別の言い方をすると，私たちがここで U と呼ぶ以下のような性質を持つ驚くべき命題が，どのようにすれば得られるかをゲーデルは見いだしたのだ．

- 命題 U は，ある特定の命題が PM の内部では証明できないことを主張している．

- その特定の命題とは，ほかならぬ U そのものである．
- **したがって，U は「U が PM の内部では証明できない」ことを主張している．**

ウィーン学団(サークル)では，PM のような体系で表現された命題が「真」であるとは，その体系の推論規則によって証明可能であることであり，それ以外に意味のある「真」という概念は存在しない，と一般に信じられていた．上のような性質を命題 U が持つという事実は，こうした信念を維持することを不可能にしてしまう．PM が嘘をつかない（論理的に健全），つまり証明されたことは何であれ実際に（内容的に）真であることを私たちが承認するならば，U が内容的には真でありながら PM の中では証明不可能であることを，次のようにして理解できる[11]．

1. U は内容的に真である．仮に，これが偽だったとしてみよう．証明不可能ではないのだから証明できるはずであり，真である[†2]．これは U が偽だという仮定と矛盾する．ゆえに，U は真でなければならない．
2. U は PM の中では証明できない．U は内容的に真なのだから，主張されていることは正しいはずであり，したがって PM の中では証明することができない．
3. U を否定した命題，$\neg U$ と書かれる論理式も PM の中では証明できない．なぜなら，U が真であるから $\neg U$ は偽でなければならず，したがって PM の中では証明可能ではない[†3]．

命題 U がこのような性質――PM の中では証明できず，かつ，その否定も証明できない，という性質――を持っていることを強調して，このような命題は**決定不可能な命題**と呼ばれる．しかし，ここで強調して強調し過ぎることのないポイントは，ここで言う決定不可能性はあくまでも当該の形式体系の**内部**での証明可能性に限定したものだという点である．形式体系の**外側**から眺めたら，U が内容的に真であることは明らかである[*2]．

[†2] お節介な蛇足かもしれないが補足すると，PM が嘘をつかない（論理的に健全である）という仮定を使っている．証明できるからには，真であるはずだ，の意である．この次の「真でなければならない」は，背理法（帰謬法）からの結論．

[†3] 「U が真であるから $\neg U$ は偽」は端的に矛盾律からの結論である（U と $\neg U$ の両方とも真になることはあり得ないから）．「$\neg U$ が PM の中では証明可能ではない」のは，仮に証明可能だとすると（論理的健全性の仮定により）「$\neg U$ は真」になってしまうから．

[*2] どのようにしてゲーデルが，それ自身の証明不可能性を主張するような命題 U を構成することができたかについては，その流れを説明した章末の付録（pp.130-134）を見てほしい．

ここで，1つの謎が持ち上がる．私たちは，命題 U が PM の中では証明できないにもかかわらず，内容的には真であることを見てきた．通常の数学のすべてが PM に包摂されるのだとしたら，なぜ U が真であることを PM の**内部では**証明できないのだろうか？ ゲーデルは，その証明はあと一歩のところで可能になるのだが，ただ1つの陥穽に引っかかるため証明できなくなっている，という事実に気づいた．私たちが PM の内部で証明できるのは，次のことである．

もし「PM が無矛盾」ならば U である[†4]．

つまり，命題 U の PM 内部での証明を唯一ブロックしているのは，「PM が無矛盾である」という前提なのである．私たちは命題 U が PM 内部では証明できないことを知っているので，「PM が無矛盾である」という命題は PM 内部では証明不可能である，と結論せざるを得ない．しかし，ヒルベルトの計画の主眼は，PM のような体系が無矛盾であることを，有限の立場での方法——PM で使える方法のごく一部に相当すると考えられる非常に限定された方法——で証明することであった．ところが，ゲーデルは PM の無矛盾性を証明するのは PM で使えるあらゆる方法を動員しても不可能であることを証明してしまったのだ．だから，少なくとも当初に構想された形でのヒルベルトの計画は死んだのである！[12]

✒ プログラマとしてのゲーデル

1930 年というのは，汎用の情報処理機械としてプログラム可能なコンピュータが物理的デバイスとして実現される十年も二十年も前である．にもかかわらず，現代のプログラミング言語に精通した人が決定不可能命題についてのゲーデルの論文を見たら，順に番号を付けて 45 もの定義式を書き並べてある箇所など，まるで計算機プログラムそのものだと感じるに違いない．この類似は偶然ではない．ゲーデルが明確に示さなければならなかったのは，PM における証明として行われる手順を自然数によってコード化したものが **PM の内部で表現可能**だということである．その際に彼が対処しなければならなかった問題の多くは，のちの人々が各種のプログラミング言語を設計したり，それらの言語を操ってプログラムを書く際に直面する問題と，まさに同種のものであった．

[†4] 「PM が無矛盾であることを主張する論理式 w が証明可能だとすると，U は証明可能になる」という意味のことを，ここでは述べている．つまり，「PM が無矛盾である」という主張（論理式 w）が PM の内部で証明できたとすると，「もし w ならば U である」は証明可能なのだから，モーダスポネンス（肯定式）の推論規則により U の証明が得られることになるわけである．

現代のコンピュータでも最も基底的なレベルで行うことができるのは，0と1からなる短い列に対する単純な操作だけである．いわゆる高水準プログラミング言語の設計者は，プログラマたちが作業する際に求める高度に複雑な操作を，そのままプログラムに書けるような語法（locutions）を表現するという課題に直面する．こうした語法によって書かれたプログラムをコンピュータが実行するためには，高水準言語のプログラムを機械語に——実行に必要な基礎的演算の詳細なリストにまで——翻訳しなければならない．この翻訳作業は，**インタプリタ**や**コンパイラ**と呼ばれる特別なプログラムによって行われる[*3]．

決定不可能な命題が存在するというゲーデルの証明の要は，PM内部で証明可能だという性質がPM自身で表現可能だという事実にある．ゲーデルは，彼がその革命的な結果を非常に懐疑的な読者に示すことになるのを十分よく知っていたので，どんな疑念が湧く余地も取り除きたいと望んだ．かくして彼は，PMの公理系と推論規則に沿って展開される記号列を**外側から**見て自然数にコード化したものを，さらにPMの記号言語で書かれた表現に変換するという課題に直面した．そのためには，コード化した自然数に対する複雑な操作を，分解して整理しなければならない．この問題を解決するため，ゲーデルは特別な言語に相当するものを創出し，原理的にはすべて1つずつステップを追ってゆくことで必要な演算操作が遂行できるようにした[13]．各ステップは自然数に対する操作の定義から成っており，これらがゲーデルの用いたコード化を介して，それぞれがPMで表現された記号列についての操作と対応している．ゲーデルのこの特別な言語では，各定義はすべて先行するステップですでに定義されたものだけを用いて表現されている．この特別な言語は，こうした各定義によって導入された操作が，必ずPMの内部で適切な表現を形成することが保証されるようデザインしてあるのだ．

ライプニッツは確かに，人間の思考が計算に還元されるような精密な人工言語の開発を提案した．フレーゲは，彼の『概念記法』によって数学者たちが通常用いる論理的推論を把握し，表現できることを示した．ホワイトヘッドとラッセルは，論理の人工言語によって実際の数学を構成してみせることに成功した．そして，ヒルベルトはこれら諸言語の体系を超数学的に研究することを提案した．しかしゲーデル以前の誰も，超数学の概念そのものを元の言語の内部にどうすれば埋め込むことができるか，などということは考えもしなかった[14]．

[*3] インタプリタ（interpreter）は，高水準言語で書かれたプログラムを各ステップごとに，順に機械語に翻訳し，その実行も翻訳したステップごとに順に行う．コンパイラ（compiler）は，高水準言語で書かれたプログラム全体をまとめて機械語のプログラムに変換する．このようにして作られた機械語のプログラムは，それだけで実行可能なものとなっており，それ以上の翻訳は必要ない．今日使われている商用ソフトウェアでは，多くの場合，コンパイラを用いて実行ファイルが生成されている．

決定不可能な命題 U を構成してみせたあと，ゲーデルはこの命題を述べるには何も特異な数学的概念を必要としないことを示そうとした．この目的のためにゲーデルは，中国の剰余定理と呼ばれる初等的数論の定理を用いて，彼の特別な言語で表現された操作のすべてが自然数の算術という基礎的言語によって表現できることを証明している[15]．だから，決定不能命題 U は算術の基礎的言語で表現可能なのである．その意味をもう少し詳しく述べると，命題 U は，自然数の値だけを取り得る唯一の変数，＋と×の算術演算，等しいことを示す記号＝，そしてフレーゲの基本的な論理演算——現在では¬ ⊃ ∧ ∨ ∃ ∀の各記号で書けるもの——だけを使って表現できる，ということである．PM の内部で決定不可能な命題が，ここまで制限したわずかな語彙だけで構成できるというのは，驚くべきことである．

ケーニヒスベルクでの会議

1930 年 8 月 26 日，ウィーンのライヒスラート・カフェで 24 歳のクルト・ゲーデルは，10 日後にケーニヒスベルクで開かれる予定になっていた「厳密科学の認識論に関する会議」についてルドルフ・カルナップと話し合っていた．もう 40 歳に近いカルナップは，ウィーン学団（サークル）の指導的メンバーであり，ケーニヒスベルクでの会議では数学の基礎について「論理主義」のプログラム——この立場を最大限に具現化したのがホワイトヘッドとラッセルの『プリンキピア・マセマティカ』である——について重要な講演をすることになっていた．カルナップがこのとき記したノートが残されており，そこには『プリンキピア・マセマティカ』の体系において決定不可能な自然数に関する命題が存在するという驚くべき発見を，ゲーデルが彼に告げていたことが書き留められている．この 2 人の論理学者は（他の会議参加者と一緒に），連れ立ってケーニヒスベルクまで旅した．会議の初日には，数学の基礎に関する 3 つのメインの講演が，各 1 時間の長さで行われた．皮切りは論理主義についてのカルナップの講演であったが，ちょっと驚いたことに，彼はゲーデルが見いだした最新の結果には全く触れなかった．カルナップの次には，ブラウワーの弟子のハイティンク（A. Heyting）が，ブラウワーの直観主義について話した．初日の最後に講演したのはフォン・ノイマンで，ヒルベルトのプログラムを話題にした[16]．

会議の 2 日目には，さらに 3 つの各 1 時間の長さの講演があり，各 20 分間の発表 3 つもあってそのうちの 1 つがゲーデルのものだったが，これは彼の博士論文の内容つまりフレーゲの推論規則の完全性についての発表であった．ゲーデルが寝耳に水の発言をしたのは，最終日 3 日目に行われた数学の基礎をめぐる円卓討論

セッションにおいてであった．彼は，『プリンキピア・マセマティカ』のような体系について無矛盾性が証明できたとしたら何が得られることになるのかという，やや長い，仮定の議論から始めた．仮にそんな体系が無矛盾だとわかったとして，にもかかわらず，外側から見ると内容的には偽な自然数についての命題が証明できるという状況を想像することは完全に可能だ，とゲーデルは主張した．だから，形式体系の無矛盾性証明だけでは，その体系内で証明されたことが正しいという保証を提供することにはならない，と．明らかに，フォン・ノイマンの好意的なコメントに勇気づけられて，その先へと彼は進んだ．ゲーデルは，『プリンキピア・マセマティカ』のような体系で無矛盾性を仮定すると，真でありながら体系の内部では証明することのできない，初等算術についての「命題の例を与えることさえできます」と切り出したのだ．「ですから」と彼は続けた．『プリンキピア・マセマティカ』に「そういう命題の否定を付け加えたとしたら」，偽なる命題をその内部で証明できる無矛盾な体系が得られるのだ，と[17]．

　フォン・ノイマンは，何をゲーデルが言ったのか，その重大な含意をすぐにつかみ取ったようで，実際セッションが終わった直後にも彼と議論を続けた．ことの重要さに気づいた参加者がほかにもいたという証拠は残っていない．その後もフォン・ノイマンはこの問題を考え続け，ゲーデルの結果から（先ほど説明したように），体系の無矛盾性そのものはその内部で証明不可能なことが導かれることを確信し，ヒルベルトの計画は達成不可能なものに終わったと結論づけるに至った．この結論を記したフォン・ノイマンの手紙が届いたとき，ゲーデルはすでに同じ結論を含む彼自身の論文提出を終えていた．ゲーデルの論文プレプリント送付に謝意を述べた手紙の中で，フォン・ノイマンは，たぶん落胆の気持ちも込めて，次のように書いている．「貴兄が，無矛盾性が証明不可能であることを，それに先立って貴兄が見いだされた結果を深化させた自然な延長として確証されたのですから，もちろん私はこの主題での論文は発表しません[18]」．論理学と数学の基礎は，フォン・ノイマンが大いに興味を持ち続けた分野の一つであった．彼はゲーデルの親友となり，ゲーデルの業績を広範な聴衆に話し，彼をアリストテレス以来最大の論理学者だと述べた[19]．しかし，彼自身は論理学の仕事からは手を引いてしまった．10年ほどのちに彼の論理学への興味が復活したのは，ハードウェアに論理を埋め込んだもの——汎用ディジタル・コンピュータの開発研究の際であった．

　フォン・ノイマンがコンピュータ開発に取り組んだ時期の共同研究者の1人は，彼が算術の無矛盾性証明に取り組んでいた頃を回想して，次のような面白い話をよく喋っていたと伝えている．

その日の研究を終えて［フォン・ノイマンが］ベッドに就いたあと，彼はしばしば夜中に新しい考えが浮かんで目が覚めるのであった．（中略）その頃，彼は［算術の無矛盾性の］証明を展開する試みに必死で取り組んでいたのだが，何度も何度も証明に失敗していた．ある晩，彼は夢の中で証明の難しさをどうすれば克服できるかに気づき，以前よりずっと先まで証明を進めることができた，と思った．（中略）翌朝，彼は証明に取りかかったのだが，結局うまくゆかなかった．諦めて床に就くと，その晩も彼はまた夢を見た．こんどは，困難を全部解決でき，証明の終わりまでいけるのがわかった（と思った）．起きてから証明をやってみると，まだ途中に不備が残っているのに気づいた．（後略）

3日目の晩も夢を見ていたら，事態はすっかり違ったものになっていただろうに！ フォン・ノイマンは冗談めかして，しばしば，そう嘯(うそぶ)いたという[19]．

ゲーデルが衝撃的な発見を告げた会議は，ケーニヒスベルクでその週に開催されたドイツ科学者医学者協会の年会という，より大きなイベントに付随して開かれたものだった．科学者医学者協会の年会が始まったのは，ゲーデルが発言した円卓討論の翌日で，開幕基調講演を行ったのはダーフィット・ヒルベルトである．この講演は，数学のすべての問題には解が与えられなければならない，という彼の信念にもとづくヒルベルトの有名な標語——彼の墓碑にいまも刻まれている標語 "wir müssen wissen; wir werden wissen"［われわれは知らねばならない，われわれは知るであろう］——を，はっきりと表現する機会となった．ゲーデルの不完全性定理は，数学をもし PM のような特定の形式体系に包摂できるものに限定するならば，ヒルベルトのこの信念は空無に帰すほかないことを教えている．どんな特定の形式体系においても，それを超えた数学の問題が出てくるからだ．その一方で，そうした問題を解くことができる，より強力な体系を導入することは，原理的にはつねに可能である．より弱い体系で決定不可能な各命題を決定できるようにした体系を順に考えて，次第に強力になってゆく各体系の階層を思い浮かべることもできる．これらのことは，理論上の問題としては論争の生じる余地はないのだが，どこまでが実践的な数学上の問題なのかという点になると，はっきりしない．手に負えない数学の難問を解決するのに，より強力になってゆく体系の階層を活用する方法を学ぶという課題は，ゲーデルが数学者たちに残した遺産である．何人かの勇敢な数理論理学者たちは，この方向に沿って研究を続けているが，大半の数学者たちはそんな課題があることにすら気づいていない．そして，専門家のうちにも，こうした方向での研究に非常に懐疑的な人たちがいる[20]．

愛と憎悪の渦中で

　ウィーン大学におけるゲーデルと同時期の学生で，のちに高名な数論研究者となったオルガ・タウスキー–トッドは，学生たちのあいだでゲーデルの才能はよく知られていたと伝えている．他の学生たちが難しくて解けない問題に出会ったとき彼のところに行くと，ゲーデルはいつも喜んで手助けしていたという．彼女は，次のような楽しい逸話も伝えている．

> ゲーデルが異性を好んでいたことは全く疑いの余地がないし，彼自身も全く隠そうとしなかった．（中略）私が数学研究科の図書館の外にある小さなセミナー室で勉強していたときのことだ．ドアが開いて，非常に小柄の，とても若い女の子が入ってきた．彼女は美人で（中略）きれいな，かなり風変わりな，夏物ドレスを着ていた．ほとんど間を置かずにゲーデルが入ってくると，彼女は立ち上がり，2人は連れ立って出て行った．クルトが2人の仲を見せびらかそうとしていたのは見え見えだった[21]．

　ゲーデルは学生時代にアデーレ（Adele）——のちに彼の生涯にわたる伴侶となる女性——と出会っている．彼らが正式に結婚する10年も前のことだ．この頃，彼女はまだ最初の夫との結婚の籍にとどまっており，ダンサーとして働いていた[*4]．彼のパートナー選択は，両親が喜ぶものでは到底なかった．彼女はクルトより6歳も年上だったばかりか，宗派がローマン・カトリックであった．それに，真偽は別として，ウィーンの女性ダンサーはお金さえ払えば誰とでも寝るという，よろしからぬ評判があった[22]．たぶん，こうした理由でゲーデルは，結婚よりずっと前からアデーレと親密な関係になっていたにもかかわらず，表に出すことを用心深く控えていた．だから，彼らが遂に正式に結婚したとき，彼女の存在すら知らなかったゲーデルの同僚たちは非常に驚いた[23]．ゲーデルの兄ルドルフ（彼自身は独身を通した）は，弟の死後まもなく「私は弟の結婚がどうだったか，あえて判断を下そうとは思わない」と書いている[24]．結婚が幸福なものになるかどうかは世の深遠な謎であり，年上の，より賢い人たちの予測もしばしば裏切られる．このことは，ゲーデル夫妻に当てはまり，彼らの結婚生活は長く終生にわたって続き，明

---

*4　一説によると，彼女が踊っていたのは「デル・ナハトファルター（*Der Nachtfalter*）」というナイトクラブで，「夜の蛾」という意味の店名が踊り子たちの薄暗い夜の生態を暗示する．別の説では，彼女はバレエ・ダンサーだったとしている．

らかに幸せなものであった．

　ゲーデルの専門学術的キャリアを切り拓いてゆく試みは，混乱と危険にみちた政治的・社会的・経済的な事件が相次いだオーストリアの時代を背景に模索されることになる．オーストリア-ハンガリー帝国が第一次世界大戦の終結とともに瓦解した残骸から生まれたこのドイツ語圏の新しい国は，大部分のオーストリア国民が望んでいたドイツとの合邦を戦勝した連合国側から禁じられていた．ともあれ，独立の民主主義オーストリア国家は，あまり長く続かなかった．護国団（*Heimwehr*）というファシスト集団と社会民主党系の民兵組織である共和国防衛同盟（*Schutzbund*）との準内戦的な抗争は，1927年，頂点に達した．1人の年配者と1人の子供が反動勢力側に殺害されたにもかかわらず，陪審は下手人たちを罪に問うことを拒否した．これに激怒した社会民主党系の大規模デモ集団は，法務省ビルに放火して全焼させ，騒乱と鎮圧の過程で100人近い死者を出すに至った．1929年の年末までには，共和国大統領が非常事態令だけで統治する権限を持つことになる．一方，この間に全世界的な深い経済危機（米国では大恐慌として知られている）が生じ，穏健な政策では対処できないと思われるようになっていった．1932年に首相に選ばれたドルフース（Dollfuss）の体制は，独裁的な統治に向かい，議会を停止してその役割を終わらせた．事態はさらに悪化していった．ヒトラーがすでにドイツの権力を掌握していた1934年の初頭には，ドルフースが組織した「祖国戦線」のほかの政党はすべて廃止された．数ヵ月後にドルフースは，オーストリアのナチ党が権力奪取を目論んで失敗したクーデターの際に暗殺される．彼の後継者シューシュニック（Schuschnigg）は，ムッソリーニの助けを得て，あと何年かヒトラーの手が伸びるのを防いだ．しかし，1938年3月，オーストリアは遂にナチス・ドイツに併合された．

　ゲーデルは1933年2月に，アカデミックな世界の梯子を登り始める最初の地位である無給の講師（Dozent）に任命された．それとともに彼は，博士論文の指導教員であったハーンが主催する論理学のセミナーや，数学者カール・メンガー（Karl Menger; 彼もウィーン学団の活発なメンバーであった）が主催するコロキアム（サークル）に参加して，積極的に活動した．この時期にゲーデルが得た興味深い結果——いくつかの非常に重要なものを含む——の多くは，メンガーのコロキアムの講究録に収録された簡潔な記事のかたちで発表された[25]．1933年の夏季にゲーデルが初めて担当した講義は，困難な状況下での開講となった．ナチの活動のあおりで大学がまる1日閉鎖されたことがあったし，ウィーンの各所でナチのテロリストが仕掛けた爆発事件が続く週もあった．

　そんな状況下に，新たに設立されたプリンストン高等研究所から，1933-34年に

通年の滞在研究者として来ないかという申し出を受け取ったとき，ゲーデルはとても断る気になれなかった．自国での政治的狂気から逃れることができるだけでなく，アインシュタインやフォン・ノイマンといった科学の巨星たちと一緒に研究ができるのだ．しかし，家族や友人たち（それに，おそらくアデーレ）と離れて1年近くを異国で過ごすことを考えたとき，この内気で心気症的(ヒポコンデリカル)な青年の不安な気持ちも，かきたてられたに違いない．じっさい，旅程が決まって大西洋航路船に向けて列車でいったん出発したあと，彼は熱を出して体調不良のため引き返してしまった．家族らに説得され，なんとか次の定期船を予約して，ようやくゲーデルは米国に旅立った．

　ゲーデルがプリンストン最初の年をどのように過ごしたのかは，あまりわかっていない．12月にマサチューセッツ州ケンブリッジで行った講演と翌春にプリンストンで開講した講義の原稿は残っているが，彼の個人的生活についての情報は何もない．私たちにわかっているのは，彼が1934年6月にウィーンに戻ってから2-3ヵ月あとに彼が「神経衰弱」を患(わずら)い，しばらくプーカースドルフ・サナトリウムで過ごしたということである．このサナトリウムは，「裕福な人々のための，温泉(スパ)と診療場所と休養所を兼ねた施設」とあり，ここでゲーデルはノーベル賞を受賞した精神医学者ワーグナー–ヤウレック（Julius Wagner-Jauregg）の診察を受けた[26]．オーストリアにゲーデルが戻ってきたとき，意気阻喪させるような出来事が相次いで襲った．ナチの失敗に終わった政権奪取の試みの中でドルフース首相が暗殺されたのは，7月の終わりである．この事件が起こったのは，ゲーデルの博士論文の指導教員だったハーンが癌手術後に合併症を起こして急死した翌日のことであった．大学の状況も悪化の一途を辿(たど)っていた．大学の運営管理の地位にある人たちはファシスト政党である祖国戦線に加入することを求められ，左翼的とみなされた教授たちや，ユダヤ系の場合は政治に無縁だった教授たちさえ，解雇されてゆく動きが広がっていった．ゲーデルの神経衰弱にこれらの出来事がどういう役割を果たしたのか，確かなことを知るすべはない．

　あと知恵で考えると，当時ファシズム到来の脅威が迫っていたことを理解するのは容易(たやす)い．しかし，そこから逃れる選択をした人々は未来を見通す才に長(た)けていたのだとしても，ことはそう単純ではあるまい．人はいつでも，事態は何とかなる，という希望を持つものだ．ゲーデルの兄は，彼の家族には「政治に非常に興味がある」といった人物は誰もおらず，1933年にヒトラーがドイツで権力を握ったことの意味を彼らはよく理解していなかった，と記している．しかし，彼は続けて以下のようにも記している．

2つの事件が，すぐに私たちの眼を開かせることになった．ドルフース首相の暗殺と，哲学者のシュリック教授——私の弟は彼のサークルで活動していた——の（ナチ学生による）暗殺だ[27]．

プリンストン高等研究所と将来の可能性についての連絡は保ちつつ，ゲーデルはウィーンでの学術的キャリアの追求も続けた．彼は2回目のコースを1935年5月から開講し，その年の9月には再び滞在研究者としてプリンストンへ旅立った．このときは，あまり長く米国にいなかった．深い抑鬱状態に陥って，彼は与えられた滞在研究者の地位を辞退し，12月初めに帰国してしまった．翌1936年——シュリックが暗殺された年——は人生で最悪の年だったと，のちにゲーデルは語っている．彼の精神状態はひどく悪いままで，多くの期間をサナトリウムで過ごした．しかし，1937年になると彼の状態は，一転してよくなった．大学で集合論の講義を続けていた6月に，カントルの連続体仮説——ヒルベルトの有名な1900年のリストの最初に挙げられていた問題——に取り組んでいたゲーデルは，画期的な進展を達成したのである（これについては，のちほど改めて述べる）．

ヒトラーのオーストリアへの侵攻とドイツへの吸収合併は1938年3月に起こった．その年の10月にゲーデルは，結婚後わずか2週間の新妻アデーレを残して[*5]，3度目の米国訪問に向かう．今回の米国滞在は，たいへん実り多いものとなった．秋冬セメスターを過ごしたプリンストンでは，カントルの連続体仮説についての彼の発見について講義した．そのあと春夏セメスターは，ノートルダム大学——ここにはゲーデルのかつての同僚でウィーンを逃れたカール・メンガーが身を落ち着けていた——に客員として滞在した．その学年が終わった1939年6月末，彼はウィーンへ，そしてアデーレのもとへ帰った．ドイツがポーランドへ侵攻して第二次世界大戦が勃発する，わずか2ヵ月余り前である．

ゲーデルが帰り着いたウィーンは，すでにナチス・ドイツの一部へと統合され，ヒトラーの「新秩序」に沿っての改造が組織的に進められていた．大学では，従来の無給講師（Dozent）の地位が廃止され，新しく「新秩序の講師」（Dozent neuer Ordnung）という職格が代替として設置された．この新しい身分には，わずかながら給与が付いた．しかし，その地位に就くには新たに応募することが必要で，候補者たちは政治的傾向や人種的純粋さに関する審査を通らなければならなかった．9月の戦争勃発まもない時期に，ゲーデルはこれに応募した．ところがこれは承認

[*5] ゲーデルが新妻をプリンストンまで一緒に連れて行こうと，計画を進めていたことを信じる相当な理由がある．ドーソンによる評伝を見よ．(Dawson, 1997, pp.128-129. ドーソン，日本語訳，pp.181-183.)

されず，彼を驚かせ，憤慨させた．新設講師職募集の任に当たっていた官僚が学長に宛てた報告書類によると，ゲーデルは「ユダヤ人の教授ハーン」のもとで研究し，また「ユダヤ系で左翼リベラル傾向」の学団（サークル）で活動していた，と記されている．その一方で，彼が「反ナチ」的な言動をしたことは確認できない，としている．このような事情に鑑み，彼の応募は承認することも却下することも不可能である，というのが結論であった．まさに決定不能命題だ！

　もう1つの深刻な打撃は，ゲーデルが何ヵ月か遅れで兵役への適否を決める身体検査に召喚された結果としてやってきた．再び彼を愕然（がくぜん）とさせたのは，彼が「守備隊軍務」に適格であるという通知であった．そんなさなかの11月に彼とアデーレは，それまで彼らが住んでいた郊外の賃貸アパートから新たに市内に購入した居室へと引っ越した[28]．彼の周りで起こっていることへの，この明らかなゲーデルの無頓着さは，病的な否認としか記述しようがない．このことは，ウィーン学団（サークル）のメンバーで，ユダヤ人として米国に逃れて行った多くの難民の1人である，グスタフ・バーグマン（Gustav Bergmann）が回想する逸話からも，よくうかがえる．1938年10月に米国に上陸してまもなく，彼は当時プリンストンに滞在中のゲーデルから昼食に招かれたのだが，「ところでバーグマンさん，どうして米国に来ることになったの？」と尋ねられて唖然（あぜん）とした，と語っている[29]．ゲーデルが彼の故国での危うい状況をついに身にしみて実感したのは，引っ越しの少しあと，路上で暴漢の集団に襲われ，殴られて眼鏡をたたき落とされた出来事だったと思われる[30]．

　ドイツによる短時間でのポーランド攻略のあと，1939年から1940年にかけての冬は「まやかし戦争（phony war）」として知られる時期となった．フランスを敗北させることになるドイツ軍による西ヨーロッパ総攻撃は，まだ何ヵ月か先のことであった．ロシア攻撃は1941年6月までは始まらない．実際のところ，ドイツはソ連と不可侵条約を調印しており，この時期スターリンのロシアからは軍事目的に有用な物品が供給されていたのである．ゲーデルが土壇場で，ついに全力を挙げてヨーロッパから去る決心をしたのは，1939年の12月であった．そのためには，アデーレと彼の出国許可をドイツ当局から得て，かつ入国ビザを米国当局から取得しなければならなかった．どちらも容易なことではなかった．新たに任命されたプリンストン高等研究所の所長フランク・アイデロッテ（Frank Aydelotte）が，この困難なゲーデル脱出行を成功させたヒーローである．合衆国国務省との折衝で，彼は事実を誇張する以上のことをした．彼が国務省に宛てた連絡文書では，「ゲーデル教授」となっていた．もちろん，ゲーデルが教授なんかではないことを，彼は百も承知である．高等研究所でのゲーデルの教育上の義務はどうなるのかという照会に，彼は「ゲーデル教授の職務には教育も含まれる」と涼しい顔で嘘を書いて，

ただし高度なレベルの形式にとらわれない教育である，と付け加えた．これに加えてアイデロッテは，ワシントンのドイツ大使館に書き送った書簡においては，ゲーデルが「アーリア人」の世界的な大数学者の一人であると強調した．こうしたトリックが効を奏した．すべての必要な書類が揃い，ゲーデル夫妻は出発できることになった．けれども，すでに大西洋を航路で横断するのは非常に危険になっており，彼らは長い遠回りの旅をした．シベリア鉄道に乗って日本まで辿り着き，そこから太平洋を横断し，米国大陸を鉄道でまたいで，ついにプリンストンに着いたのは 1940 年の 3 月半ばであった[31]．

ゲーデルを最初に迎えたのは，その後ずっと彼の親友となる，オスカー・モルゲンシュテルン（Oskar Morgenstern）であった．ウィーン学団（サークル）でゲーデルとも少し知り合いになっていたモルゲンシュテルンは経済学者で，オーストリアでの指導的地位から解雇されたとき，プリンストン大学から申し出のあった教授職に就いた．現在のウィーンの状況をはやる思いで質問した彼は，ゲーデルの答えにぶっ飛んだ．「コーヒーがまずくなったね[32]．」

ヒルベルトの格言

ヒルベルトの 1900 年の講演で，彼が未解決の重要問題リストの冒頭に挙げたのは，カントルの連続体仮説であった．これは，実数の無限集合には 2 つのサイズだけしかない——大きいほうか小さいほうかの，いずれかである——という主張だと言うことができる．実数を要素とする無限集合の「小さい」ほうは，自然数の全体とちょうど同じ大きさ，つまり集合 $\{1, 2, 3, \cdots\}$ と 1 対 1 の対応をつけることができるような集合である．実数を要素とする無限集合の「大きい」ほうは，実数全体の集合と 1 対 1 の対応をつけることができる．連続体仮説とは，実数を要素とする無限集合がどんなものであっても，これらどちらかのタイプであって中間のサイズのものは決して存在しないという主張である．（カントルの超限基数の言葉で述べると，主張はこうなる：**実数を要素とする任意の無限集合の基数は $\aleph_0$ か C のいずれかである．**）ヒルベルトは講演の中で，連続体仮説は「非常にもっともな」主張だと思われるが，「精力的な努力が続けられてきたにもかかわらず，誰も証明に成功したことがない」と述べている[33]．ヒルベルトは四半世紀のちになって，この問題に戻ってきて，彼の超数学の方法を使って連続体仮説を証明できるだろう，と宣言した．しかし，これは幻想に過ぎなかったことが，まもなく判明する．1934 年にはポーランドの数学者シェルピンスキー（Wacław Sierpiński）が，連続体仮説についてのモノグラフを出版した．この本は，連続体仮説と同値である

ことが見いだされた諸命題と，連続体仮説と深い関連を持つ諸命題とを集めて，紹介・解説することに1冊全部が充てられている．こうした「精力的な努力」が続けられたにもかかわらず，連続体仮説は真なのか偽なのか，依然として決定できないままだった．

ゲーデルは，連続体仮説はこれまでに数学の基礎づけのため考えられてきた，どの形式体系からも決定不可能だと信じるようになっていた．そのような体系には，ラッセルとホワイトヘッドのPMだけでなく，集合論のために提案されてきたいくつかの公理系をもとにした各体系も含まれる．彼は1937年になって，彼が正しいと思っていたことを，部分的にだが正当化することができた．どのような方法を使えば，これらの体系の中では連続体仮説を**反証する**ことが不可能だと証明できるかを見いだしたのだ[34]．彼は，これらの体系の中では連続体仮説を**証明する**ことも不可能だと確信していたが，こちらのほうは実際にその通りだと証明することはできなかった．（ゲーデルの確信が正しかったことは，四半世紀のちポール・コーエン［Paul Cohen］が新たに開発した強力な手法を用いて，これらの体系の中では連続体仮説が確かに決定不可能であることを示したとき，裏付けられた．）

1900年のパリでの講演で，そして彼の引退間近い1930年のケーニヒスベルク講演で再び，ヒルベルトはすべての数学の問題は解けるはずだという彼の信念を宣言した．数学者たちがカントルの連続体仮説にずっと白黒をつけることができずにいるというのは，ヒルベルトの信念が間違っていたという徴(しるし)なのだろうか？ゲーデルが発見した自然数についての決定不可能な命題は，確かに当該の形式体系の内部では決定不可能だけれども，私たちが見てきたように，外側から見れば明らかに真である．しかし，連続体仮説の場合は，これとは違っている．ゲーデルの研究成果は，連続体仮説の真偽そのものに関しては何のヒントも提供してくれない．ここに来るまで，ゲーデルは数学の基礎についての狭い考え方には妨げられずに，どんな数学的手法でも必要なら使うことによって，前途を切り拓いてゆくことができた．しかし，連続体仮説に関するこの成果は，彼がやってきたことの哲学的意味が何であるのかを，立ち止まって考えることを強いるものだった．

πであるとか$\sqrt{2}$であるといった，数学者たちが日常的に扱っている特定の個々の実数は，PMのような形式体系で定義できる．しかし，すでにカントルの時代に明らかになっていたことだが，そうした体系において定義可能なものの集合の基数はたかだか$\aleph_0$であり，その一方で実数全体の集合の基数はCであり，それよりも大きいことを私たちは知っている．だから，ほとんどすべての実数は，定義を持たない，定義できない数なのだ．これは薄気味悪い話だ．定義すらできないものの集まりを，どうやって数えることができるのだ？ 集合のうち一部の（ほとんどす

べての）数が定義できないとしたら，実数の集合というようなものについて語ることが意味を持つのだろうか？　もしかすると，連続体仮説の決定不可能性（ゲーデルによって予想されコーエンによって証明された）は，連続体仮説が主張していること自体が明確な意味を持たず，本質的な曖昧さを含んでいることを，私たちに告げているのではないか？　こうした問題に取り組むというのは，実無限の数学における役割という難問を避けずにそれと正面から向き合うことであり，フレーゲが「重大で決定的な闘い」に導かれるだろうと予言した場面そのものに立つことである[35].

　ゲーデルが連続体仮説についての彼の結果を得た少しあとで行った講義の原稿を見ると，彼の立場は両義的である．連続体仮説は「絶対的に決定不可能」であると判明するかもしれない，と彼は示唆している．そうだとすると，すべての数学の問題は解くことができるというヒルベルトの信念は間違いだった，ということになる．1940年代の初頭にゲーデルは哲学の研究に移るが，無限集合をめぐる彼の見解の困難さと折り合いをつける助けになることを期待した，という部分があったのは疑いない．ゲーデルは特に，古典的な哲学者のうちで彼が最も親近感を持つライプニッツに傾倒するようになった．

　高等研究所のメンバーは，講義を担当したり，学生を指導したりする義務はなく，研究成果の出版さえ特に要求されるわけではなかった．ゲーデルは，このゆるやかな環境の中で，ごく特別なものだけ講演や出版の誘いに応じた．そんな誘いのうちの重要なものに「同時代哲学者叢書」からの執筆依頼がある．これは，存命中の哲学者たちを取り上げるシリーズで，各巻それぞれで焦点を当てた1人の哲学者の思想について論じる寄稿のコレクションから成り，当該の哲学者本人からも各寄稿への反論やコメントが添えられる，という趣向になっていた．ゲーデルは，3つの巻に寄稿を依頼された．バートランド・ラッセル，アルバート・アインシュタイン，ルドルフ・カルナップを取り上げた，各巻である．ラッセルの巻は，ゲーデルのいささか衝撃的なエッセイを収録して，1944年に刊行された．ラッセルの数理論理学に対する辛辣な議論を展開したあとで，ゲーデルは次のように宣言する．集合や概念は「われわれの定義や構成からは独立に存在する（中略）現実的対象だと理解できる．（中略）このような対象を仮定するのは物理的対象を仮定するのと同じように全く正当なことであり，それらの実在性を信じる全くもって十分な理由がある．」曖昧な立場はもうたくさん，なのだ！　3年後に，依頼を受けて寄稿した連続体仮説についての解説記事の中でも，ゲーデルは集合の真正な実在という彼の信念表明を繰り返している．そして，現在までの数学を基礎づける体系は疑いもなく不完全であり拡張され得るものだと強調しつつ，新しい公理（群）が見いだされることによって連続体仮説は最終的な決着がつき，**それが偽である**ことが証明され

るだろうと予言している[36].

　連続体仮説の仕事に取り組むまでは，ゲーデルの哲学的なことがらへの関わりは限定的だった．彼にとっては自明なことを，周囲の人たちが理解するのを妨げている哲学からくる疑念を，彼自身は無視するという点にもっぱら限られていた．しかし，いまや彼は深く哲学の海域に踏み込みつつあった．そもそも数とは何なのか？　単に人間が構成したに過ぎないものなのか，それとも，ある種の客観的な実在なのか？　$2+2=4$ は，それを主張する人々がこの惑星に登場する以前にも，真であったのか？　こうした問題は，何世紀にもわたって議論されてきた．抽象的な対象（数や数の集合のような）が客観的な実在であって，それを人々はただ発見するのであり考案発明するのではないという教義は，プラトンに帰せられるのが一般的で，それゆえプラトニズムと呼ばれている．ゲーデルがこの教義を固く支持するに至ったのは，彼の以前の見解からの明瞭な転換を画するものである．マサチューセッツ州ケンブリッジで 1933 年に彼が行った講演において，プラトニズムは「批判的な精神を持つどんな人をも満足させられない」とゲーデルは主張していたのだ[37]．20 世紀の終わりに至る 20 年ほどにわたって集合論研究者たちは，新しい公理群を探すべきだというゲーデルの訓令を追って研究を進めたが，興味深い多くの結果が出ているものの，連続体仮説は未決着にとどまっている．

　ラッセルの巻へのゲーデルの寄稿の中で真実びっくりするのは，普遍記号を目指したライプニッツお気に入りのプロジェクトに関するくだりである．ライプニッツの死後 2 世紀以上もあとになって，ゲーデルはそのような人工言語が開発され，数学の実践に革命をもたらすという期待を書いているのだ．

> しかし，希望を放棄するには及ばない．ライプニッツは普遍記号論について書いたものの中で，これをユートピア的な計画だなどとは言っていない．彼の言葉を信じるならば，彼は推論計算の手法をかなりの程度まで開発し終えており，播いた種が肥沃な地に落ちる見込みが生まれるのを待って出版を控えていたのである．その計画を「これまでに光学機器が視る力を助けた以上に理性の力を増大させることのできる新機械を人類が持ち得る」程度まで発展させるのに，少数の選りすぐられた科学者たちが要するだろう時間の見積りにまで，彼は踏み込んでいる．彼が示した時間は，5 年間というものだ．そして，彼の方法を学ぶのは，数学や哲学を当時学ぶのよりも決して難しくない，と言っている[38]．

　私たちは本書で，当時としては驚異的なものだったとはいえ，ライプニッツが

「推論の計算」として生み出した方法が，後世ブールやフレーゲが達成したものと比べたら，取るに足らない，ちっぽけなものに過ぎないことを見てきた．こんなことを書いているゲーデルは，いったい何を考えていたのだろうか？ 唖然としたことに，ライプニッツの考えたことを隠し消し去ろうとする陰謀が行われている，と彼は信じていたようなのだ．ゲーデルは，さまざまな主題についての数々の奇妙な信念を抱いていて，それらは少なくとも病的なパラノイアの感触を伴うものだった．しかし，論理学者のあいだでの彼の名声はとてつもなく高く，彼の奇妙な考えを単に却(しりぞ)けるのをためらう雰囲気があった．ゲーデルが抱えていたメンタル上の問題については，あとでまた触れる．

「同時代哲学者叢書」のアインシュタインの巻に寄稿を依頼されたとき，彼はアインシュタインの相対性理論とカント哲学との関係という論題を選んだ．彼は一般相対論（アインシュタインの重力理論）の方程式が，どんな物理学者も想像だにしなかったような，きわめて変わった解を持つことを発見した．驚くべきことに，一般相対論の方程式へのゲーデルの解は，十分に長くかつ十分に速く旅すると，過去に辿(たど)り着いてしまうことができるような宇宙を表している．当然，そんな世界は，SFの読者にはお馴染(なじ)みのタイム・トラベルのパラドックスに見舞われかねない．たとえば，過去へ旅して自分の祖父を殺すようなことができるのだろうか？ こうしたディレンマに対するゲーデルの解答は，とんでもなく非哲学的なもので，そんな旅は必要な燃料の量を考えると実際的ではないだろう，というものであった．

ゲーデルは，いつもきまって原稿を何度も何度もきわめて注意深く見直しては推敲(すいこう)し，自分が完全に満足できるものになるまで出版のゴー・サインを出さなかった．一度出版された後ですら，再版される機会などがあると，さらに加筆改訂を加えたりした．こうした彼の性向は，全くもって，締切り期日に気をもんでいる編集者泣かせのものであった．「同時代哲学者叢書」のカルナップの巻の場合は，ゲーデルが寄稿を約束していたにもかかわらず，遂に彼の論稿を欠いたまま世に出た．ところが，ゲーデルの遺稿として，論理と数学についてのカルナップの見解を批判する意図で書かれた6つの異なるヴァージョンの草稿が見つかっており，著作集の編者たちはそのうちの2つをCollected Worksに収録することを決めた．死後に見つかった内容的に関連深い別の原稿は，手書きの講演ドラフト（多くの挿入や削除や脚註が加えてある）で，ゲーデルが1951年のクリスマス週間にロード・アイランドのプロヴィデンスで行った講演[*6]のテキストであった．

[*6] これは年に一度，米国数学会の招待講演として開催される，名誉高いギブズ講演である．私はこの講演を聞く僥倖(ぎょうこう)に恵まれ，その内容は，数学の基礎についての私自身の見方に深い影響を与えるものとなった．

「数学の基礎に関するいくつかの定理とそれらの含意」と題されたこの講演で，ゲーデルは，すべての数学の問題は可解であるというヒルベルトの格言を，つまるところ人間の心の本性は何かという文脈に置いて論じた．ゲーデルは，人間の心はすべての本質的な部分においてコンピュータと同等か否かという，いまも人工知能の将来的見通しという話の流れの中で活発に議論されている問いを提起する．この問いには直接答えることなしに（もっとも，否定のほうが正しい答えだと彼が信じていることは，最終的に明らかになるのだが），ゲーデルは，どちらの答えを採っても「決定的に唯物論的な哲学に反対する」結論に至るのだと主張する．もし人間の心の全能力が有限状態機械装置で模倣できるのだとしたら，ゲーデル自身が見いだした不完全性定理は自然数に関する一定の命題が，真でありながら人間によっては決して証明できない——絶対的に決定不可能な命題になる——ことを示すことが可能になる．これは，明らかにヒルベルトの格言とは矛盾する．しかしゲーデルは，端的にこの言明を意味のあるものとして理解するだけのためにも，何らかの観念論的な哲学の手段がすでに必要になる，と言うのである．この議論そのものが，人類によって確かめることができる限界を超えた自然数の性質が客観的に存在することを前提としているからだ．その一方，もし人間の心が機械に還元され得ないのだとしたら，物理的な脳のほうは機械的なものに還元可能——彼はこれを自明だと信じている——なのだから，その帰結として，心は物理的現実を超越するものだということが導かれる．だから，こちらの場合も唯物論とは相容れないことになる，とゲーデルは説く．この議論が完全な説得力を持つというわけではないが，理論的な論理学的考察と人体生理学，コンピュータの究極的な可能性，そして基本的な哲学を，すべて統合して論じることによって，またしてもゲーデルは，根源的に新しい全く予期できない方向で考えるという，彼のまばゆいばかりの能力を見せつけたと言うべきだろう[39]．

奇妙な男の悲しい最期

ゲーデルの年齢が定年に近づいてくると，彼は当時イェール大学にいた論理学者エイブラハム・ロビンソン（Abraham Robinson）に高等研究所の彼の地位を継いでもらうことを望んだ．これが実現する前に，ロビンソンは手術できない膵臓癌と診断され，まもなく亡くなった．最後の数ヵ月のあいだにロビンソンは，次のような手紙をゲーデルから受け取っている．

　　　昨年私たちが話し合ったこと [ロビンソンの高等研究所での長期滞在] を考

えると，あなたの病気のことで私がどれほど残念に思っているか，お察しいただけることと思います．これは，個人的にだけでなく，論理学や高等研究所の将来を考えても，悲しいことです．

　ところで，ご存知かと思いますが，私はさまざまなことがらについて，非正統的な見解を持っております．以下の2つも，非正統的ということが当てはまるでしょう．

1. 私は，どんな医学的診断も100％確かであるとは信じません．
2. 私たちの自我がタンパク質分子から形成されるという主張ほど馬鹿げたものはない，と私には思えます．

少なくとも2番目の見解をあなたと共有できることを，私は切望しています．ご病気にもかかわらず，あなたが数学科で過ごす時間がいくらかあると聞き，とても嬉しく思いました．これは，きっと好もしい気晴らしの機会になることでしょう[40]．

　これは，ゲーデルに典型的な手紙である．医学的診断への不信について彼がここに書いていることは，間違いなく控えめな言い方だ．彼が前立腺肥大の結果として尿路の完全な閉塞をこうむったとき，彼は診断結果を認めるのを拒んだだけでなく，この症状は彼がすでに完全に依存的になっていた緩下剤の増量で処置できるのだと言い張った．あるときは，排尿のために挿入されたカテーテルを，彼は怒りのなかで引き抜いてしまった．普通こうした症状を和らげることになる手術を彼は拒みつつ，最後にはカテーテルを受け入れて，人生の残りの期間それを使い続けた．彼がロビンソンを慰めるのに，心は「タンパク質分子」以上のものだという信念を述べたのは，婉曲的な表現によって死後の世界があり得るという考えをほのめかしたもので，これも彼の流儀の言い方だ．

　ゲーデルの「非正統的な見解」と完全な病的パラノイアとの境界は，つねに明快に区分できるものではなかった．モルゲンシュテルンは，ゲーデルが幽霊の存在を全く真剣に考えているのを知って驚愕したことを記している．もっと重大な事件は，プリンストンで借りたさまざまなアパートに据え付けてあった冷蔵庫や放熱器が有毒なガスを放出していると，ゲーデルが確信したことで，そのため彼とアデーレは何度も引っ越さなければならなかった．ついには，けしからぬ取り付け具を彼は単に取り外してしまい，その結果アパートを「冬期には，はなはだ住み心地のよくない場所」にしてしまった．

　ゲーデルが米国市民権を取得しようと決めたとき，判事が慣例的に行う米国法令知識についての質問に備え，彼に典型的な準備のしかたとして，彼はおよそ他の誰

もがやらないような几帳面さで合衆国憲法を分析し精査した．しかも，合衆国憲法が実際は矛盾を含んでいるのを発見したとき，彼はひどく心をかき乱された．市民権取得の審理手続きが行われる州都トレントンへ車で向かうとき，同乗していたアインシュタインとモルゲンシュテルンは，ゲーデルが彼の「発見」を判事の前で持ち出すと厄介なことになると心配して，何とか彼の気持ちを逸らせようと必死で試みた．アインシュタインは，ジョークを連発し続けた．しかし，判事がゲーデルに，ドイツのような独裁体制が合衆国でも生じ得ると考えられるかと質問したとき，市民権取得候補者は彼の「発見」について説明し始めた．幸運なことに，すぐに判事は相手がどういう人物なのかに気づき，やりとりを中断したので，すべては丸くおさまった．

ゲーデルの奇矯な側面を伝える，こうした逸話には，くすくす笑いを抑えるのに苦労するものも多い．しかし，すべてが愉快なものだったわけではない．食べるものが安全かどうかについての偏執的なこだわりが，献身的な彼の妻も病気になって手助けがあまりできなくなった状況の中で，彼を文字通りの餓死へと追い込んだ．かくして 1978 年 1 月 14 日，この 20 世紀で最も偉大な人物の一人は人生を終えた[41]．

付録：ゲーデルの決定不能命題

PM を扱うことになると，話がかなり煩雑になるので，ここではやらない．そのかわりに，よりシンプルな PA を用いて，決定不能命題の構成に関わる素材の使われ方をお見せすることにする．PA は，次の 16 の記号を用いて組み立てることが可能である．

$$\supset \ \neg \ \vee \ \wedge \ \forall \ \exists \ \underline{1} \ \oplus \ \otimes \ x \ y \ z \ (\ ) \ {}' \ \dot{=}$$

$1, +, \times, =$ に対応する風変わりな記号は，これらが単なる記号と見なされることを強調するために用いられているが，これらを内容的に眺めるときの含意を示唆するようにしてある．$x\,y\,z$ の文字は，自然数の範囲で考えられている変数として用いられる．3 つ以上の変数が必要になることも考えられるので，記号 $'$ を導入し，変数を表す文字にこれを付すことで好みの数の変数が用意できるようにしてある．こうして作られる y' や z''' も変数である．記号が 10 個以上あるので，私たちはコード化の方法として，各記号にアラビア数字のペアを割り当て，置き換えたアラビア数字を十進法数字の各桁に順に並べてゆくやり方を用いることにしよう．

付録：ゲーデルの決定不能命題 | 131

⊃	¬	∨	∧	∀	∃	$\underline{1}$	⊕	⊗	x	y	z	(	)	′	≐
↓	↓	↓	↓	↓	↓	↓	↓	↓	↓	↓	↓	↓	↓	↓	↓
10	11	12	13	14	15	21	22	23	31	32	33	41	42	43	44

　各自然数は，これらの記号の列として表現される．こうした記号列を，数記号列（*numerals*）と呼び，次の例のようにして構成される．

数記号列	表現されている数	コード
$\underline{1}$	1	21
$(\underline{1} \oplus \underline{1})$	2	4121222142
$((\underline{1} \oplus \underline{1}) \oplus \underline{1})$	3	4141212221422222142
$(((\underline{1} \oplus \underline{1}) \oplus \underline{1}) \oplus \underline{1})$	4	414141212221422221422222142
……	…	…

　用意した16種類の記号を勝手に並べても，ほとんどの場合は無意味なたわごと記号列になる．たとえば，

$$\exists \oplus \otimes x \forall \neg \quad \text{とか} \quad \doteq \supset \underline{1}'()$$

は，それぞれ 152223311411 と 441021434142 にコード化されるが，単なるゴミである．しかし，特定の記号列は**文**と呼ばれ，真であれ偽であれ，自然数に関する命題を表現するのに用いることができる．たとえば，次の記号列は，

$$((\underline{1} \oplus \underline{1}) \otimes (\underline{1} \oplus \underline{1}) \doteq (((\underline{1} \oplus \underline{1}) \oplus \underline{1}) \oplus \underline{1}))$$

以下のようにコード化されるが，

　　　　4141212221422341212221424441414121222142222142222214242

これは2掛ける2が4になるという真なる命題を表現している．一方，

$$((\underline{1} \oplus \underline{1}) \otimes (\underline{1} \oplus \underline{1}) \doteq ((\underline{1} \oplus \underline{1}) \oplus \underline{1}))$$

は，2掛ける2が3になるという偽なる命題を表現している．次の文，

$$(\forall x)(\neg(x \doteq \underline{1}) \supset (\exists x)(x \doteq (y \oplus \underline{1})))$$

は以下のようにコード化されるが，

　　　　41143142411141314421421041153242413144413222214242

これは，1を除くすべての自然数が直前の数を持つという命題を表現している．

PAについての記述を完成させるためには，どういう文の集まりが**公理群**であるかを特定し，さらに公理から証明可能な文を導くための推論規則も明示する必要がある．いくつかの公理から始まって証明可能な PA の文に至る，各ステップを全部順に並べたリストが，その文の**証明**と呼ばれる．ここでは，これらについて完全な詳細を記述することまではしないが，どのような手続きが必要になってくるかを理解してもらうために，次の簡単な文を例として考えてみることにしよう．

$$(\forall x)(\neg(\underline{1} \dot{=} (x \oplus \underline{1}))$$

これは，どんな自然数も 1 の直前の数になることはない，という命題を表現している文だ．公理の 1 つになり得る文である．この文のように記号∀から始まっているものは，**すべての**自然数に対して当てはまる性質を述べた命題を表現している．こうした種類の文に適用できる自然な推論規則は，変数 x をある特定の数で置き換えてよい（普遍量化子の記号 $(\forall x)$ を除去した上で）というルールであろう．これは，普遍的命題から個別例を導くという手続きにほかならない．以下に，簡単な例を示そう．

$$\frac{(\forall x)(\neg(\underline{1} \dot{=} (x \oplus \underline{1})))}{\neg(\underline{1} \dot{=} (\underline{1} \oplus \underline{1}))}$$

導かれた結論――PA で証明可能な文の 1 つ――は，変数 x を数記号 $\underline{1}$ で置き換えて得られた文で，1 と 2 が等しくないという事実を表現している．

命題を表現する記号列のほかに，自由変数を含む論理式を表す記号列もあり，単一変数のもの（$unary$）は自然数からなる集合を定義するのに使うことができる．こうした記号列には，変数記号 x が出てくるが，それに対応する量化子の記号 $(\forall x)$ や $(\exists x)$ がついていない（他の変数 y や x'' を束縛する量化子がつくことはあり得る）．1 自由変数論理式を表す記号列は，これに加えて，変数 x が出現するすべての場所で x を個別の数記号に置き換えると文になるという，だいじな性質がある．1 自由変数 x を含む論理式を表す記号列[‡1]の例として，

$$(\exists y)(x \dot{=} ((\underline{1} \oplus \underline{1}) \otimes y))$$

を取り上げてみよう．この記号列は次の数でコードされる．

$$411532424131444141212221422332 4242$$

[‡1] 変数は x と y で 2 つ出てくるが，y は存在量化子で束縛されているので，自由変数は x の 1 つだけである．

この記号列の x を数記号 $(\underline{1} \oplus \underline{1})$ で置き換えると，次の真な文が得られる．

$$(\exists y)((\underline{1} \oplus \underline{1}) \doteq ((\underline{1} \oplus \underline{1}) \otimes y))$$

一方，自由変数 x を数記号 $\underline{1}$ で置き換えると，こんどは偽な文が得られる．

$$(\exists y)(\underline{1} \doteq ((\underline{1} \oplus \underline{1}) \otimes y))$$

この 1 自由変数を含む論理式を表す記号列は，偶数の集合を定義する記述を与えるものと考えることができる．より複雑な，次のような論理式を表す記号列もあり得る．

$$(\forall y)(\forall z)((x \doteq (y \otimes z)) \supset ((y \doteq \underline{1}) \vee (y \doteq x)))$$

この記号列の自然数コードは，

41143242411433424141314441322333424210414132442142124132443142424242

となるが，この記号列は 1 とすべての素数からなる集合を定義している．

1 自由変数を含む任意に与えられた論理式に対応する記号列 A と任意の自然数 n について，**A に含まれる自由変数記号を自然数 n を表す数記号で置き換えた文**を，$[A:n]$ と略記することにしよう．たとえば，

$$[(\exists y)(x \doteq ((\underline{1} \oplus \underline{1}) \otimes y)) : 2]$$

は，次の文を表すことになる．

$$(\exists y)((\underline{1} \oplus \underline{1}) \doteq ((\underline{1} \oplus \underline{1}) \otimes y))$$

ようやく，ゲーデルの方法によって，PA の内部では自分自身が証明できないと主張する PA の文 U が，どのようにして作り出せるかを説明できるようになった．1 自由変数を含む論理式を表す記号列すべてを，それぞれをコード化した自然数のサイズによって，小さいほうから順に並べることができる．この並べ方で最初にくるのは，最小のコード自然数を持つ記号列 ($\underline{1} \doteq x$) だが，それでもコード自然数は 4121443142 となり，ゆうに 40 億を超える．この最小のコード自然数に対応する論理式の記号列を A_1 と記すことにし，1 自由変数を含む論理式を表す記号列すべてをコード自然数の大きさ順に

$$A_1, A_2, A_3, \cdots$$

と並べたものを思い浮かべてみよう．これらはすべて単一自由変数の論理式を表す

記号列だから，任意の自然数 n, m について，記号列 $[A_n : m]$ は文になる．これらのうちのある文は PA の中で証明でき，他の文は証明できない．カントルの対角線論法の考え方に沿って，$[A_n : n]$ という対角線上にある文すべてを考え，これらのうちで $[A_n : n]$ が **PA の中では証明できない文** となっているような自然数 n の全体からなる集合を K としよう．PA の中で証明可能だという性質が PA そのものの中で定義できるという事実が——そして最も難しいのはこの部分なのだが——この集合 K を定義する単一自由変数の論理式を表す記号列 B を見いだすことを可能にする．そうすると，列 A_s には単一自由変数の論理式[を表す記号列]すべてが含まれていたはずだから，$B = A_q$ となるような自然数 q が存在しなければならない．この結果，すべての自然数 n について $[A_q : n]$ という文は，次の主張を表現していることになる．

$[A_n : n]$ という文は PA の中では証明不可能である．

特に，n の値が q になった場合を考えてみると，$[A_q : q]$ という文が得られる．この文は，

$[A_q : q]$ という文は PA の中では証明不可能である．

という主張を表現している．

だから，文 $[A_q : q]$ が表現しているのは，「この文自身（$[A_q : q]$）は PA の中では証明できない」という主張だということになる．

第7章　汎用計算機[†1]を構想したチューリング

the
UNIVERSAL
COMPUTER

　すでに1834年，バベッジ（Charles Babbage）は，最も多様な種類の数値計算を自動的に遂行する機械として——彼が提案したものの実際には決して完成することのなかった計算機——「解析機関（*analytical engine*）」を考案している[*1]．この計算機械の能力と適用範囲の大きさを強調するため，バベッジは「カントリー・ダンスの作曲を除けば何でもできる」という剽軽（ひょうきん）なコメントを述べている[1]．バベッジにとって計算のために設計された機械にダンスの作曲など期待できないことは自明であったが，今日の私たちには疑問の余地のない例だとは言い難い．じっさい，今日のコンピュータを用いて，カントリー・ダンスを十分うまく（たぶん最上のクォリティとはゆかないだろうけれど）作曲するようなプログラムを作ることは間違いなく可能だ．今日，誰かが似たようなスピーチをしようとして，

コンピュータは「……」以外は何でもできる

という言い方でコンピュータの能力と適用範囲の大きさを強調しようとしたら，上の文を完成させるのに苦しむことだろう．記号か数かテクストのいずれかを使うタスクで，ほとんど考えられる限りのものは，すでにコンピュータの能力の範囲内にあるか，まもなくそうなると一部の専門家が主張している．最後の助けを求めようとしたら，「コンピュータは他人（ひと）の心を読むこと以外は何でもできる」とか「コンピュータは天使と交感する以外のことは何でもできる」といった言い方をするしかなさそうだ．

　明らかに，何が「計算（computation）」に当たるのかという概念そのものが，劇的に変化したのである．この拡張された計算概念の基礎となる考え方は，ダフィート・ヒルベルトが提起した数理論理学の問題を解こうとする過程で1936年チ

[†1] 著者は，計算機の性格を示す言葉として"universal"と"all-purpose"の語を使い分けている．前者は，チューリングの論文に由来する理論概念として本書では使われており，「万能チューリング機械」等の訳語が定着しているので，"universal"を「万能」と訳した．後者は，工学的に実現されたマシンを指すときに使われており，"all-purpose"を「汎用」と訳した．

[*1] チャールズ・バベッジは，1792年12月にロンドンで生まれた．有能な数学者として，彼は大陸の数学的アイデアを英国の大学に持ち込もうと活動するグループの一員であった．彼は，機械的手段による計算に興味を持つようになり，数表を効率的に作るように設計された「階差機関（*difference engine*）」という計算機を考案した．まもなくバベッジは，それよりはるかに野心的な「解析機関（*analytical engine*）」を着想し，提案した．このプロジェクトを完成させることのできない不満のなか，1871年に彼は苦々しい失望のうちに亡くなった．

ューリング（Alan Turing）によって定式化された．

バベッジは彼の計算機を，ギアなどの機械部品だけで組み立てようとした．そのため予期される装置の複雑さから考えると，失敗に終わったのは驚くべきことではない．1930 年代に始まるリレー回路を用いた電気機械的な計算機の開発が進んだ段階で，ようやくバベッジが思い描いたものを視野に入れたマシンを作ることが可能になった．しかし，1930 年代から 1940 年代にかけて，こうした電気機械的な計算機の開発を進めた人たちが，直接の数学的計算以上のものについて語ることは全くなかった．のちに見るように，バベッジのヴィジョンに生命を与えることに最初に成功した人物は，ハワード・エイケン（Howard Aiken）である．彼は，次のように書いている．

> もし，微分方程式の数値解を求めるために設計されたマシンの基本ロジックが，デパートの勘定書を発行するためのマシンのロジックと一致すると判明するのだとしたら，これは私がこれまで出遭った中で最も驚くべき暗合と言うべきだろう[2]．

エイケンは，この唖然とするような言葉を 1956 年に——すでに，これら両方の仕事をプログラム可能なコンピュータが市販されている時期に——述べている．もしエイケンが，20 年前に発表されたチューリングの論文の重要性に少しでも気がついていれば，こんな見当はずれの発言をすることは決してなかったはずだ．

大英帝国の申し子

アラン・チューリングの父ジュリアス・チューリング（Julius Turing）は，インドで高等文官として大きな成功をおさめた．1907 年の春，10 年以上の任務のあと，彼は休暇をとって英国への帰国の途についた．彼がアランの母親となるエセル・サラ・ストーニー（Ethel Sara Stoney）と出会ったのは，この太平洋経由の帰航の船上においてであった．彼女はマドラス（チェンナイ）で生まれ，アイルランドで育ったあと，6 ヵ月のパリ滞在を経てインドに戻った．船上のロマンスはすみやかに進展し，2 人は一緒に米国大陸を横断し，途中イエローストーン観光にも立ち寄った．彼女の父の承諾を得て，その年の秋に 2 人はダブリンで結婚し，冬には帰任地のインドに戻った．1908 年の 9 月には，アランの兄ジョンが生まれる．ジュリアスの任務はインド南部を広範囲に旅する必要のあるもので，しばしばエセル・サラも赤ん坊を抱いて同伴した．彼女がアランを懐妊したのは，こうした巡

アラン・チューリング（Alan Turing）ⓒ National Portrait Gallery, London

回旅行中の 1911 年秋のことであった．ジュリアスは何とか休暇を得て，家族揃って英国への帰国航路についた．アラン・マシスン・チューリング（Alan Mathison Turing）は，1912 年 6 月 23 日，ロンドンで生まれた[3]．

　帝国の冷酷な論理(ロジック)は，チューリング一家が一緒に生活するのを困難な命題にした．父親の職務はインドの地に任ぜられたものであり，その地で蔓延(まんえん)する熱帯病は幼い子供たちにとって危険なものであり，また彼らにふさわしい教育を与えることも適(かな)わなかった．母親は夫と生活をともにするか，子供たちと生活するかの二者選択を強いられ，家族揃って過ごすことができるのは父親の休暇期間だけだった．母親がインドへ戻るため，4 歳の兄とともにアランを英国内に住む退役した大佐夫妻のところに寄宿させる算段をしたとき，アランはまだ生後 15 ヵ月の赤ん坊だった．チューリング夫人は 1915 年の数ヵ月間子供たちと一緒に過ごす時間をなんとか算段し，1916 年の春には夫妻一緒に本国へ帰航することができた．夫のほうがインドへ帰任する時期には，ドイツの潜水艦のため航海は危険なものになっており，チューリング夫人は本国に留まることになった．こうして，残忍な戦争もアランにとっては，母親を英国内に引き止めるという利益を与えるものとなった．彼は，早熟で幸福な，すぐに友だちができる子供だったが，不器用で無精な散らかし屋さんだった．当時 6 歳児を寄宿学校に送ることも稀(まれ)ではなかったが，母親はアランを彼女のもとに置き，のちの進学に必須のラテン語を学べる地元の昼間小学校に通わせた．この学校でアランは，ペンを持っては引っ掻き書き，万年筆だとインクを漏らし，ひどい筆跡の悪筆にもがき苦しんでいた．

　1919 年になると，母親は再びインドに向かい，7 歳のアランは例の退役大佐夫妻の家に戻ることになる．2 年近い期間ののちに母親が再会したとき，彼女は息子の成長が順調でないことに気づいた．彼女が置いていった明るい小さな男の子で

はなくて，「非社交的」で内向的な，基礎的な教育がおろそかになったままの少年を見いだしたのだ．彼女はできる限りのことをしたあと，兄のジョンが学生となっていた小さな寄宿学校に彼を入学させた．ジョンはまもなく「パブリック・スクール*2」に進んだため，兄弟 2 人が同じ学校にいたのは数ヵ月だけである．その年の夏休みが終わると，アランは両親のもとを離れて，たった 1 人で寄宿学校の生活に対処しなければならなかった．それを彼がどれほど心細く感じていたかは，両親が乗用車で寄宿学校を去るとき惨めに走ってその車を追いかけたことからも察せられる．

　14 歳になったとき，アランはパブリック・スクールの 1 つシャーボーン（Sherborne）校で寄宿学生としての生活を始め，そこで彼の科学と数学への情熱が育まれた．ただし，彼が過ごしたパブリック・スクールの環境では，競技スポーツに特別な価値が置かれており，数学は全く最低の評価を受けていた*3．彼の教師のうちの 1 人は，科学は一般に「低劣で狭隘な」ものだと考えており，数学は寄宿舎の部屋に悪臭を漂わせると言い放った4．アランの非凡な数学の才能は認識されてはいたが，過小評価されたままだった．アランの両親は，彼が単なる科学の専門家になってしまうという危険を警告された．何よりも，彼の書いたものは汚く染みだらけで，ほとんど読むことができない，ひどい筆跡なのであった．この間，他の少年たちには構うことなく，また授業にもほとんど（試験だけは通る程度にしか）注意を払うことなく，アランは自分独りでアインシュタインの相対性理論の数理を探求していた．

　アランが 1 人の友人——友人以上の存在——を見つけたとき，彼の人生は変わった．クリストファー・モーコム（Christopher Morcom）は，科学と数学への情熱をアランと分かち合える少年だった．アランとは違って，クリストファーはきちんとした学生で，学校の勉強はすべて真剣にやっていたし，課題は非のうちどころなく丁寧な書き方をしていた．アランは，こんなクリスを限りなく崇拝した．そして，尊敬する彼のように努力しようと決意した．アラン・チューリングが人生のどの時点で自分が同性愛者だとはっきり自覚したかは判然としないが，このクリスとの友人関係が，少なくともアランの側からは性愛的な色合いを帯びたものだったと想定するのは自然なことである．チューリングの評伝著者は，このアランの感情を「初恋」と呼んでいるが，実際にそれだけの激しさを持っていた．そのあと彼らの

---

*2　おそらく多くの読者はご存知であろうが，英国の「パブリック」スクールは，実際には公立ではなくて私立のエリート教育機関である．どこかのパブリック・スクールを出ることは，その少年にとって上流中産階級の出世コースに向けての大切な一里塚となる．

*3　ウォータールーの戦いに勝利した初代ウェリントン公爵は，「イートン校の運動場での」バトルのおかげだ，と言ったと伝えられる．イートン校は，最も名門とされるパブリック・スクールである．

関係がどのように進んでいって，アランの感情がどのように変わっていったかを知ることはできない．悲劇が，すべてを終わらせたからだ．アランは全く知らなかったが，彼の友人は結核を患（わずら）っていたのだった．クリスは，1930年2月に死んだ．彼は，アランの心の中で完全無欠な存在の象徴として永遠に聖別されることになる[5]．

　シャーボーン校での最終学年までには，アランは学業で非常な好成績をおさめたことにより，ケンブリッジ大学キングズ・カレッジの奨学生の資格を得ることができた．賄（まかな）い付きの宿舎が与えられた上に，年額80ポンドもの奨学給付金がついた．この金額は，当時の熟練工の稼ぎの約半分に相当する[6]．シャーボーンでは数学は悪臭を放つものという扱いだったのに対し，チューリングは彼の数学の才能を存分に開花させることのできる雰囲気をケンブリッジに見いだした．当時のケンブリッジには，偉大な数学者ハーディ（G. H. Hardy, 1877-1937）がいた．1908年に初版が出た彼の古典的な教科書『純粋数学教程（*Course of Pure Mathematics*）』は，その後何世代にもわたる数学の学生によって使われ（私が本書を執筆している時点でも版を重ねている），多くの学生はこの本によって極限過程の基本的な性質を理解したものである．ハーディは，天才数学者ラマヌジャン（Ramanujan）を取り上げた公共TVのある番組では，マドラス（チェンナイ）で会計事務員をしながら数学を独学していた彼の天才を発見し，世に出した人物として描かれていた．チューリングは受講できるコースのうち，ハーディの講義のほかに，数理物理学者で天文学者でもあったエディントン卿（Sir Arthur Eddington）の講義も聴くことにした．エディントンは，1919年に遠征隊を率いて皆既日食が見られる西アフリカに赴き，恒星からの光が太陽の近くを通る際のふるまいを観測し，アインシュタインの一般相対論が予言する通り，太陽の重力によって光が曲げられることを初めて実際に確認した．エディントンは講義の中で，なぜ統計的観測結果のこんなに多くが有名な釣り鐘型の曲線——「正規分布」と呼ばれるもの——とぴったり合うのだろうか，という問いを提起した．エディントンの講義は，まだ非常に新しかった量子理論——そのころ物理学を革命的に変えつつあった理論——も扱っていた．しかし，この分野にチューリングが真剣に注目するきっかけとなったのは，シャーボーン時代に賞をとって手に入れた量子力学の基礎についてジョン・フォン・ノイマン（彼は前章・前々章に出てきたが今後も出会うことになる）が最近書いた本を読んだことである．

　釣り鐘型のグラフになる正規分布が至るところに現われるという——エディントンの講義で強調された——事実は，チューリングを魅了し，その背後にひそむ数学的理由を彼は探し求めた．そして，広範な場合に生起する統計分布が「その極限に

おいて」正規分布へと収束するという証明を見いだすことによって，彼はその理由を説明した．これは，解析学の極限操作を見事に応用したものであった．これは，よく知られている「中心極限定理」を改めて証明し直したことに相当し，特に新しい結果ではなかったことをアラン・チューリングは知らなかった．にもかかわらず，この達成は彼の力量をとても印象的に見せていたので，フェローの地位——通常は新しい結果を出すことが求められるのだが——をチューリングは与えられた．今や彼は，年俸300ポンドが付いたケンブリッジの「学者先生」になったのである．この任命は3年間という年限付きではあったが，ほぼ自動的な次の3年間への延長が暗黙のうちに約束されていた．フェローには特別な義務はなく，それでいてチューリングは大学食堂のハイ・テーブル——文字通り学生たちを見下ろす高い席——でディナーをとる身分なのであった．もし彼が望めば，学部生たちのチューターをして追加の収入を得ることもできた．フェローに任命されたことは，チューリングが通常のアカデミックなキャリアへの道に乗ったことを意味する*4．シャーボーン校では卒業生（オールド・ボーイ）の一人が成功したことへの祝賀気分が盛り上がり，数学が悪臭を放つことや単なる「科学の専門家」になるのを避けよという警告は忘れ去られた．生徒たちは特別に半日の祝賀休暇が与えられ，次のような戯れ歌が恥ずかしげもなく出回った．

チューリング	Turing
魅惑的だったに違えねぇ	Must have been alluring
でなけりゃこんなに早く	To get made a don
学者先生（ドン）になれはせぬ	So early on[7]

フェローに任命されてまもなく，チューリングは初めて真に新しいといえる，ちょっとした数学研究の結果を出して，論文として発表することができた．これは「概周期関数」という高度に専門化された分野での結果で，たまたま，フォン・ノイマンがこの分野において得た定理の証明を改良する内容になっていた．チューリングは，いまや数学研究者としての——その業績はもっぱら少数の当該分野の専門家だけが関心を持つ世界での——キャリアを，きわめて成功裡に歩み始めていた．それが一変したのは，1935年の春期にケンブリッジで開講された，数学の基礎についての講義を彼が聴いたときである．

---

*4 フランスやドイツあるいは米国では大学で教える地位に就くための標準的な要件となる博士号は，第二次世界大戦以前の英国で求められることは稀であった．

ヒルベルトの「決定問題」

　ライプニッツは，人間理性を計算に還元し，強力な機械的手段により計算処理を行うという夢を抱いた．フレーゲは，初めて人間の演繹的推論すべてを表すことができそうな推論体系を提示した．ゲーデルは，1930 年に提出した博士論文の中で，フレーゲの推論規則が完全であることを――ヒルベルトが 2 年前に示した問題に答えるかたちで――証明した．ヒルベルトは，のちに「一階述語論理」と呼ばれることになる形式体系で記述された諸前提と求めるべき結論が与えられたとき，フレーゲの推論規則によって前提から結論が導かれるか否かをつねに決定できる，明示的な計算手続きを求めるという問題も提起していた[8]．このような手続きを求める課題は，ヒルベルトの「決定問題」(*Entscheidungsproblem*) として知られるようになった．もちろん，特定の問題を解くための計算手続き自体は，何も新しい話ではない．実際のところ，伝統的な数学教育のカリキュラムは，大半がこのような計算手続き――**アルゴリズム**とも呼ばれる――を学ぶことに充てられている．私たちは，数の加法，減法，乗法，除法のアルゴリズムを学ぶことに始まって，代数表現を操作したり代数方程式の解を求めるアルゴリズムへと進み，もし微分積分学にまで進むとしたらライプニッツの創案に始まるこの分野でのアルゴリズムをどのように使えばいいかを学ぶ．しかしヒルベルトは，これまで考えてもみられなかった広い範囲を視野に入れたアルゴリズムを問うたのである．原理的には，彼の「決定問題」(*Entscheidungsproblem*) が求めるアルゴリズムとは，人間の演繹的推論すべてを力まかせの計算へと還元してしまうものなのである．もし，この決定問題の解が得られたとしたら，ライプニッツの夢は相当程度まで成就されたことになるであろう．

　数学者たちは非常に難しい問題に取り組もうとするとき，よく 2 つの方向からのアプローチを試みる．1 つは，その問題を一般的な場合について解くのではなくて，ある特定のケースについてなら解けるのではないか，と試みるやり方だ．別の方向からのアプローチとしては，一般的な問題が特別な場合での問題へと還元できて，後者が解けさえすれば前者も解けたことになると示す方法がないか，調べてみるやり方だ．もし万事がうまく進んだ暁には，両方のアプローチが中間地点でドッキングして，一般の場合について定義された元の難問の解が与えられる，というわけだ．「決定問題」に挑戦する試みも，まさにこの線に沿って進められ，アルゴリズムが見いだされたケースが広がっていくのと同時に，元の一般的問題も少しずつ特別な場合の問題へと還元され，ギャップは次第に狭まってきていた．もう少し進

展があると，このギャップが完全に埋められて，ヒルベルトが求めているアルゴリズムに到達することも可能になるのでは，という希望も出てきた[9]．それに対して懐疑的な見方をする数学者もいて，ケンブリッジ大学のG. H. ハーディはいささか憤然とした評言を述べている．「もちろん，そんな決定方法を与える定理など存在しないし，これはとても幸いなことである．なぜなら，もしそんなものが存在したら，すべての数学の問題を解く機械的な規則のセットをわれわれは持つことになり，数学者としてのわれわれの活動はもうお終いということになってしまうのだから[10]」．その数学的な職人技が単なる機械仕掛けで置き換えられるはずはないと確信した達人(クラフトマン)は，ハーディが最初というわけではないはずだが，この達人の直感は正しかったのだ！

　ケンブリッジの研究者同僚でチューリングより15歳年長のニューマン（M. H. A. "Max" Newman）——当時セント・ジョンズ・カレッジのフェロー——は，この若者の人生経路に大きな役割を担い続けた人物である．ニューマンは，当時まだ比較的新しかったトポロジーという数学の分野で，先駆的な業績を上げた．粗っぽい言い方をすると，どんなに引き延ばしたり圧し縮めたりしても——切り裂かない限り——変わることがない幾何学的図形の性質を研究する数学分野がトポロジーである．ケンブリッジでニューマンが開講したトポロジーのコースは，多くの若き数学徒にこの新興分野を紹介する場となった．彼は，優れたトポロジーの教科書も著した．ニューマンは，1928年にボローニャで開催された国際数学者会議に出席し，このときヒルベルトが彼の計画の目標——わずか2年後に若きゲーデルが達成不可能なことを示す結果となる目標——を語るのを聴いた．明らかにこうした展開に魅了されて，ニューマンは1935年の春期に数学の基礎についてのコースを開講し，ゲーデルの不完全性定理をそのクライマックスに据えた．この講義に出席することで，チューリングはヒルベルトの「決定問題」について学んだ．はなから懐疑的なハーディのような立場はさておくとしても，ゲーデルによる結果が出たあとでは，ヒルベルトが最初に望んだアルゴリズムが得られるのは，もう信じ難いことになってしまった．アラン・チューリングは，そんなアルゴリズムが存在し得ないことを，どのようにすれば**証明**できるかを考え始めていた．

🪶 チューリングによる計算過程の分析

　アルゴリズムは典型的には，料理本のレシピのように，ある**人物**が機械的なやり方で精確に順を追って従うことのできる規則のリストとして指定されるのを，チューリングは知っていた．しかし，彼は規則そのものよりは，その人物が規則に従

ってゆくときに何を**実行した**のか，という点に考察の焦点をシフトさせた．チューリングは，順に本質的でない細部をはぎ取ってゆくことで，そのような人物が極度に単純な基本的動作だけで，最終結果を変えることなしに計算を遂行できることを示した．彼の次のステップは，これと同じ基本的動作をする機械によって，この人物を置き換えることができるのを確認することである．そして最後に，こうした基本的動作に沿って計算を実行する機械として，どんな機械を用意しても，任意に与えられた結論が与えられた諸前提からフレーゲの推論規則によって導かれるか否かを決定することはできないことをチューリングは証明し，「決定問題」を解くアルゴリズムは存在し得ないと結論づけることができた．この副産物として，このとき彼は汎用計算機の数学的モデルを見いだしたのである．

　チューリングの思考過程がどんなものだったか想像しながら追いかけてみるために，まず計算が行われてゆく状況を思い浮かべてみよう．計算を遂行する人は，実際には何をしてゆくのだろうか？　彼女（1930年代に計算を仕事として行う人の大半は女性であったと思われるので）は，紙の上に数字や記号を書いてゆくだろう[*5]．彼女は，これまでに書いた計算の途中結果を見たり，いま書いている数字を見たり，注意を前後に行ったり来たりさせているのが観察されるかもしれない．チューリングは，この記述から本筋とは無関係な細部を取り去ってしまいたいと考えた．彼女は仕事をしながら，ときどきコーヒーを啜ったりするだろうか？　間違いなく，これは関係ない．彼女は鉛筆で書いているのか，ペンを使っているのか？　これもまた，どうでもいい話だ．紙のサイズはどうだろうか？　確かに紙が小さいと，彼女は途中結果を確認するために以前に書いた紙片に戻る必要が，より頻繁に出てきたりするだろう．しかし，これは計算作業の便利さの問題ではあっても，計算に不可欠な条件に関わる問題ではない．チューリングは，そう確信していた．仮に紙がうんと小さくて記号を1つずつ別々の紙片に書かなければならなかったとしても——これは実質的に罫線で区切られた枡目（ますめ）が横に並んでいる紙テープを彼女が使うのと同じことになるが——本質的なところでは違いはない．

　話を簡単にするため，たとえば彼女が掛け算をしているところを思い浮かべてみよう．次ページの図のような具合に．

[*5]　実際この時代には，「コンピュータ」という言葉そのものが，人間の計算従事者（典型的には女性）を意味していたのである．

$$
\begin{array}{r}
4231 \\
\times 77 \\
\hline
29617 \\
296170 \\
\hline
325787
\end{array}
$$

　本質的なものは何も失わずに，彼女が紙テープを使って次のように計算作業を進める様子を，私たちは思い浮かべることができる．

| 4 | 2 | 3 | 1 | × | 7 | 7 | = | 2 | 9 | 6 | 1 | 7 | + | 2 | 9 | 6 | 1 | 7 | 0 | = | 3 | 2 | 5 | 7 | 8 | 7 |

　このような1次元のテープに沿って複雑な計算をするのは少し面倒かもしれないが，根本的なところでは何の問題もないことを，チューリングは確信していた．計算作業が進んでゆく様子を，紙テープ上での計算に限って引き続き観察してみよう．計算作業者は，テープに沿って行ったり来たりしながら，現在の作業に関連する箇所をそれぞれ一瞥し，記号を書き加えたり，ときどき逆にテープを辿ってすでに書き込まれた記号を消し去ったり，消したあとに新たな記号を書き入れたりしているだろう．彼女が次に何を書き込むのかの決定は，現時点で彼女が注意を向けている記号が何であるかということと，それに加えて，彼女の現在の**心の状態**にも依存している．この単純な掛け算の例において彼女が2つの数字に注意を向けているときでも，これらを足すのか掛けるのかを決めるのは彼女の心の状態である．彼女が作業するテープが，計算開始の時点で，たとえば次のようになっているとしてみよう．

　　　　　　　　⇓　　　⇓
| 4 | 2 | 3 | 1 | × | 7 | 7 | = |

　1と7の数字の上にある矢印（⇓）は，計算開始時点での彼女の注意が，これらの記号に向けられていることを示している．これらを掛けると7になるので，この数字を彼女はテープ上に書き込む．

　　　　　　　　⇓　　　⇓
| 4 | 2 | 3 | 1 | × | 7 | 7 | = | 7 |

　このとき，次に掛け合わせる数字3と7へと，彼女は注意を向ける位置をすでにシフトさせている．このように各数字のペアを掛け合わせる作業を彼女は順に実

行してゆくが，この段階での計算がすべて完了すると，こんどは2つの「部分的な掛け算の結果」を彼女は足し合わせなければならない．

足し算を実行する段階に入った彼女は，まず7と0を足し合わせる．

次に彼女は，1と7の数字を足し合わせて8を得る計算をしなければならない．この時点で彼女が注意を向けている数字は1と7で，彼女が計算作業を開始したとき掛け算を行ったのと同じ数字であることに注意してほしい．しかし，同じ数字ではあっても，彼女の**心の状態**が違うので，この場合は掛け算ではなくて2つの数字を彼女は足し合わせるのである．

ここで取り上げた簡単な例は，あらゆる計算に当てはまる非常に重要な特徴を照らし出している．計算を遂行する人物は——その計算が算術であれ代数であれ微積分やその他の数学分野での演算操作であれ——次の制約のもとで作業している．

- 計算過程の各段階において，少数の記号だけに注意が向けられる．
- 各段階での動作の決定は，注意を向けられている記号と，計算を実行している人物の現在の心の状態だけに依存する．

計算をする人は，どれだけ多くの記号を同時に扱うことができるだろうか？ 計算を正しく遂行するためには，どれだけの数の記号を同時に扱うことが必要だろうか？ 最初の問いへの答えは，それぞれの人ごとに違うと言うほかはないが，いずれにしても非常に多いということはない．2番目の問いについて言えば，答えは1である．なぜなら，同時にいくつか複数の記号へと注意を向けるのと実効的に同じことが，それらの記号に各時点で1つずつ順に注意を向けてゆくことで，つねに達成できるからだ[11]．さらに，注意を向ける位置をテープ上のどこかの枡目から一定距離隔たった別の枡目へと移動する場合を考えてみると，これと実効的に同じことが，注意を向ける位置を枡目1つぶんずつ順に右または左へと移動してゆくことで得られる．こうした分析からの結論として，どんな計算作業でも，次のような手続きから成るものとして描き出せることがわかる．

- 計算は，紙テープを罫線で区切った各枡目に記号を書くことによって遂行される．
- 計算を実行する人物が，計算過程の各ステップで注意を向ける記号は，これら各枡目のうちの１つの枡目に書かれたものだけに限られる．
- 彼女（計算を実行する人物）の次の動作は，この注意が向けられた唯一の記号と彼女の心の状態だけに依存して決まる．
- 各ステップでの計算実行動作は，彼女が注意を向けていた当該の枡目に記号を書き込むことと，彼女が注意を向ける位置を必要に応じて１枡目ぶんだけ左または右に移動すること，から成る．

今や，計算作業をする人物を機械で置き換えることができるのを理解するのは容易い．テープ——符号化された情報のかたちで記号を書き込む磁気テープを思い浮かべてもよい——が機械の中を通って前後に動く状況を考える．計算を実行する人物の心の状態は，機械のそれぞれ異なった内部的配置によって表現できる．機械は，各時点でテープ上のただ１つの記号——**読み取り中の記号**——だけを感知するように設計されなければならない．機械は，その内部的配置と読み取った記号とに依存して，テープに（読み取った記号を書き換えるかたちで）記号を書き込み，次いで，直前に読み取った枡目から再び記号を読み取るかテープの１枡目ぶんだけ読み取り位置を左か右にシフトさせる．計算を実行するという目的にとっては，機械がどのように組み立てられていようと，何を素材に作られていようと無関係な話である．意味のあることのすべては，機械が想定されている通りの異なる**内部的配置**（または**内部状態**とも呼ばれる）をとることができ，各配置（各状態）をとっているときそれに見合った動作ができることである．

　ここで重要なのは，いわゆる**チューリング機械**[*6]の１つを実際に組み立てることではない．しょせん，これは単なる数学的抽象物なのだ．重要なのは，チューリングによる**計算**という概念の分析を基礎にして，およそアルゴリズム的な手続きによって計算可能なものなら何であっても，あるチューリング機械によって計算可能だと結論できるということだ．だから，もしある特定のタスクがどんなチューリング機械によっても遂行不可能だということを私たちが証明できれば，そのタスクを完遂できるアルゴリズム的な手続きは存在し得ないと結論できる．チューリングは，このようにして，ヒルベルトの「決定問題」を遂行できるアルゴリズムが存在し得ないことを証明したのである．それに加えてチューリングは，どのようにすれ

---

*6　もちろんチューリング自身は，こうした機械を「チューリング機械（Turing machines）」とは呼んでいない．彼が使った用語は "a-machines"（自動機械）で，"a" は "automatic" を含意する．

ば 1 つのチューリング機械を，他のあらゆるチューリング機械ができることなら何でも，その機械だけで行えるように構成できるかを示した．汎用計算機の数学的モデルである．

チューリング機械の動作

チューリングによる計算過程の分析は，いかなる計算であっても，チューリング機械と呼ばれることになる厳しく制限された装置のうちの 1 つによって遂行できる，という結論を導き出した．これについては，非常に簡単な例を少し示して，調べてみるのが役立つだろう．

特定のチューリング機械を提示するには何が必要になるだろうか？ まず最初に，すべての可能な内部状態のリストが必要だ．そして，これら各状態とテープ上の各記号について，各状態で各記号が読み取られたときの機械の動作をすべて特定する必要がある．ここで思い出しておきたいのは，この機械の動作とは，次のものから成るということだ．記号を読み取った枡目に必要なら別の記号を上書きすること，読み取る枡目を必要なら左または右に枡目 1 つぶんだけ移動すること，機械を次の状態（同じ状態に留まる場合もある）にすること，の 3 つである．大文字で機械の各状態を表すことにすると，私たちは次の例のようにして機械の動作を表現できる．

> **機械が R の状態のときにテープ上の記号 a を読み取った場合は，機械は記号 a を記号 b に書き換え，次の記号読み取り位置を枡目 1 つぶん右に移動し，自らは状態 S へと遷移する．**

この動作の記述を，$R\,a:b \to S$ という式で記号化することにしよう．類似の動作記述で，読み取り位置の移動方向だけが左に変わったものは，$R\,a:b \leftarrow S$ と記号化することにする．テープ上で記号を書き換えたのち，次の読み取り位置が移動せず同じ位置に留まるような場合は $R\,a:b * S$ と記号化しよう．このような式は，ふつう **5 つ組**（*quintuples*）と呼ばれている．各状況での機械の動作を特定するのに，5 つの記号（コロン":"は含めない）が必要になるからだ．このやり方で，どの特定のチューリング機械も，5 つ組のリストを提供することによって表示できそうだ．

例として，与えられた自然数が偶数か奇数かを判定するチューリング機械を，どのようにして構成できるかを考えてみよう．与えられる自然数は，私たちが見慣れ

ている十進法で 1, 2, 3, 4, 5, 6, 7, 8, 9, 0 の数字の列として表されているものとしよう．もちろん，このようにして表記された数が偶数か奇数かは，ひと目で簡単に答えることができる．単に**右端**の桁の数字を見るだけでよい．その数字が 1, 3, 5, 7, 9 であれば与えられた数は奇数であり，そうでなければ偶数だ．しかし，私たちの選ぶ設定では，機械は**左端**の桁から数字の読み取りを始めることになる．チューリング機械は各時点で 1 つの数字だけしか扱うことができず，ステップごとに移動できる読み取り位置は枡目 1 つぶんだけなので，この問題にどう対処するかは決して自明ではない．ひと目で明らか，というふうにはゆかないのだ．「入力」として与えられる自然数は，次のような具合にテープに書かれている．

　テープ上に自然数 94383 が書かれており，始状態（初期状態）Q にある機械が左端の数字を読み取っていることが示されている．テープ上の枡目としては 5 つだけ（きっかり入力データを収納できるだけ）しか描かれてないが，計算のために使えるテープの分量には限りがない．これは，重要な点である．だから，もし機械が枡目の描いてある端より先に動こうとすると，そのたびに空白の枡目がいつも現われる状況になっている，と考えることにしよう．私たちは，空白の枡目には□という特別な記号が書かれているものとして扱う．

　私たちのチューリング機械は，状態 Q で左端の枡目に書かれた記号を読み込むところから，いつもスタートすることになる．どのような数が入力として与えられた場合でも，機械はただ 1 つの枡目を除きテープをすべて空白にした上で動作を終了する．この唯一の枡目には，最初に入力として与えられた数が偶数であれば 0 が書き込まれ，入力が奇数のときは 1 が書き込まれる．このチューリング機械は 4 つの状態をとることができ，それぞれ Q, E, O および F の記号で表される．すでに述べたように，Q が始状態である．機械がどの状態にあっても，偶数の数字が読み取られたら，その数字を消去し（つまり空白記号を上書きし），次の読み取り位置を枡目 1 つぶん右に移動し，機械は E の状態となる．奇数の数字が読み取られたときも，その数字を消去し次の読み取り位置を枡目 1 つぶん右に移動させるが，機械は O の状態となる．最終的に，機械は読み取った入力の数字すべてを消去し，空白の枡目を読み取る位置に進む．このとき，機械が E の状態にあれば 0 を，O の状態にあれば 1 を，その枡目に書き込む．そこで機械は停止し，F の状態となる．このチューリング機械を構成する 5 つ組のリストを，次の表にまとめて示す．

Q0:□→E	Q2:□→E	Q4:□→E	Q6:□→E	Q8:□→E
Q1:□→O	Q3:□→O	Q5:□→O	Q7:□→O	Q9:□→O
E0:□→E	E2:□→E	E4:□→E	E6:□→E	E8:□→E
E1:□→O	E3:□→O	E5:□→O	E7:□→O	E9:□→O
O0:□→E	O2:□→E	O4:□→E	O6:□→E	O8:□→E
O1:□→O	O3:□→O	O5:□→O	O7:□→O	O9:□→O
E□:0 * F	O□:1 * F			

偶数か奇数かを判定するチューリング機械を構成する5つ組のリスト

サンプル入力 94383 で開始された計算が完了するまでの各ステップを，以下に示す．これにより，機械の詳しい動作が理解できるだろう．

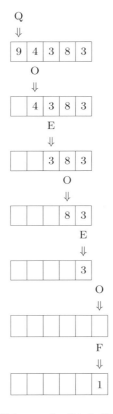

機械は状態 Q から動作を開始し，いちばん左端の桁にある数字 9 をまず読み込む．この場合に対応する5つ組は，表の2行目，最後の列（右端）に表示されている．この5つ組が指定している動作は，読み取った枡目にある数字 9 を消去し

て，枡目1つぶん右に進み，状態Oに遷移することだ．次いで状態Oにある機械が数字4を読み取るが，この場合の動作を指定した5つ組は，表の5行目，3列目にある．これに従って，機械は数字4を消去して右に1つ進み，状態Eに遷移する．その次は，状態Eにある機械が，数字3を読み取るので，4行目2列目の5つ組の指示が適用され，機械は数字3を消去して右に1つ進み状態Oに遷移する．状態Oの機械が数字8を読み取ると5行目右端の5つ組が適用されるので，8を消去して右に進んだ機械は状態Eとなる．再び状態Eの機械が数字3を読み取るので，4行目2列目の5つ組が適用され，数字3を消去して右に進んだ機械は状態Oになる．状態Oで空白の枡目を読み取った機械には，最終行2列目の5つ組が適用される．空白の枡目には数字1が書き込まれ，機械は左右には動かず，状態Fに入る．最後に状態Fで機械は数字1を読み取ることになるが，この場合に対応する5つ組は表にないので，機械は（ここまでの作業に疲れ果てたのか）停止する．このような計算の結果として，ただ1つの数字1だけがテープに残り，入力した数は奇数だから正しい答えを出したことになる．

物理的な装置と違って，チューリング機械は単なる数学的抽象として考えられた存在なので，テープとして使える分量には限りがない，という便利な特性を持つ．ただ1つ，次の5つ組だけで構成されるチューリング機械を考えてみよう．

$$Q\square : \square \to Q$$

この機械は，何も書かれていないテープをどこかの空白の枡目から読み始めると，読み取り位置を枡目1つぶんずつ右に移動してゆく．だから，横切ったテープ長はどんどん大きくなるが，機械は永久に止まることなく右に動き続ける．

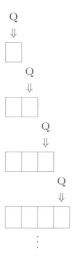

限られた分量のテープの範囲内だけで動作するチューリング機械であっても，動作が決して停止せずに永久に計算を続けるものがあり得る．たとえば，次の2つの5つ組だけで構成されたチューリング機械を考えてみよう．

$$Q1:1 \to Q \qquad Q2:2 \leftarrow Q$$

入力として12が与えられたとき，この機械は次のような行ったり来たりの動作を，永久に繰り返す．

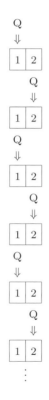

この動作は，入力に厳密に依存する．たとえば，入力を13にしてみると，同じチューリング機械が行う計算の動作は，次のようになるはずだ．

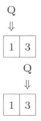

状態 Q で 3 という数字を読み込んだ機械には，次の動作を指定した 5 つ組が存在しない．機械はここで停止し，それきりとなる．

要するに，あるチューリング機械に一定の入力を与えると計算動作はやがて停止するけれど別の入力が与えられた場合には停止しない，ということが起こり得る．チューリングはこの状況に対してカントルの対角線論法を用いることで，どんなチューリング機械によっても解けない問題があること，そしてその帰結としてヒルベルトの「決定問題」の解を得るのは不可能であるという結論に導かれた．

チューリングによる対角線論法の援用

ヒルベルトの「決定問題」にチューリングの注意を引きつけるきっかけとなったマックス・ニューマンの講義は，そのクライマックスにゲーデルの不完全性定理を持ってきた．だからチューリングが，5 つ組のリストによって彼の機械を表すことを熟慮していたとき，これらの機械を自然数によってコード化し，カントルの対角線論法を使うという考えに至ったのは，ごく自然なことであった．私たちはチューリングの考えた流れに沿って，機械を指定するコードを用意することにしよう．ただし，以下のやり方は，チューリングのものと似ているけれども，彼が用いたものと全く同じではないことを断っておこう．

私たちのコード化の方法を用意するため，チューリング機械を構成する 5 つ組をセミコロンで区切って全部並べてしまうことを考えよう．次の 2 つの 5 つ組

$$Q1 : 1 \rightarrow Q \qquad Q2 : 2 \leftarrow Q$$

で構成されるチューリング機械であれば，$Q1 : 1 \rightarrow Q ; Q2 : 2 \leftarrow Q$ と書くことになる．次いで，この記号列に現われる各記号を，次の方法で何桁かの数字に各々置き換えてゆく．

- 最初と最後が 8 で，それらに挟まれて 0, 1, 2, 3, 4, 5 だけが現われる数字の並びは，テープ上で使われる記号をコードするのに用いられる．次の表に，各アラビア数字と空白記号 □ に対して私たちが使うコード表現を示す．また，テープ上で使われる記号ではないが 5 つ組とその区切りを表すのに使う記号 $\rightarrow \leftarrow * : ;$ のコード表現も，併せて表に示してある．

記号	コード表現	記号	コード表現
0	8008	□	8558
1	8018	→	616
2	8028	←	626
3	8038	*	636
4	8048	:	646
5	8058	;	77
6	8518		
7	8528		
8	8538		
9	8548		

- 9 で始まって 9 で終わる数字の並びで途中に 0, 1, 2, 3, 4, 5 だけが現われる表現は，機械の各状態をコードするのに用いられる．特に始状態 Q は 99 でコードされる．

この方法により，先ほどの 5 つ組 2 つだけで構成されたチューリング機械は，次の自然数

998018 646 8018 616 99 77 998028 646 8028 626 99

でコードできる．与えられた数が偶数か奇数かを判定するために私たちが構成したチューリング機械をコード化するため，機械の状態 E, O, F をそれぞれ 919, 929, 939 とコード表現することにしよう．機械全体のコード表現は，

99800864685586169197799802864685586169197799804864685586169197799851864685586169197799853864685586169197799801864685586169297799803864685586169297799805864685586169297799852864685586169297799854864685586169297791980086468558616919779198028646855861691977919804864685586169197791985186468558616919779198538646855861691977919801864685586169297791980386468558616929779198058646855861692977919852864685586169297791985486468558616929772980086468558616919772980286468558616919772980486468558616919772985186468558616919772985386468558616919772980186468558616929772980386468558616929772980586468558616929772985286468558616929772985486468558616929779198558646800863693977929855864680186369 39

となるはずである．これは単に巨大な数なのだが，各 5 つ組のコードが見やすいように，スペースで区切って表示してある．各 5 つ組は，コードから簡単明瞭な方法で復元することができるのを確認しておこう．

まず，巨大な数の十進法表現から 77 という並びの桁を見つけ，それらで区切られた個々の 5 つ組のコードを見いだす．それらを単純に復号化すれば，元の 5 つ組が得られる．たとえば，9298538646855861619 というコードは，929 8538 646 8558 616 919 と区切られ，それぞれを元の記号に直すことによって O 8 : □ → E と復号化される．もちろん，これとは違うコード化の方法もいろいろ可能だが，私たちの方法は復号化がわかりやすいという重要で有用な性質を持っている[*7]．

これまでの例でそうしてきたように，どんなチューリング機械もテープ上に書かれた数字の左端の桁を最初の読み取り位置にすると考えてよい．1 つのチューリング機械は，ある数を与えたときにはやがて停止するが，別の数を与えたときには永久に停止しないということが起こり得る．ある特定のチューリング機械について，入力としてテープ上に与えたとき機械をやがて停止させるような自然数の全体を，その機械の**停止集合**（halting set）と呼ぶことにしよう．ここで，あるチューリング機械の停止集合をパッケージと考え，各パッケージに付けるラベルをそのチューリング機械をコードする自然数だとすると，私たちは対角線論法を適用するのにお誂え向きの舞台設定の上に立っていることがわかる．ラベル付けられた各々のパッケージの中身としてラベルと同じ種類のもの——この場合は自然数——が詰まっているのだから[*8]．私たちは対角線論法の処方箋に従って，どのチューリング機械の停止集合とも異なる自然数の集合 D を，次のようにして構成することができる．

D は，チューリング機械をコードする自然数だけを要素とする集合である．各チューリング機械について，それをコードする自然数がその機械の停止集合に属する要素ではないとき，かつ，そのときに限り，そのコード自然数は D の要素となる．

[*7] この私たちのコード化の方法だと，十進法で使うアラビア数字と空白記号 □ 以外の記号をテープに書き込み可能にしたいという場合でも，81118 のような数字の並びを使って容易にコードできる．そうした記号があると，たとえば特定の枡目に印を付けておいて，機械の読み取り位置がそこ（その番地）に戻ったとき，そのことを確認するのに使える．もっとも理論的には，そうした記号の追加によってチューリング機械の計算能力が増すことはないことが証明できる．また，何進法を使うかということが，チューリング機械に何ができるかという点では関係がないことも証明できる．（Davis et al., 1994, pp. 113-168）．

[*8] これについては，第 4 章の「対角線論法」の節（pp.71-74）の議論を思い出してほしい．

だから，ある自然数が，その数でコードされているチューリング機械の停止集合の要素となっていたら，その数は D の要素ではない．一方，その自然数が，その数でコードされているチューリング機械の停止集合の要素でなかったなら，その数は D の要素である[†2]．どちらの場合でも，D は当該チューリング機械の停止集合とは，集合として一致することがあり得ない．このことは，すべてのチューリング機械について当てはまるので，私たちは次のように結論することができる．

集合 D は，いかなるチューリング機械の停止集合にもなっていない．

「ちょっと，待ってくれ！ 納得がゆかない」——そういう人がいるはずだ．頑固に反論を唱える人がいるとして，その頑固者に対して，批評理論でいう全知の作者（Omniscient Author）[†3]ならどのように答えるだろうか．少し対話を聞いてみてほしい．

頑固者　この議論は，納得できません．私は，停止集合が D になるようなチューリング機械を構成できるのを知っています．実際に（紙を取り出して）これが，その機械の…

全知の作者　どれどれ…．あなたの機械をコードする数を教えていただけますか？

頑固者　喜んで！ コード数は…
99803864685586169 2977……7792985286468558616929
（とてつもなく巨大な，ある数を示す．）

全知の作者　お手数でした．ところで，この数は，あなたの機械の停止集合に属しているのですか？

頑固者　ちょっと待ってください．いま計算します．… これは No だ… 停止集合には属していません．

全知の作者　ちょっと聞いてください．もし，この数があなたの機械の停止集合に属していないとすると，集合 D の定義のしかたから，この数は D

[†2] もちろん，ある自然数がチューリング機械をコードしていない場合は，その数は D の要素ではない．念のため．

[†3] 小説作品などのナラティヴ（語りの構造）を論じる批評理論の用語．作品中の登場人物は自らの運命を普通は知らない立場での語りを展開するのに対し，作者は何が起こるか全部知っていると考えられる．そのような「全知の作者」の視点を作品のナラティヴに介在させるか否かは，書き手が何を目指しているかに依存する．ここで著者が「全知の作者」を持ち出して「頑固者」の主張を帰謬法的に却ける対話を展開する趣向を試みた理由は，その判定がアルゴリズム的に決定可能な範囲を超えたものであることを暗喩（メタファー）として示すためだったと思われる．

の要素となるはずです．よろしいですね．とすると，この数は集合 D の要素であり，あなたの機械の停止集合の要素ではない．つまり 2 つの集合は異なる，ということになります．

頑固者　もう一度，計算をチェックし直します．……うーむ，計算間違いをしていたようです．お恥ずかしい．この数は，正しくは私の機械の停止集合に属しています．つまらない計算ミスをして済みませんでした．

全知の作者　どうか，そんなに恐縮なさらずに…しかし，いいですか，集合 D の定義のしかたから，もしこの数があなたの機械の停止集合に属しているとすると，この数は集合 D には属していないはずです．やはり 2 つの集合は異なるのです．

頑固者　なるほど，おっしゃることは納得できそうです．しかし，こんなに素直にあなたの議論に同意してしまうと，頑固者の面目が保てなくて困りますね．

アルゴリズム的に解けない問題

　自然数の集合 D は，どんなチューリング機械の停止集合とも異なるように定義された．しかし，ヒルベルトの「決定問題」とは，どんな関わりがあり得るのだろうか？　関連のありかは，まさにヒルベルトがこの問題を**数理論理学の基本問題**と呼んだ理由そのものに根ざしているに違いない．ヒルベルトは，彼の言う「決定問題」を解くことは，数学のあらゆる問題を決着させるアルゴリズムを与えることになる，と理解していた．これと同じ理解は，「決定問題」の解など存在し得ないというハーディの確信の底にも横たわっていた．もし私たちがこうした理解を額面通りに受け取るなら，どんな数学の問題であれアルゴリズム的には解けないという例が 1 つでもあれば，それは「決定問題」そのものも解けないことを意味するはずである．集合 D は，そうした例を提供してくれるのだ．

　次の問題を考えてみよう．

　　与えられた任意の自然数が，この集合 D に属するか否かを判定するアルゴリズムを見つけよ．

　これが，私たちの示す解けない問題の例である．このようなアルゴリズムが存在しないことを理解するための最初のステップは，チューリングによる計算過程の分析により，もしそういうアルゴリズムが存在したら，同じその手続きを実行できる

ようなチューリング機械が存在することに着目することだ．偶数か奇数かを判別するチューリング機械の場合と同じように，テープ上に与えられた数のいちばん左端の桁の数字を始状態 Q にあるその機械が読み取っているところを，私たちは思い浮かべてみることができる．次の図のような具合である．

この場合も同様に，機械は最終的にテープ上に唯一の数字——入力として与えられた数が集合 D に属していれば 1，そうでなければ 0——だけを残し，他の枡目はすべて空白にした上で停止する，と期待しよう．そして，機械は状態 F で停止するものとしよう．ここで F は，機械の動作を特定する 5 つ組のリストの中で，どの 5 つ組の先頭にも出てこない文字である[*9]．計算が終わったところは，たとえば次のような具合になるだろう．

ここで，存在が仮定されているこのチューリング機械に，次の 2 つの 5 つ組を追加して新しいチューリング機械に改造することを考えてみよう．

F0 : □ → F　および　F□ : □ → F

集合 D に属する数を入力として与えたときは，この新しいチューリング機械は以前と同じ動作をして，テープ上に数字 1 を残して停止する．しかし，集合 D に属さない数を入力として与えたとき，新しい機械は永久に右に向かって動き続ける．だから，この新しい機械の停止集合は，ぴったり D と一致する．しかし，集合 D は対角線論法の処方箋に沿って，どんなチューリング機械があったとしても，必ずその停止集合とは異なった集合になるように構成されたのだから，そんなことは不可能である．とすると，私たちの前提——与えられた数が集合 D に属するか属さないかを判定するアルゴリズムが存在するという仮定——が誤りだったのに違

[*9] もし D の要素と D には属さない数とを区別するアルゴリズムが本当に存在するならば，入力と出力の方法の細部をどうするかは特に問題にはならない，という点を強調しておくべきだろう．つまるところ，入力の数字は想定されているアルゴリズムを実行する人物にこの形式で手渡してもよいのだし，彼女に望みの形式でテープ上に印字してもらうように頼んでもよいのだから．

いない．そんなアルゴリズムは存在しないのだ！　任意に与えられた数が集合 D に属するか否かをアルゴリズム的に判定するという問題は，解けない（非可解である）のだ．

　私たちがすでに見てきたように，ヒルベルトもハーディも「決定問題」のアルゴリズム的な解は，どんな数学の問題もそのアルゴリズムで決定可能になるという含意を持つと信じていた．だから，私たちがアルゴリズム的には非可解な数学の問題を見つけたならば，「決定問題」も非可解であることが導かれる．集合 D に関する問題との関連を理解するために，私たちはそれぞれの自然数 n について次の前提と結論を結び付けることにしよう．

前提．自然数 n はあるチューリング機械をコードする数であり，かつ，同じ数 n がテープ上に書き込まれていて左端の桁の数字がその機械の初期読み取り位置にある．

結論．このチューリング機械は，この状態から計算を開始すると，やがて停止する．

　一階述語論理の言語を用いると，両方の文（命題）とも論理学的な表記（論理式）に翻訳できる．フレーゲの推論規則によって上に示した前提から結論を導くことができるのは，このチューリング機械にそれをコードする数をテープ上の入力として与えた場合に計算動作が実際に停止するときであり，かつ，そのときに限る，ということが証明できる．そしてこれは，n が集合 D に属さないとき，かつ，そのときに限り，真である．だから，ヒルベルトの「決定問題」の解を与えるアルゴリズムが仮に得られたとしたら，それを私たちは自然数 n が集合 D に属するか属さないかを判定するのに使える．すなわち，任意に与えられた自然数 n について，得られたと仮定されている「決定問題」を解くアルゴリズムを用いて，上記の前提から結論が導かれるか否かをチェックできる．もし前提から結論が導かれるなら，私たちは n が D に属さないと知ることができ，もし前提からは結論が導かれないと判別されたら n が D に属することがわかる．これは，これまで述べてきたことと矛盾するので，ここから「決定問題」はアルゴリズム的に非可解であることが導かれる[12]．

チューリングの万能機械

　チューリングがやったことには，何か悩ましい部分があった．彼は，「決定問題」の解を与えるようなチューリング機械は存在し得ないことを証明した．しかし，「決定問題」の解を与えるいかなるアルゴリズムも存在し得ないと結論づけるために，チューリングは人間がその手続きに従って計算したとしたら何が起きるかという議論に訴えたのである．人間による計算はどんなものでも，あるチューリング機械によっても遂行できるという彼のそうした議論は，どこまで説得的なものだろうか？　彼の言い分を補強するため，チューリングは多種多様な数学上の複雑な計算が，彼の機械によって遂行可能だと**証明**することもした[*10]．しかし，決定問題についての彼の結果の妥当性を検証するために彼が行き着いた，最も大胆で遠大なアイデアは，**万能機械**（the universal machine）の概念であった．

　あるチューリング機械に与えられたテープに，空白の枡目を1つ挟んで2つの自然数が（通常の十進記数法で）書き込んであるという状況を思い浮かべてみよう．最初の数はあるチューリング機械をコードする数で，次の数はその機械に入力として与えられる数だ．

あるチューリング機械 $\mathcal{M}$ をコードする数	$\mathcal{M}$ への入力

　最初の数がコードしているチューリング機械が2番目の数をテープ上の入力として受け取ったとしたら，機械は何をするだろうか？　ある人物に，それを調べ上げる作業が与えられた，という状況を考えてみよう．作業は，単刀直入に遂行できる．彼女は，まずテープ上の最初の数でコードされている機械を構成する5つ組のリストを作り上げるだろう．そのあと彼女は，単にこの機械を「演じる」だけでいい．すなわち，5つ組のリストにある指示に沿って，テープ上の各枡目に対して機械がするはずの動作を追ってゆけばいい．ここで，チューリングの分析を思い出そう．単刀直入な計算作業はどんなものでも，あるチューリング機械によって実行可能なことを，分析は明らかにしていた．この考え方を，いま考えている作業に適用すると，あるチューリング機械があって，彼女と同じことをするという考

[*10]　たとえばチューリングは，e や π のような実数を2進小数展開で表したときの，0と1からなる記号列を書き出してゆく機械を，どうすれば構成できるかを示した．彼は同様のことを，標準的な数学に出てくる他のさまざまな実数——整係数の代数方程式の根や，さらにはベッセル関数の実軸上の零点——についても行った．

えに導かれる．この機械は，別のチューリング機械 $\mathcal{M}$ をコードした数をテープから読み込み，次いで $\mathcal{M}$ に対する入力としてテープ上に置かれた2番目の数と向き合って，同じ入力を与えられたときに機械 $\mathcal{M}$ が行うはずの動作と正確に同じ動作をする，というわけだ．**この機械は単一のチューリング機械でありながら，あらゆるチューリング機械ができることを，それ単独で行うことができる．** チューリングはこの驚嘆すべき結論を検証するために，このような「万能」機械を構成する5つ組をどうすれば実際に作れるかを示すという作業を，彼自身の手でやり遂げてみせた．現在なら「プログラミング」と呼ばれるだろうものに論文の数ページを割いて，彼はきっかり見事にこれを成し遂げるのに成功したのだ！[13]

ライプニッツの時代から，あるいはさらに以前から，多くの人々が計算機械について長い長い時間にわたって考えてきた．しかしチューリング以前には，一般的な前提として，計算機械に関わる3つのカテゴリー——機械，プログラム，データ——は完全に分離された存在として扱われてきた．機械は，私たちが現在ではハードウェアと呼んでいる，物理的なものを意味した．プログラムは，計算を行うための手順を意味し，たぶんパンチ・カードか配線盤上での結線によって実装されるものであった．最後にデータだが，これは数値的入力のことを指すものだった．チューリングの万能計算機は，こうした3つのカテゴリーの区別が見かけ上のもので，錯覚に過ぎないことを示した．チューリング機械は，まず最初は，機械的部品で組み立てられた機械——**ハードウェア**——だと想定されている．しかし，これをコード化して万能計算機のテープ上に書き込んだものは，**プログラム**——万能計算機が適切な計算を実行するのに必要な指示の詳細を与えるもの——として機能する．最後に，万能計算機が動作するときは各ステップごとに，テープ上に機械のコードとして書き込まれた各記号を，端的にデータとして参照してゆく．3つの概念（カテゴリー）相互間のこうした流動性は，現在ではコンピュータを使う上で基本的なものとなっている．現代的なプログラミング言語で書かれた**プログラム**は，インタプリタやコンパイラにとっては，それを直接実行できる指令へと変換する元**データ**である．実際，チューリングの万能計算機は，それ自体をインタプリタとみなすこともできる．テープ上に書かれた5つ組のコードを逐次読み取っては，それらが指定する特定の動作へと順に 翻 訳（インタプリット）するものとして働くからだ．

チューリングの分析は，計算という大昔からの技芸に対して，新しい深遠な洞察を提供した．計算という概念は，単なる算術や代数演算の範囲を超えて，はるかに広いものを含むものと見なされるようになった．そして同時に，計算可能なすべてのものを「原理的には」計算できるという，万能計算機の構想が姿を現したのだ．個別の各機械としてチューリングが挙げた例ですら，すでにプログラミングと

いう技芸の例示となっていたし，さらに万能計算機の記述に進んだときには最初のインタプリタのプログラム例と呼ぶべきものが与えられている．万能計算機は，また「プログラム内蔵型」計算機のモデルをも提供している．ここでは，テープ上に書き込まれているコード化された 5 つ組のリストが内蔵されたプログラムの役割を担うわけだが，万能計算機のほうでは「プログラム」と「データ」を本質的には区別することなく参照してゆく．最後に，万能計算機の構図は，「ハードウェア」である機械装置の機能の記述とみなされていた 5 つ組のリストが，いかにして同等の「ソフトウェア」——コード化してテープ上に書き込まれる方式で「内蔵された」5 つ組のリスト——で置き換え可能であるかを示して見せている．

　チューリングが「決定問題」にアルゴリズム的な解は存在しないことの証明に取り組んでいたとき，大西洋の向こう側でも同様の結論が得られようとしていたことなど思ってもみなかったに違いない．プリンストン大学のアロンゾ・チャーチ[*11]による "An Unsolvable Problem of Elementary Number Theory"（初等整数論における 1 つの非可解な問題）と題された論文を掲載した号の『米国数学誌』（American Journal of Mathematics）がケンブリッジに届いたのは，すでにチューリングからの最初の論文草稿をニューマンが受け取ったあとのことであった．チャーチは，すでに彼の論文の中で，アルゴリズム的に非可解な問題が存在することを証明していた．彼の論文は，チューリングが考えていたような機械には言及していなかったが，計算可能性——あるいはチャーチの言い方では「実効的な計算可能性」——という直観的な観念をより明確に説明するために提案された 2 つの概念に注意を向けていた．2 つの概念とは，チャーチと彼の学生クリーネが発展させてきた**ラムダ定義可能性**（lambda-definability）と，ゲーデルによって（彼がプリンストン高等研究所を訪問中の 1934 年春に行った講義で）導入された**一般再帰性**（general recursiveness）である．2 つの概念は同等であることが証明され，チャーチが見いだした非可解な問題は，実際にどちらの概念に照らしても解けない問題となることが示された．チャーチは，この論文ではヒルベルトの「決定問題」がこれらの概念に照らして非可解であるという結論までは導いていなかったが，新しく創刊された季刊の『記号論理学雑誌』（Journal of Symbolic Logic）第 1 巻・第 1 号（1936）に寄せた短い覚書きの中で，この証明を与えた．チューリングは，彼自身の計算可能性の概念がラムダ定義可能性と同等であることを素早く証明し，

[*11] アロンゾ・チャーチ（Alonzo Church: 1903-1995）は，米国における論理学研究の発展・開花に重要な役割を果たした．彼は，大きな影響力を持つ論文誌 Journal of Symbolic Logic（記号論理学雑誌）を創刊し，40 年以上にわたって編集主幹を務めた．高名な米国の論理学者スティーヴン・クリーネ（Stephen Kleene: 1909-1994）は，チャーチの指導のもとで博士号を取った 31 人の学生のうちの 1 人である．ちなみに，私の博士論文の指導教員もチャーチである．

プリンストンに行って滞在研究することに決めた.

チューリングが達成したことの多くは米国ですでに成し遂げられていたことの再発見に当たるのだとはいえ，彼による計算概念の分析そして万能計算機の発見は全く新しいものであり，プリンストン大学で行われたどんな研究よりも先を行っていた[*12]. チャーチが提案した計算可能性の概念には，にわかに納得できないという立場だったゲーデルは，チューリングの分析を見て，ようやく最終的にその正しさを確信したと述べている[14].

チューリングのプリンストン滞在

当時の英国の数学者たちは博士号取得を特に熱心に追い求めないのが普通だったが，チューリングにとってプリンストン大学に博士課程の学生——彼の達成したことから考えると全く変則的な地位ではあるが——として滞在するのは，とても好都合なことであった．プリンストンに2年間滞在して，彼は素晴らしい博士論文（アロンゾ・チャーチを指導教員として）を完成させた．ゲーデルが示した形式体系内で決定不可能な命題は体系の外側から眺めると真だから，それを新しい公理として体系に付け加えて，今まで決定不可能だった命題を決定できるようにした新しい体系を得るというのは，自然なアプローチであった．もちろん，新しい体系にゲーデルの方法を適用すると，その内部で決定不可能な命題が新しい体系にも存在することがわかる．そうした命題を順に新しい公理として付け加えてゆくと，形式体系の階層が得られるが，チューリングは博士論文でそんな階層性を研究した．

もう1つ彼の博士論文において導入されたのは，計算途中での割り込みを可能にして外部の情報を求めるように変更されたチューリング機械という概念である．そのような機械の概念を使うと，1対の非可解な問題について片方が他方よりも「より非可解な」問題であるといった言い方をすることが可能になる．全体として，この論文で導入された考え方は，引き続く研究者たちの仕事の基礎を提供したと言うことができる[15].

1936年当時（じつは1950年代まで）プリンストン大学の数学科は，低層の魅力的な赤レンガ建築のファイン・ホールを居処としていた[*13]．この頃のファイ

[*12] チャーチによる「決定問題」の非可解性の証明が掲載された同じ号の『記号論理学雑誌』には，チューリングのものと非常に近い概念の定式化を行った米国の論理学者エミール・ポスト（E. L. Post）の短い論文（Davis, 1965, pp.289-291 に再録）も載っていた．ポストは，私がニューヨーク市立大学（City College）の学部学生だったときの先生である．

[*13] 現在のプリンストン大学数学科の建物もファイン・ホールと呼ばれている．これは，高層のコンクリート建築の塔で，1マイル離れた国道1号線（Highway U.S. 1）からもよく見える．

ン・ホールには，プリンストン大学数学科の教授陣だけでなく，ごく最近に創設された高等研究所の数学者たちも同居していた．ナチス・ドイツから米国への科学者たちの大移動が始まっていた．1930年代のプリンストンは，才能ある数学者たちの集積がゲッティンゲンと肩を並べるようになり，まもなく完全に抜き去った．ファイン・ホールの廊下では数学や数理物理学の超大物が見かけられるようになり，その中にはヘルマン・ワイル，アルバート・アインシュタインらの姿もあり，そして，ジョン・フォン・ノイマンも——彼の研究分野はヒルベルトのプログラムに参加して数学の基礎に取り組んでいた頃からは遠く離れてしまっていたが——ここにいた．

プリンストン滞在の最初の年，チューリングは倹約生活を強いられた．ケンブリッジ大学から支給されるフェローシップの給付金は，賄い付きの宿舎があるケンブリッジで生活するには十分な額だったが，プリンストンではそうはゆかなかったからだ．ところが，2年目になると，チューリングはかなり裕福な生活ができた．栄誉あるプロクター・フェローシップを与えられたからだ．彼のフェローシップ応募を支援する推薦状の中には，次のものが含まれていた．

拝啓
A. M. チューリング氏より，1937-1938学年のケンブリッジからプリンストン大学へのプロクター[†4]客員滞在フェローシップに，氏が応募していることを聞きました．私は，この応募をぜひ支援いたしたく，以下をお伝えしたいと存じます．私はチューリング氏のことを数年来よく存じ上げております．1935年の後期に私がケンブリッジ大学を客員教授として訪れたとき，そして1936-1937年にチューリング氏がプリンストンに1年間滞在されたとき，私は氏の科学上の研究状況をよく知る機会に恵まれました．**氏は，私が興味を持っている数学の分野，すなわち，概周期関数の理論および連続群論において，すぐれた研究をしておられます．**氏はプロクター・フェローシップに最もふさわしい候補者であり，もし氏にそれを授与できるとお考えくだされば，まことに嬉しく思う次第です．

敬具
1937年6月1日　　　　　　　　　　　　　　　　　　　　　ジョン・フォン・ノイマン[16]
[強調は引用者が追加]

---

†4　オリジナルの文面で，フォン・ノイマンはフェローシップの名称（Procter Fellowship; Procterは人名）を2ヵ所とも，"Proctor"と誤記（ミススペリング）している．

フォン・ノイマンが数学の基礎に関するヒルベルトの計画に深く足を突っ込んでいたことを考えると，この推薦状の中で，計算可能数の論文や「決定問題」の非可解性を証明したチューリングの業績について一言も触れられていないのは，全くもって驚くべきことである．フォン・ノイマンが，こうしたチューリングの仕事を知らなかったとは信じ難い．私の信じるところでは，ここでの鍵になる表現は「私が興味を持っている数学の分野」という語句である．20世紀の最も偉大な数学者の一人であり，何でもむさぼり読んでは，ほとんど写真に焼き付けたように精密に記憶してしまうフォン・ノイマンだったが，ゲーデルの証明が数学の基礎についての彼のそれまでの多大な努力の大部分を空無に帰してしまったとき，彼は論理学の分野にはもう関わるまいと決心したのだ．ゲーデルが1931年に決定的な結果を示したあとでは，もはや論理学の論文をいっさい読まないことにした，と彼が宣言したとの風評さえあった[17]．この件は，フォン・ノイマンが第二次世界大戦中および戦後に関わったコンピュータ開発において，彼の考えを発展させるときにチューリングの仕事が一定の役割を果たしているので，いささかの重要さを持っている．

　これに関する証拠のいくつかは，フォン・ノイマンの友人で共同研究者でもあったウラム[*14]が，チューリングの伝記作家であるアンドルー・ホッジスに書き送った手紙の中で提供されている．この手紙には，1938年の夏にウラムと一緒にヨーロッパを旅したフォン・ノイマンが，そのとき提案したゲームのことが書かれていた．そのゲームは，「1枚の紙片に可能な限り大きな数を書くというもので，その数は，実際のところチューリングの方式とかなり関連のある方法によって定義することになっていた」という．さらに，この手紙の中でウラムは，「（前略）フォン・ノイマンは1939年には，形式化された数学の体系を展開する機械的方法についての私との会話の中で，チューリングの名前を何度か口にしていました．」とも述べている．ウラムの手紙から明らかなのは，それ以前がどうであったにせよ，少なくとも第二次世界大戦が勃発する1939年9月までには，計算可能性に関するチューリングの仕事にフォン・ノイマンが十分気づいていた，ということである[18]．

　チューリングの万能計算機は，それだけでどんなアルゴリズム的な仕事も遂行できるという，驚嘆すべき概念装置ではある．しかし，現実にそんなものを作れるのだろうか？　そんな機械が「原理的には」何を成し遂げることができるかは別にして，いちおう満足できる時間内に実世界の問題についての解が得られる機械を，

[*14]　スタニスワフ・ウラム（Stanisław Ulam; 1909-1984）は，多岐にわたる数学の分野で仕事をした卓抜な純粋数学者かつ応用数学者であり，フォン・ノイマンの親しい友人であった．彼のアイデアの1つは，通常の公理論的集合論を拡張する重要な方法につながり，ゲーデルの連続体仮説についての仕事にもヒントを与えることになった．ただし，ウラムの最も重要な業績は，誰もが喝采を送るという種類のものとは言い難い．すなわち，核分裂型および熱核融合型の核兵器の基礎となる機構のデザイン．

利用可能な資源を使って作れるように，デザインして製作することは可能なのだろうか？　これらは，ことの発端からチューリングの心の中にあった疑問である．チューリングの師マックス・ニューマンは，彼の死の直後『タイムズ』紙（ロンドン）に寄せた追悼記事の中で次のように書いている．

> 彼が与えた「万能」計算機械の記述は，完全に理論的な目的のものであった．しかし，あらゆる種類の実際的な実験に強い興味を持っていたチューリングは，この路線での機械を実際に製作するという可能性に当時からすでに関心を抱いていた[19]．

彼は，単に可能性を考えることだけに留まってはいなかった．利用できる技術に自分を慣れさせるために，チューリングは電気機械的なリレー回路を使って，2進法で表現された数の掛け算をする装置を，わざわざ実際に作りさえした．この目的のため，彼は物理学科の大学院生用の機械工房を利用する許可を得た．そして，装置のための各種の部品を作り，必要な継電器(リレー)を自分の手で組み立てたのである*15．

アラン・チューリングにとっての世界大戦

チューリングは，1938年夏にケンブリッジに戻った．戦争が始まる1年余り前だったが，彼はドイツ軍が通信に使っていた暗号を破るため進行中の活動にリクルートされた．符号化と復号化はチューリングの研究にも入り込んできた技法であり，ゲーデルの仕事でも用いられたものだが，これらは透明さを心がけて選ばれたコードであり，ドイツ軍が解読不能を意図して使っていた暗号(コード)とは根本的に違うものであった．実際ドイツ側では，彼らの暗号は決して破られず，敵には解読不能のままだと，戦争が終わるまで信じ続けていたのである．

世界を驚かせたナチス・ドイツと共産ロシアとの協定（独ソ不可侵条約）締結に続いて，1939年9月1日にドイツ軍はポーランドに侵攻した．（ポーランドとの）条約義務を果たすため，英国とフランスは数日後ドイツに宣戦布告した．そして9月4日にチューリングは，ブレッチリー・パーク（Bletchley Park）——ロンドンの北にあるヴィクトリア調の庭園付きの邸宅——に赴任した．ここに集まったのは，機密保持を意図して交信されている敵の通信内容を解読することを決意した，

---

*15　たいへん好都合なことに，工房のあったパルマー物理学実験棟は，数学科の建物ファイン・ホールのすぐ隣にあった．2つの建物をつなぐ通路さえあったのである．

おもに学術世界に属するメンバーからなる，少人数のチームであった．このチームは，小さいままだったわけではない．戦争が終わる頃までには，「兵舎」と呼ばれた，暗号の解読や分析を遂行するためのさまざまな作業部門の本拠が，庭園内に割拠するようになっていた．上級スタッフに加えて，もちろん軍関係者も加わっていたし，さらに多数の王立婦人海軍メンバー（Wrens[†5]）——海軍補助部隊への入隊にサインした女性たち——がいた．彼女たちは，戦場で銃を取るのではなくて，チューリングや彼の同僚たちが暗号破りのために設計した機械を操作した．

ドイツの軍用通信には，**エニグマ**（Enigma）と呼ばれる商用の暗号機械を改造したものが使われていた．この機械にはアルファベットが打てるキーボードがあり，元の通信文の特定の文字を打つと，小さなウィンドウに元の文字を暗号化した文字が現われるようになっていた．通信文全部の暗号化が終わると，それは通常の無線電信で送信される．所定の受信者が受け取った暗号文を別のエニグマ機械にタイプしてゆくと，元のメッセージが現われる．暗号機械の内部には，いくつもの回転盤が動くようになっていて，入力された元の文字と暗号化された文字との間の対応づけを，各文字ごとに変更することを可能にしていた．軍用のエニグマでは，これに追加の配線盤を取り付けることにより，セキュリティの強化が図られていた．暗号機械の初期設定は，日ごとに変更された．もちろん，送信者側と受信者側で同じ設定となるように変更されるわけである．

世界大戦が勃発する前には，ポーランドの数学者たちのグループが驚異的な仕事をして，ドイツのエニグマ暗号を解読したのだが，ドイツ側が暗号をさらに複雑にする階層を付け加えて以降は解読を阻まれてしまった．仕事は，それ以後，英国側にバトン・タッチされた．ブレッチリー・パークに集まった暗号解読の専門家たちの多くは，パズルが大好きで，しばしば彼らが取り組んでいる謎解きの知的な側面にすっかり夢中になるようなタイプの人たちであった．彼らはある意味，作業を楽しんでいた．しかし，その仕事はとてつもなく深刻な意味を持つものだった．特にチューリングは，ドイツの潜水艦と母港基地との間の通信を分析解読する責任者となっていた．ブリテン諸島に必要不可欠の物資を補給する船舶は，こうした潜水艦からの攻撃によって恐るべき割合で破壊されていた．Uボートの攻撃を止めなければ，英国が兵糧攻めで窮地に至ることは十分あり得る話だった．

エニグマ暗号通信の解読成功は，拿捕された潜水艦から押収された暗号表や，何人かの送信者のうっかりミスが意図せずに重要な手掛かり情報を与えてくれたことなどに助けられた．しかし，決定的な役割を果たしたのは，チューリングであっ

[†5] The Women's Royal Naval Service からきている．正式の略称は WRNS だが，若い女性たちの集団であることを示唆する "Wrens" の呼称がよく用いられた．

た．彼は，どのようにして暗号破りの機械（なぜか誰も名前の由来をよく思い出せないのだが「ボンブ Bombe」と呼ばれていた）を設計すればよいかを考え出した．実際この機械によって，上記のような手掛かり情報をもとに，ドイツ軍エニグマ暗号機の特定の日の初期設定を非常に効率的に割り出せることが明らかになった．きわめて適切なやり方でボンブは論理的推論を系統的に遂行して，可能なエニグマ機械の内部配置を，とてつもなく巨大な数から順に絞り込んでゆき，最後にはごく少数の可能性だけを提示する．これらは，どれが実際の暗号機械設定であるか判明するまで，人手を使って徹底的に調べられた．試作されたこともない新しい機械仕掛けとしては，ちょっと考えられないことだが，チューリングの設計をもとに組み立てられたボンブは，完成したとたん一発で正しく動作した[*16]．

ブレッチリー・パークでチューリングは，親しみを込めて「教授どの (the prof)」と呼ばれていて，彼の奇矯さは数々の逸話の種となった．何年か経っても，紅茶のマグカップを放熱器にチェーンで据え付ける彼の習慣のことを，人々は話題にした．ブレッチリー・パーク時代で，たぶん最も彼らしい逸話は，チューリングがどのようにしてライフル射撃を習得したかという話だろう．1940 年から 1941 年にかけて，英国本土が侵攻されるかもしれないという暗雲の漂う時期に，チャーチル政権は「国防市民軍」という民兵組織を作った．すでに重要な任務に就いているので，チューリングは国防市民軍に加わることを求められていなかったのだが，彼は参加してライフルの射撃法を学ぶことに決めた．国防市民軍に志願した者は定期的な訓練に参加するよう義務づけられていたが，チューリングは訓練に出るのは時間の浪費だと考えて，まもなく参加するのをやめてしまった．チューリングは，すぐキレて瞬間湯沸かし器のように激怒するとの評判もあった．フィリンガムという大佐の命令で呼び出された．チューリングは，彼が参加したのは射撃を学ぶだけのためで，十分上達した今となっては参加する理由はもうないのだと，辛抱強く説明した．大佐は言った．「しかし訓練に出るか出ないかは，きみが勝手に決めることではない．（中略）きみには，軍法が適用されるんだぞ．」大佐は，志願の際に提出しなければならない書類の中の質問項目「国防市民軍兵として登録すると，あなたが軍法の適用対象となることを理解していますか？」をチューリングに思い出させようとした．チューリングは，その質問には回答をちゃんと記入したと

[*16] チューリングより 6 歳年上の数学者ゴードン・ウェルチマン (Gordon Welchman) は，その後チューリングの最初の設計にとても重要な改良を加え，性能を大幅に向上させた．エニグマ暗号がどのようにして解読されたか，その技術的詳細に興味のある読者は，ウェルチマン自身による説明 (Welchman, 1982) やホッジスのチューリング評伝 (Hodges, 1983) を参照されるとよい．Hinsley and Stripp (1993) には，暗号解読努力に参加した何人ものメンバーが語る，戦時中のブレッチリー・パークでの生活についての興味深い記述が含まれている．

答えた．しかし，その質問に対し，彼は「ノー」と答えていたのであった．チューリングがこの質問を読んだとき，「イエス」と答えることに何の利点もないことは，彼にとっては明らかなのであった[20]．

　この逸話は愉快なだけでなく，チューリングの性格を非常によく示している．彼は，私たちの大部分がそれに従って行動している社会的な枠組みの多くを無視する傾向があり，どんな状況においても，自分のやり方で一から考え抜いて最善と思う選択を求める，というところがあった．ほとんどの人は，国防市民軍兵に志願する書類にあるような質問に出会ったとき，期待されている唯一の答えが「イエス」であるということを了解する．しかしチューリングは，質問の語句の意味を額面通りに受け取って，最良の回答が何であるかを真剣に考えた．こうした思考方法は，チューリングが科学研究をする上では非常にうまくいったのだが，社会制度の中で他の人々と関わってゆく上では必ずしもいい結果をもたらさなかった．そして，遂には何年かのちに最悪の悲劇をもたらすのである．

　チューリングは，ブレッチリー・パークの作戦部隊に入隊していたジョーン・クラーク（Joan Clarke）という若い女性数学者と，とても親しくなった．彼女を好きになったチューリングは結婚を申し込み，ジョーンは喜んで受け入れた．数日後，自分には同性愛の「傾向」があると彼から告げられたとき，彼女に一定の懸念が生じたことは間違いないが，彼女はそのまま婚約を続けることを望んだ．数ヵ月のち，2人で休暇旅行をともにした直後に，彼女を愛しているのは本当だけれども，端的に男女の関係としてはうまくゆかないのだとチューリングは結論し，婚約を破棄した．彼が女性に対する親密な性愛的関係を思い描いたのは，明らかに，これが最初で最後である．

　この間もチューリングは，彼の万能計算機の概念の適用可能性について考えることをやめなかった．彼は，人間の頭脳の途方もない能力の秘密を握っているのは，まさにこの万能性の概念であり，だから私たちの頭脳はある意味で万能計算機そのものなのだ，と推測した．彼は，もし万能計算機が実際に作られたら，それがチェスのようなゲームをするようにできるだろうし，子供がするのと同様に学習をするよう誘導できるだろうし，究極的には人々が「知能」と呼ぶであろうふるまいを示すようにできる，と想像した．こうした線に沿った会話はブレッチリー・パークで盛んに交わされていたし，チューリングは機械がチェスをするのに使えるアルゴリズムの概略まで示してみせた．そして，同じ時期に，その万能計算機を構築するのに必要なハードウェアのある部分も，ここブレッチリー・パークで開発されつつあったのである．

　英国で傍受されたドイツ側の通信のうち，ナチ支配体制の最上層部から出てき

ているものはエニグマ暗号を使っておらず，送信も通常の無線電信によるものではなかった．まもなく，これらはテレプリンターからの出力の特徴を持つことがわかった．これは，メッセージの文の1文字ずつが，紙テープにパンチ穿孔(せんこう)した穴の並び方で表現される仕組みになっていた．古いモールス信号による無線電信とは違って，これは人間のオペレータの手で送信する必要がなかった．ドイツ側は単一の機械によって，メッセージの暗号化と送信とを一度に操作しているようだった．受信側は，それを復号化する機械を持っていると思われる．ブレッチリー・パークでは，このシステムは「フィッシュ（fish）」と呼ばれていて，その暗号を解読する作業ではチューリングの師マックス・ニューマンが責任者となった．暗号解読に用いられた手法のあるものは，茶目っ気たっぷりに「チューリング主義方式（turingismus*17）」などと呼ばれ，アイデアの源を指し示していた．しかし，チューリング主義方式では膨大なデータ処理が必要になり，これで暗号解読をするのであれば，データ処理は非常に高速に行うのでなければならなかった[21]．

　1930年代，米国やヨーロッパ諸国の人々は，たいてい自宅にラジオ受信機を持っていた．トランジスタが発明される以前のこの時代，ラジオ受信機には多数の真空管（英国ではバルブ［valves］と呼ばれていた）が使われていた．使用中，真空管は光の弱い電球のように白熱し，とても熱くなる．電球と同様，真空管はときどき切れて，取り替えなければならなくなる．ラジオ受信機が故障したときは，真空管をソケットから抜いて，電器屋に持って行って調べてもらわなければならない．切れた真空管を取り替えてもらうと，たいていの場合ラジオ受信機は生き返るのである．RCA社の真空管カタログには何百種類ものモデルが載っており，それぞれの特性が詳しく示されていて，技術者には不可欠のものであり，またアマチュアの趣味人たちにも人気が高かった．1943年の3月アラン・チューリングは，米国が独自のボンブを作るのを手助けしてドイツ海軍エニグマ暗号通信のモニター任務は彼らが引き継ぐよう軌道に乗せ，数ヵ月の米国滞在を終えて帰途に就いた．帰りの大西洋航海の間，彼はこのRCAカタログを調べながら時間を潰した．これまで電気機械的リレーが担っていた論理スイッチを，真空管を使って置き換えることができる，とわかったからだ．真空管は，動作が速かった．真空管の中を，電子は光速に近いスピードで動く．リレーは機械的動作を介するため，ずっと遅かった．真空管を用いた論理回路はようやく電話交換機に実験的に使われ始めたばかりであったが，チューリングは，この分野の研究の最前線にいた才能豊かな技師フラワーズ（T. Flowers）とコンタクトを取ることができた．

---

*17　"ismus"は，英語の"ism"とほぼ同じように使われる，ドイツ語の接尾辞である．

フラワーズとニューマンの指揮のもと，本質的にチューリング思想（turingismus）の物理的な化身と言っていいマシンが，急ピッチで作られていった．コロッサス（Colossus）と称されたこのマシンは，1500個もの真空管を使ったもので，まさに工学の驚異であった．これは，世界で最初の電子的な自動計算機であった．当然ながら計算処理は，算術的というよりは論理的な性質のものとなっていた．傍受されたドイツ側の暗号通信のデータは，紙テープにパンチされて，高速度の読み取り機にかけられ，マシンへと供給されていった．紙テープが読み取り機を駆け抜けるとき，照射された光線がテープに穿孔された穴を通るたびに光電セルが反応して，信号をコロッサス本体に送る仕掛けになっていた．テープを高速で読み取るのは，せっかく真空管で組み立てられた回路の処理速度をムダにしないために重要なことであった．フラワーズの離れ業がすごいのは，ちゃんと動くマシンをわずか数ヵ月の突貫工事で作り上げたばかりか，これほど多数の真空管を使っているマシンを有用な仕事ができるよう何とか動かし続けたことにある．実際，頻繁に故障することが避けられない真空管を膨大な数で使った化け物のような機械が，まともに動くのは不可能だろうと，ほんどの人たちは思っていたのである．

　チューリングは，戦争が終わる1945年頃までには，真空管を用いた回路が万能計算機を作るのに使えると確信していた．彼は，真空管エレクトロニクスの実用的な知識を蓄積しながら，マシン実装のために必要となる実際的なことがらを，さまざまに熟慮していた．そして，そんなマシンが作れたならば，それを活用できるだろう多種多様な状況や問題について考えをめぐらせていた．彼が思い描いていた大プロジェクトを実現するために，まだ不足しているものがあるとしたら，組織的なサポートと利用可能な施設であった．

第8章　現実化された万能計算機

the
UNIVERSAL
COMPUTER

誰がコンピュータを発明したのか？

現代的なコンピュータは，論理と工学技術とのとてつもなく複雑な混合物(アマルガム)だから，誰か一人だけを発明者として特定できると想像することじたい，ほとんど馬鹿げている．にもかかわらず，1973年に特許をめぐる争い（ハネウェルとスペリーランドとの間の訴訟事件）で，裁判官はこれに近いことを行ったのである．私たちのストーリーが，現代の汎用コンピュータの基礎となっている論理学の考え方を追ってきたところから，それを具体化して実際の機械を作り上げる段階へと移るのに伴って，工学的な問題やそれを効果的に扱うのに長(た)けた人たちが話の前面に登場する．そうなると計算技術の歴史の説明には多様な立場からの言い分が出てくるので，ストーリーの入り口で，この歴史に関連してよく取り上げられる人物たちの簡単な素描をさっと眺めておくのが役立つだろう．

ジャカール[†1]（Joseph Marie Jacquard; 1752-1834）ジャカード織機は，何枚かのパンチ・カードによって布地に織り上げる模様を指定できる織機で，フランスに始まり，やがて世界中の紡織業態を革命的に変化させた．無理からぬ誇張だと言っていいと思われるが，紡織専門家たちの間では，よくこれが世界最初のコンピュータだとして語られる．もちろんジャカード織機は素晴らしい発明だが，自動演奏機能付きピアノがコンピュータでないのと同様に，これはコンピュータとは言えない．自動演奏機能付きピアノと同様に，これは機械のふるまいをパンチされた穴の有無を入力手段として自動的にコントロールすることを可能にするが，それ以上でも以下でもない[1]．

バベッジ（Charles Babbage; 1792-1871）彼については，第7章の冒頭（p.135の本文および脚註）を参照されたい．バベッジも，彼が構想して実現に至らなかった解析機関に，ジャカールと同様にパンチ・カードを使うことを提案していたこ

[†1]　おそらく歴史的事情から織機名は英語読みの「ジャカード織機」，人名は仏語読みの「ジャカール」で日本語表記が定着しているので，これに従った．

とは，書き添えておくのがいいだろう．彼は，絹織物になったジャカールの肖像画を所有していた．

ラヴレイス伯爵夫人（Ada Lovelace; 1815-1852）エイダの父親である詩人バイロン卿は，彼女が生まれた最初の年以降，彼女と会うことはなかった．エイダは，数学をとても好み，さらにバベッジが提案した解析機関に非常な情熱を傾けた．彼女は，解析機関についてフランス語で書かれた研究書を英訳し，バベッジの励ましもあって，その訳書に彼女独自の詳しい註解を書き加えた．彼女は世界最初のコンピュータ・プログラマと称されてきた．プログラミング言語の 1 つ Ada は，彼女に敬意を表して名付けられたものである．解析機関をジャカード織機になぞらえた彼女のアフォリズムは，よく引用される．「いちばんそれらしい言い方をするなら，ちょうどジャカード織機が花や葉を織るようにして，解析機関は**代数的な模様**を織るのである[2]」．

シャノン（Claude Shannon; 1916-2001）マサチューセッツ工科大学に提出した修士論文（1938 年）で，彼はジョージ・ブールの論理代数がいかにして複雑なスイッチ回路の設計に使えるかを示した．この論文は「（前略）デジタル回路の設計を，職人的技芸から科学へと変えるのに貢献した[3]」．彼の数学的な情報理論は，現在の通信技術において決定的な役割を果たしている．シャノンは，チェスを指すコンピュータ・アルゴリズムにおいて先駆的な研究をしている．彼は，わずか 2 状態からなる万能チューリング機械が構成できることも示した．（シャノンは，1953 年夏に私がベル研究所でアルバイトをしたときの上司（ボス）であった．）

エイケン（Howard Aiken; 1900-1973）彼が提案した自動逐次制御計算機（Automatic Sequence Controlled Calculator）は，ハーヴァード大学に協力する IBM が電気機械的リレーを使って製作し 1944 年に稼働を開始したが，これはバベッジが思い描いたことを何でも実行できた．物理学や工学で必要となる種類の大量計算処理に特化した計算機を開発してきたエイケンは，汎用目的を意図したマシンでもこの種の計算を効率的に行えることが，すぐには理解できなかった．第 7 章の冒頭を参照．

ツーゼ（Konrad Zuse; 1910-1995）彼はドイツのコンピュータ開発の先駆者である．第二次世界大戦中の完全に孤立した状況下で，ナチ政権からの支援もごく限られたものだったが，エイケンと同様に電気機械的リレーを使って，ちゃんと動

作する計算機を製作した．ツーゼは，エイケンとは違って十進法ではなく2進法を算術計算に用いていたので，そのぶん製作方法を簡単にすることができた．

アタナソフ（John Atanasoff; 1903-1995）このあまりよく知られていないアイオワ州立大学の物理学者は，彼の大学院生ベリー（Clifford Berry）の助けも得て，米国が第二次世界大戦に参入する時期に，真空管エレクトロニクスを用いた小規模の目的特化型の計算機を設計し製作した．このマシンは非常に特殊な問題にしか対処できなかったが，真空管を用いた回路が計算処理に有用であることを証明したという点で重要である[4]．

モークリー（John Mauchly; 1907-1980）モークリーは物理学の教育を受けた人だが，彼の構想は，ペンシルヴァニア大学電気工学科ムーア校で開発された，世界で最初の大量数値計算処理用の大規模電子式計算機ENIACを実現する支柱となった．モークリーは，アイオワ州エイムズにアタナソフを訪ねており，明らかに彼の電子式計算機を隅々まで見せてもらう便宜を得ている．

エッカート（J. Presper Eckert Jr.; 1919-1995）ENIACが成功裡に製作されたのは，何よりも才気縦横の電気工学者エッカートの驚異的な奮闘のおかげである．

ゴールドスタイン（Herman Goldstine; 1913-2004）数学者ゴールドスタインは，1942年に米陸軍の兵役に就き，中尉として陸軍軍需品部の弾道研究所に配属された．ENIACプロジェクトで陸軍を代表する立場であった彼は，ムーア校のグループにフォン・ノイマンを招き入れた．のちにエッカートおよびモークリーとの抗争が持ち上がった際には，フォン・ノイマンを支持した．戦後の計算機関連の研究において，彼はフォン・ノイマンの主要な協力者となった．コンピュータの歴史について彼が書いた本（Goldstine, 1972）は，フォン・ノイマンの役割を過度に強調しているという批判を招いてきた．（1954年に私が高等研究所のコンピュータを初めて使ったときは，まず彼に利用許可の申し込みをしなければならなかった．）

ラーソン判事（Earl R. Larson; 1911-2001）彼は米国の地方裁判所の判事として，1973年に，エッカートとモークリーがENIACに関して得た特許が無効であるとの判決を下した．その判決理由には，次の言明が含まれている．「エッカートとモークリーは，自動的電子式デジタル計算機を最初に発明したのではなく，

むしろアタナソフ博士のものから本件係争対象の内容を導いたものと認められる[5].」

フォン・ノイマンとムーア校のグループ

　以前の章で見てきたように，1930年にケーニヒスベルクで開かれた数学の基礎をめぐるシンポジウムで，ヒルベルトの計画を説明する役回りを務めたのはフォン・ノイマンであった．これは，クルト・ゲーデルが数学の形式体系は必然的に不完全性を持つことを発見したという寝耳に水の発言をそっと切り出した，曰く付きのシンポジウムであり，彼が何を成し遂げたのか，その重大さに最初に気づいたのは疑いもなくフォン・ノイマンその人だった．その一件があった直後に，フォン・ノイマンは興奮した調子の手紙をゲーデルに送った．「(前略) 私は，自分では画期的だと思える結果を得ました．と言いますのは，数学の無矛盾性は証明不可能だということを示すことができたのです．」．フォン・ノイマンが見いだしたのは，ゲーデルの方法を用いることによって，ヒルベルトが考えていたような体系においては，それ自身の無矛盾性をその内部では証明できないということだった．私たちが第6章で見たように，この手紙を受け取ったときゲーデルはすでに同じ結論を得ており，その結果を概要として投稿したものの別刷りを返信に同封したのである．

　フォン・ノイマンは，自尊心の強い，才気煥発を絵に描いたような男であった．彼は，その強力な知的能力にものを言わせて，腕ずくで数学世界に自分の足跡を刻みつけることに慣れていた．彼は，算術の無矛盾性の問題に相当な努力を傾け，ケーニヒスベルクでの発表ではヒルベルトの計画の信奉者として前面に立つことまで引き受けた．ゲーデルの達成の深遠な意義をすぐに見て取った彼は，それを一歩進めて，無矛盾性が証明不可能であることさえ見いだした．しかし，すでにゲーデルはその先を行っていたのだった．もうたくさんだ，なのである．彼はゲーデルを全面的に賞賛し，彼の業績についての講演さえ行ったが，自分では論理学の研究をこれ以上することを断念してしまった．ゲーデルの証明が出たあとでは論理学関連のあらゆる論文を読むのをやめてしまった，とフォン・ノイマンは嘯いていたとさえ言われる．論理学は，彼がプライドを傷つけられた分野であった．フォン・ノイマンは，自分のプライドが傷つくことには慣れていなかった．にもかかわらず，強力な計算能力を持つマシンが必要になったとき，彼は論理学に立ち戻らなければならなかった．

　チューリングがそうであったように，フォン・ノイマンも戦時中に関わった仕事の中で大規模な計算が必要になった．しかし，ブレッチリー・パークでの暗号解読

の仕事では記号列のパタンを解析するような計算に重点が置かれていたのに対し，フォン・ノイマンが関わっていた軍事研究で必要とされたのは膨大な数値計算という古めかしいものだった．だから，ペンシルヴァニア大学電気工学科ムーア校で進められていた強力な電子式計算機ENIACの開発プロジェクトに参加する機会に出会ったとき，彼が喜んで加わることに同意したのは当然の成りゆきであった．フォン・ノイマンをENIACプロジェクトに引き入れたのは，当時30歳の数学者ヘルマン・ゴールドスタインであった．ゴールドスタインの伝えるところによると，フォン・ノイマンがENIACプロジェクトを知ることになったのは，1944年の夏，全く偶然に2人が鉄道の駅で初めて出会ったのがきっかけだという．すぐにフォン・ノイマンはムーア校でのENIACグループの討論に参加するようになる．

　1,500本の真空管を使ったコロッサス（Colossus）はすでに工学の驚異と呼ぶべきものだが，ENIACでは18,000本の真空管が使われており，ただただ恐れ入ると言うほかない．当時の常識は，そんなに多くの部品を組み合わせたものが，まともに動くわけがないというものだった．数秒ごとに真空管が切れると信じられていた．このプロジェクトが成功できたのは，おもに主任技師ジョン・プレスパー・エッカートのおかげである．エッカートは，部品に非常に高い水準の信頼性を要求した．真空管は，極度に抑えた電力レベルで動作させることにより，週に3つ程度が切れるだけの故障率にとどめることができた．ENIACは大きな部屋を占拠する巨大なマシンで，電話交換機に使われてきた昔風の配線盤につなぐケーブルを切り替えることによってプログラムされた[6]．ENIACは，このマシンが扱うことになると予想されていた課題に対して当時使えるもののうち最も成功していたマシン——微分解析機（differential analyzers）——をモデルにして開発された．微分解析機は，離散的な数字（ディジット）を操作してゆくような「デジタル」的な装置ではなかった．むしろ逆に数値が測定可能な物理量（電流や電圧のような）によって表現され，望みの数学的操作に似せた動作をするように構成素子が組み合わせられる．こうした「アナログ」的マシンは，物理量を測定する装置によって計算の精度が限定される．ENIACは，微分解析機が扱っていたような数学の問題を，初めて電子的機構によってデジタル的に計算可能にしたマシンであった．これを設計した人たちは，微分解析機の構成要素と機能的に類似のものを，はるかに高速で正確な真空管エレクトロニクスの能力に依拠して実装し，それらをもとに全体を組み立ててゆく設計方針を採用した[7]．

　フォン・ノイマンがムーア校グループとの会合を始めた頃には，ENIACを成功裡（り）に完成させる上での大きな障害はもはや存在しないことが明らかになっており，

議論の焦点は次に作るべきコンピュータ——暫定的に EDVAC[†2]と呼ばれていた——に移っていた．フォン・ノイマンは，この新しいマシンの論理構成こそ自分が関わるべき問題だと考え，ただちに取り組み始めた．ゴールドスタインも次のように回顧している．

> エッカートは，新しいマシン構想をめぐる論理構成の問題にフォン・ノイマンが非常に強い関心を示したのを喜び，これらの会合はとても素晴らしい知的活動の場になったのである．

> 新しいマシンの論理設計というこの仕事は，フォン・ノイマンにとってはちょうどおあつらえ向きのものであり，彼が以前に取り組んでいた形式論理学の研究が，ここで決定的な役割を果たすことになった．彼が現われる以前のムーア校グループは，非常な重要性を持つ**技術的な**問題に専念していたが，彼が来てからは**論理的な**問題に関する主導権を彼が握るようになった[8]．

1945 年 6 月にフォン・ノイマンは，彼の有名な「EDVAC に関する報告書 第 1 稿」を提示した．ここで実質的に提案されているのは，まもなく作られる予定の EDVAC を，万能チューリング機械の物理的モデルとして実現することだった，と言っていい．抽象的な万能機械がテープを利用するように，EDVAC はフォン・ノイマンが「メモリ」と呼んだ記憶装置を持ち，そこにデータとコード化された命令の両方が保持できる，と想定されていた．実用的な便宜のため，EDVAC は加減乗除の基本算術演算それぞれを単一のステップとして実行できる，各算術処理用の構成部分（コンポーネント）を備えることになっていた．ここは，チューリングがもともと創始した概念の中では，「テープの読み取り位置を枡目 1 つぶん左へ移動する」等々の原始的操作を元にして算術演算が構成されるのとは，少し違っている．一方，ENIAC では十進法で表現された数について算術演算が実行されていたのに対し，EDVAC では 2 進法の表現を採用して万事を単純簡明にできる利点が得られることになっていた．EDVAC には，論理的制御を実行する構成部分（コンポーネント）も組み込まれ，メモリ内に置かれた各命令を 1 回に 1 つずつ読み取っては，その指示に従って算術演算の構成部分（コンポーネント）を動作させる，という仕組みが実現されることになっていた．コンピュータをこのやり方で構成する方式は，現在では「フォン・ノイマン型アーキテクチャ」と呼ばれており，現在では物理的な構成部品が EDVAC の時代に利用できた

[†2] EDVAC は，Electronic Discrete Variable Automatic Computer（直訳すると電子式離散変数自動計算機の意）の略とされている．

ものとは非常に違っているけれども，現在のコンピュータでも基本的な構成の原理はほぼ同じものが踏襲されているのである[9]．

　EDVAC 報告書は，第 1 稿の段階から先へ進むことが決してなかっただけでなく，他の多くの点でも明らかに全く不完全なものであった．特に，あとで参照文献名を挿入すると指示したままになっている箇所が，草稿には多数残っていた．チューリングの名前には一言も言及されていないのだが，眼識のある人が見ればその影響は明らかである．EDVAC が「汎用」マシンであるべきだという考えが，何度も述べられている．チューリングと同様にフォン・ノイマンも，人間の頭脳の驚くべき知力は万能計算機として働く能力を備えているからではないか，と推察していた．EDVAC 報告書の中でフォン・ノイマンは，何度も何度も，人間の頭脳と彼が論じているマシンとのあいだの類似性に言及している．彼は，私たちの脳を構成している神経細胞（ニューロン）といろいろな意味で似たふるまいをするように，真空管を用いた回路を設計することができるはずで，工学的な詳細は気にかけずに，そのような回路を用いて EDVAC の算術演算や論理制御に必要な構成部分（コンポーネント）も作ることができるだろう，と書きとどめている．この「報告書」には参考文献の提示がほぼ完全に欠落しているのだが，1 つだけ目立った例外がある．マサチューセッツ工科大学（MIT）の 2 人の研究者が 1943 年に発表した，理想化された形式ニューロンについての数学理論を提示した論文で，これについての言及が何ヵ所もある．この論文の共著者の 1 人は，のちにこの理論はチューリングの 1936 年論文（彼の万能計算機が論じられているもの）から直接的に触発されたものだったと述べており，じっさい参考文献としては唯一チューリングのものが挙げられているだけであった．さらに意味深長なのは，論文の共著者たちは彼らの理想化された形式ニューロンによって万能チューリング機械が構成可能なことを証明する労をとっていて，その結果をもって彼らの研究が正しい方向に向かっていると信じてよい裏付けの柱と位置づけていたことである[10]．

　エッカートとモークリーは，その後，フォン・ノイマンが EDVAC 報告書を彼単独の名前で出したことに憤慨し，激しく抗議するようになる．たぶん決して完全な解決には至らないであろう論争点の 1 つは，EDVAC 報告書がどこまでフォン・ノイマン個人の貢献を反映したものなのか，という点である．のちにエッカートとモークリーは，フォン・ノイマンが大きな貢献をしたというのを否定するようになるが，報告書が現われた直後には次のように彼らは書いている．

　　幸いにも，1944 年後半から現在に至るまで，(中略) ジョン・フォン・ノイマン博士の継続的な協力が得られた．彼は，EDVAC の論理制御に関する多数

の討論に参加して，ある種の命令コード体系を提案し，特定の問題を処理するための一連の命令を書き上げることにより，そのコード体系が使えるか検証した．またフォン・ノイマン博士は，それまでの討論の結果のほとんどを要約した予備的報告書もまとめ，（中略）彼の報告書では，検討されるべき論理的な考察から注意をそらせてしまうような形で工学的な問題が出てくるのを回避するため，物理的な構造や装置が理想化された素子で置き換えられている[11]．

フォン・ノイマンが，彼の手で明確な記述を与えようとしていたマシンを，実際に作れる範囲で可能な限り万能的なものにしたいと望んでいたことを示す，ほかの証拠もある．彼が「論理制御」を強調したのは，コンピュータを「可能な限り**汎用の**[12]」マシンにする上で決定的に重要だったからだ．EDVACの応用可能性が一般性を持つことを検証するため，フォン・ノイマンは彼の最初の本格的なプログラムを書いたが，それはこのマシンの利用目的として想定されていた力まかせの数値計算を行うといった種類のものではなく，じつはデータの並べ替えを効率的に行うためのものであった．このプログラムがうまく書けたという成功はフォン・ノイマンに自信を与え，彼は確信を持って次のように述べることができた．「すでに得られた検証結果に裏付けられて，EDVACがほとんど"汎用の"目的に使えるマシンであり，論理制御に対する現在の考え方が健全なものである，と結論づけることが許されよう[13]．」

EDVAC報告書から1年も経ない時期に彼が書いたいくつかの論説も，電子計算機の設計のもとになる原理が論理を基礎にしていることを，フォン・ノイマンがよく自覚していたことを裏付けている．これらの論説の1つは，導入部分で次のように述べている．

> われわれは本稿で［大規模な計算をする］マシンを，数学者の視点からだけでなく，工学者からの視点，さらには論理学者の視点から——すなわち，（中略）科学に用いる道具を生み出すのを計画するのにふさわしい人物または何人かのグループの視点から論ずることを試みる[14]．

別の論説では，純粋な論理的考察だけでは不十分であることが強調点であるにもかかわらず，明らかにチューリングの考えが暗に示されている．

> 形式的論理系の方法論から見れば，いかなる操作の逐次系列も，単独のマシン

(the machine) でそれぞれ実行可能となり，プログラマ[†3]にその全体が理解できるかたちで制御できるコードが存在することは**抽象的には**（in abstracto）明らかである．ただし，適切なコードを選ぶという現在の問題からすると，真に重要な考慮が必要とされるのは，もっと実用的な性質の観点である．すなわち，コードが必要とする処理装置の単純さ，実際の重要な問題に使うコードが簡明になること，さらには問題を扱う処理速度が十分に速いこと，などである．これらの考慮が必要になる結果として，われわれは第一原理から一般論で問題を論じる場面からは，遠く離れたところに身を置くことになる[15]．

第二次世界大戦後に開発されたコンピュータが，それ以前の自動的計算機と根本的に違っていることは，よく理解されている．しかし，そのことに比べると，その違いがどういう性質のものであるのかは，あまりよく理解されてこなかった．これら戦後のマシンの新しさは，汎用の万能的装置として設計されていて，どのような記号的プロセスであっても，処理の各ステップが精確に指定されている限り，実行できるという点にあったのである．もちろん，実際的に望み得る容量以上のメモリが必要になるようなプロセスもあるだろうし，単に処理時間があまりに膨大で実用になりそうもないプロセスもあるだろうから，これらはチューリングの理想化された万能機械を近似的に実現できるだけだ．にもかかわらず，これらのマシンは大容量の「メモリ」（チューリング機械のテープに対応）を備えており，そこに命令セットとデータとを一緒に蓄えることができる，という点が決定的だったのである．これは，何を命令として扱い，何をデータとして扱うかの区分を流動的にすることを可能にし，他のプログラムをデータとして扱うようなプログラムも開発できるようになったことを意味する．ごく初期のプログラマは，こうして得られた自由度を，もっぱら自らを書き換え可能にしたプログラムを作るのに使った．現在では，オペレーティング・システム（OS）を基盤に，階層化されたプログラミング言語を用いて，はるかに洗練されたアプリケーションの動かし方ができるようになっている．OS にとって，それが起動するプログラム（たとえばワード・プロセッサや電子メールを使う場合のようなアプリケーション）はデータであり，それらのプログラムが動作するようにするために OS は各プログラムに対してメモリ領域を割り当て，多重タスク処理の場合であれば OS は各タスクの遂行に必要な流れの管理を行う．コンパイラは，いま主流のプログラミング言語のどれかで書かれたソース・プログラムを，コンピュータが直接読み取って実行できるコード（実行ファイル）

[†3] 原文では "the problem planner"．のちに普及した「プログラマ」という用語に，かなり近い意味で使われているので，現代的な言い方に意訳した．

に書き換えるが，コンパイラにとってソース・プログラムはデータである．

　ENIACやコロッサスでの経験を経たあとでは，計算機器に興味を持つ人たちは，真空管エレクトロニクスを用いれば得られる速度より遅い装置の駆動では，もはや満足できなくなっていた．チューリングの万能計算機をモデルにした汎用コンピュータを現実化するためには，十分な容量のメモリとして機能する物理的なデバイスが必要だった．チューリングの抽象的モデルでは，テープ上を万能計算機は1つの枡目から遠く離れた別の枡目まで移動するのに，辛抱強く1ステップに1つずつ枡目を順に動いてゆかなければならなかった．もちろん，これは1936年当時のチューリングの目的——実用を全く考えない理論的な「マシン」の研究——にとっては十分理にかなっている．しかし，高速の電子計算機には，高速でアクセスできるメモリが必要となる．このためには，メモリに蓄えられたデータのどれに対しても1ステップでただちにアクセスできること，すなわち「ランダム・アクセス」ができるメモリであることが求められる．1940年代の終わり頃，このような計算機用メモリとして使える候補は2つのデバイスであった．水銀遅延線とブラウン管である．水銀遅延線は，液体の水銀を詰めた管を記憶装置として用いるもので，データは管の両端のあいだを伝わる超音波のかたちで蓄えられる．ブラウン管は，TVセットやコンピュータのモニターなど使われてきた，お馴染みの画像表示装置である．データは，ブラウン管表面の画像パタンのかたちで蓄えられる．どちらのデバイスにも深刻な工学上の困難があったが，EDVACプロジェクトにとって幸運なことに，エッカートは戦時中レーダー・システムに使う改良版の遅延線を開発していた．しかし，1950年代の初めになると，メモリ媒体としてはブラウン管のほうが好まれるようになった．

　この時期に行われた議論の中で，新しいコンピュータとして開発されているものは，通常「プログラム内蔵方式の概念」が現実化されたものとして言及された．実行されるプログラムが，初めてコンピュータ内部に蓄えられるようになったからだ．残念なことに，この用語法は，これらの新しいマシンが真に革命的だったのは汎用の万能機械的な性格を持つ点にあり，プログラム内蔵というのは単に目的を実現するための手段に過ぎない，という事実を不明確にしてしまった．チューリングやフォン・ノイマンの視点は，概念的にいとも単純明快であり現在の私たちの知的気風の中では，ほとんど空気の一部のようなものだから，当時それがいかに徹底的に新しいものだったかを理解するのは困難になっている．多くの人たちにとっては，水銀遅延線メモリのような新しい発明を賞賛することのほうが，新しい抽象的アイデアを理解することよりも容易だったのである．エッカートはのちになって，いわゆる「プログラム内蔵の概念」は，フォン・ノイマンが登場する以前に彼自身

がすでに考えていたと主張した．彼が証拠として挙げたのは，「合金ディスク」あるいは「エッチングした金属ディスク」にプログラムを据えて「自動化プログラミング」を実現するというアイデアを述べたメモ書きであった．ここには，命令セットとデータとを大容量で柔軟性のあるメモリ装置に一緒に納めることによって汎用のコンピュータを実現するという概念は，かけらほども見いだせない．当時の大きな進歩を「プログラム内蔵の概念」として特徴づけることが，こうした混乱を招く原因となったのである[16]．

片やエッカートとモークリー，片やフォン・ノイマンとゴールドスタイン，この両陣営の敵意に満ちた諍いは，エッカートとモークリーが研究成果を商品化する試みを開始した時点で頂点に達した．彼らは，ENIAC および EDVAC に関する特許を求めた．EDVAC に関して申請された特許は，はなから認められなかった．フォン・ノイマンの予備的な報告書が広く回覧されていたので，申請された内容は公知の事実である，というのが当然ながらその理由である．そして，すでに述べたように，ENIAC に関する特許はいったん認められたものの，のちに法廷で無効を宣言された．エッカートとモークリーは，汎用の電子計算機の商業的に大きな可能性を思い描いた点において確かに先見の明があったのだが，その予言者的な洞察から金銭的利益を得ることはできなかった[17]．

エッカートとモークリーが去ると，ムーア校はほとんど活力を失い，フォン・ノイマンとゴールドスタインはプリンストン高等研究所に移り，そこでブラウン管をメモリに使ったコンピュータの開発を進めた．フォン・ノイマンが期待を寄せていた，特別目的用に RCA 社が開発したブラウン管は役に立たなかったが，英国の工学者ウィリアムス（Frederic Williams; 1911-1977）によって通常のブラウン管をコンピュータ用メモリとして使う効果的な方法が見いだされた．この方法でブラウン管を使うものは，「ウィリアムス管メモリ」などと呼ばれ，何年間かにわたって一世を風靡した．こうして高等研究所のコンピュータが開発されると，類似のマシンがいくつも作られ，ジョニー（ジョン）・フォン・ノイマンの名にちなんで「ジョニアック（johnniac）」の愛称で呼ばれた．IBM 社が汎用電子計算機を市販する時期にきたと判断し，彼らが市場に投入した最初のモデル（IBM 701）は，ジョニアックと非常によく似たものであった[*1]．

[*1] 私がコンピュータのプログラミングに最初に手を染めたのは 1951 年の春で，オードヴァック（OR-DVAC）というマシンのコードを書き始めたときである．このマシンは，アーバナ・シャンペーンのイリノイ大学で組み立てられたジョニアックの 1 つであった．1954 年の夏には，高等研究所の元祖ジョニアック上で走るプログラム（これはライプニッツの夢とも全く無関係というわけではない）を書く機会があった．このコンピュータは，現在はワシントンの国立アメリカ歴史博物館（スミソニアン協会が運営）に収蔵されている．

アラン・チューリングの ACE

　第二次世界大戦の終結時に，英国の国立物理学研究所（National Physical Laboratory; NPL）はかなりの拡張が進められ，数学部門も新設された．この部門の長に任命されたウォームスリー（I. R. Womersley; 1907-1958）は，チューリングが 1936 年に発表した「計算可能数」の論文の実用的な意義にいち早く注目していた．実際，彼は 1938 年に電気機械的リレーを用いて万能型のマシンを設計することまで試みたのだが，この機構を使った装置では動作があまりにも遅くなってしまうことを知って，このアイデアを放棄した．ウォームスリーは 1945 年 2 月に米国を訪問する機会があり，ENIAC を見学し，フォン・ノイマンの EDVAC 報告書も 1 冊手に入れた．こうした動向を見て彼が打った次の一手は，アラン・チューリングを雇い入れることだった．

　チューリングは 1945 年の終わりまでに，ACE（Automatic Computing Engine; 自動計算機関）の計画を詳述した，見事な報告書を完成させた．ACE 報告書とフォン・ノイマンの EDVAC 報告書とを詳しく比較した，ある研究論文は次のように指摘している．後者が「未完成の草稿段階に止まり（中略）より重要なことに（中略）不十分な内容だった」のに対し，ACE 報告書は「論理回路の図式にいたる細部までを含む，コンピュータの完全な記述であり」，なんと「11,200 ポンドという総費用の見積り」まで添えられていた．ACE が扱うことのできるであろう問題のリストとしてチューリングが挙げた 10 種類の問題は，彼の構想力の広大さを示すもので，数値データを扱うだけにとどまらない問題も 2 つ含まれていた．チェスを指すこと，およびジグソー・パズルを解くことが，そうした問題として挙げられていた例である[18]．

　チューリングの ACE は，フォン・ノイマンの EDVAC とは非常に異なった種類のマシンであり，これは 2 人の数学者の異なった態度にちょうど対応していた．フォン・ノイマンも彼のマシンが真に「汎用」のものにできるかを気にかけてはいたが，彼の強調点は数値的な計算に置かれていたので，EDVAC（と後続のジョニアック）の論理機構はその方向を促進することを目指したものになっていた．チューリングは，力まかせの数値計算では適切な処理ができない多くの問題にも ACE を使うことになると予期していたので，ACE をよりミニマリスト的な編成の——「計算可能数」論文のチューリング機械に近い——マシンにすることを選んだ．算術演算はプログラミングによって，つまりハードウェアではなくてソフトウェアによって遂行される予定であった．このために，ACE のデザインでは，すで

にプログラムされている一定の処理を呼び出して，より大きなプログラムの一部として使えるように工夫された，特別な仕組みが用意されていた[19]．チューリングは，ACE をフォン・ノイマン流の方向に軌道修正しようとする研究所内の提案には，きわめて辛辣な表現で反論している．

　　［提案されたものは］当研究所の開発方針にまったく反するものであり，思考の力で困難を解決しようとしないで，装置に大量の力を注ぎ込んで問題を解決しようとする，米国伝統のやり方にむしろ沿うものです．（中略）さらにまた，われわれが足し算や掛け算よりも基本的であると考えている操作が無視されてしまっています[20]．

　チューリングのミニマリスト的な考え方は，コンピュータ開発史の中ではあまり影響力を持たないか，全く無視される結果となった．しかし，あとから考えてみると，プログラマがコンピュータの動作の最も基底のレベルにまで直接アクセスできる，いわゆる**マイクロプログラミング**の方式は，ACE のデザインの中にすでに予期されていたことがわかる．また，私たちが使っている今日のパーソナル・コンピュータやスマートフォンのコア部分に使われているのは，実質的にチップ上の万能計算機とも言えるシリコン半導体のマイクロ・プロセッサであり，ますます精巧なものになってきている．そのチップ設計の考え方として，先ほどのマイクロプログラミングとは異なるパラダイムになるが，いわゆる **RISC** (reduced instruction set computing; 簡略化命令セット利用手法) アーキテクチャが広く採用されるようになってきている．これは，必要最小限の命令セットをプロセッサに置き，上位の機能として必要なものはプログラミングによって供するという設計思想であり，これまた ACE の哲学にぴったり沿ったものだと言っていい．

　1947 年 2 月 20 日，チューリングはロンドン数学会において，ACE を特に取り上げつつデジタル電子計算機一般をも含めて主題とする講演を行った．彼は，1936 年の「計算可能数」に関する自身の論文に言及することから話を始めた．

　　私は，中央機構と無限のメモリを格納できる無限長のテープからなる機械について考えていました．（中略）私の結論の 1 つは，「決まりごと (rule of thumb)」に従って進められる手続きという概念と「機械によって実行できる手順」とは同義的だとしてよい，ということでした．（中略）ACE のような機械は，私が考えていたタイプの [万能] 機械の実用形とみなすことができるかもしれません．少なくとも，とても近い類似性があります．（中略）ACE のようなデジタ

ル計算機は（中略）実のところ，万能機械の実用形なのです[21]．

　チューリングは，講演の後半で「原理的に言って，計算機械はどこまで人間がすることを模倣することが可能なのだろうか」という問いを提示するところまで進む．この問いに対して，計算機械が自分で学習するようプログラムされる可能性，さらには間違いをおかす可能性まで考えることを，彼は聴衆に提案する．「もし機械に決して間違えないことを期待すると，機械は知的であることはできない（中略）という意味のことを，ほぼ文字通りに述べている定理がいくつかあります．しかし，もし機械が自分は無謬だというふりなどしないとしたら，どのくらい知性を見せる可能性があるのかという点について，これらの定理は何も述べてはいないのです．」これは，ゲーデルの不完全性定理について遠回しに言及した発言だが，これについては次章で改めて取り上げることにしたい．チューリングは，講演を「機械に対して公正な態度（フェア・プレイ）で」という訴えで締めくくった．機械に対して人間に対する以上に無謬性を求めるのはフェアではないと彼は言い，人間を相手にチェスを指すようなことが手始めの練習としてちょうどいいのではないかと提案している．これらすべては，想定されている汎用マシンなど一つもまだ完成していない時期の発言なのである！　講演が終わったとき，聴衆は度肝を抜かれて黙り込んだと，すべての報告がひとしく伝えている[22]．

　戦時中ブレッチリー・パークの暗号解読作戦のリーダーたちは，人材や資材の不足で困窮していたとき，支援を訴える直訴状をウィンストン・チャーチルに送ったことがあり，その結果ほとんど即座に必要なものを得ることができた．しかしACEの製作は，そのような優先権を国家から得ることはできなかったし，おまけにNPLの運営行政官たちの動きは無能で最低だった．コロッサスの製作で華麗な離れ業をやってのけたT. フラワーズは，たぶんACE製作の最適任者であった．しかし，NPLとの契約にもとづいて計算機メモリに使う音響遅延線に関する仕事には少し関わったものの，戦後の電気通信事業に携わっていた彼は多忙であまり助けになることはできなかった．おそらくテクノロジーに関することはこの変人奇人的（エキセントリック）な英国の学者先生（ドン）よりも米国流のほうが信頼できるという感触に染まって，ACEのミニマリスト的デザインには心配を感じる向きが多かった．この学者先生（ドン）が，大戦の勝利にどれほど大きな貢献をしたかということは，当時もその後も長らく極秘として隠されたままだった．ウィリアムスが彼のブラウン管メモリ方式がうまくゆくのを見いだしたとき（前節の終わり p.181 参照），ACEチームに参加して仕事をする契約を持ちかけられた彼は，その申し出を断った．この交渉の失敗は，全くもってNPL運営行政官たちの側の不手際であった．彼らは，ウィ

リアムスがNPLに喜んで雇われて，コンピュータ製作の仕事に参加するものと決めてかかっていたが，ウィリアムスのほうではマンチェスター大学で彼自身のコンピュータを作るのに十分な資源を使えるようにする手筈をすでに整えていたのだった．チューリング自身も，最後にはうんざりしてNPLを去ることになる．最初は1年間のサバティカルをとってケンブリッジ大学に戻り，次いでマンチェスター大学から申し出のあった地位に就くことを選んだ．マンチェスター大学には，旧知の師で友人であり戦時中の同志でもあったマックス・ニューマンがいて，そこでコンピュータ開発計画を始めていた．ACEのほうは，責任者が変わり規模も縮小されたが，ともかくNPLで無事に完成した．「パイロットACE」と呼ばれたこのマシンは，その後，何年にもわたってきちんと動いた．

エッカート，フォン・ノイマン，チューリング

　歴史家たちはよく知っていることだが，時とともに歴史として語られるストーリーは遷り変わり，しばしば劇的に書き換えられる．通常「プログラム内蔵方式の概念」と呼ばれているもののストーリーには，3つの基本的な異説がある．最初の説によると，この概念はフォン・ノイマンの天才の創造物で，彼のEDVAC報告書で公表されたものだ，とされる．エッカートは，この公表の仕方は「不正」だと抗議し，フォン・ノイマンがムーア校グループに参加する以前に，すでに彼はプログラム内蔵方式の計算機を提案していたと主張する．彼の主張するところによれば，EDVAC報告書は，グループが共同で考え出したものを表しているのだ．エッカートの立場を支持する出版物も，いくつか刊行された[23]．これらの出版物の中には，チューリングの名前は全く出てこない．フォン・ノイマンが主張する権利を支持する立場のゴールドスタインは，チューリングの役割を忘却して，次のように書いている．

> 　私の知る限りでは，フォン・ノイマンは，電子計算機が本質的には論理的な機能を遂行するものであり，その電気的な側面は付随的なものであることを明確に理解した最初の人物であった[24]．

　言うまでもなく，チューリングはそういうことを非常によく理解していた．
　ENIACの姿に体現されるに至った考え方と，万能計算機という考え方とのあいだのギャップはあまりにも大きいので，私にはエッカートが後者のようなものを思い描いたことがあるとは，とても思えない．チューリングが「思考の力で困難を

解決しようとしないで，装置に大量の力を注ぎ込んで問題を解決しようとする米国伝統のやり方」への苦言を呈したとき，たぶん彼の念頭にあったのは ENIAC である．チューリングの「『決まりごと (rule of thumb)』に従って進められる手続きという概念と『機械によって実行できる手順』とは同義的」だという結論からは，2 進法の数表現を十進法の数表現に変換したり，その逆の変換をしたりするのが最も初歩的な機械的操作であることは，全く当たり前だということになる．このことを理解せず，十進法表現の数値での入力と出力が必要とされるという問題を，エッカートとモークリーは，機械内部での演算をすべて十進法表現のまま遂行する化け物のように巨大なマシンを設計することによって解決した．多くの実用的な問題では，微積分学における極限操作を近似的に扱って値を求めることが必要になる．微分解析機と呼ばれたアナログ・マシンはこのような近似計算を行うための特別なモジュールをいくつか備えていたので，エッカートとモークリーは類似の機能を果たす諸モジュールを彼らの ENIAC の内部に実装した．しかし，これは全く不要であり，デジタル・マシンには不適切である．微積分学の教科書を見れば，算術の四則演算だけを使ってこれらの値を計算する方法が書いてあるはずだ．

　エッカートは EDVAC に関して非常に大きな貢献をしたが，それは大容量のメモリが必要になるという問題に対して水銀遅延線を用いるという解を提案したことである．彼は，レーダーのためにこの種の遅延線を用いる仕事をしていたので，この装置について隅々まで知り尽くしていた．このことを考えると，エッカートがのちに「プログラム内蔵の概念」を彼が最初に考案した証拠として引き合いに出したメモには「合金ディスク」上に設置する「自動化プログラミング」というものが語られていて，彼が知悉していてメモリ媒体としての信頼性もずっと高いはずの水銀遅延線については全く触れられていないのは，まことに意味深長である．

　コンピュータ・プログラミングについてのフォン・ノイマンの見方を，チューリングの見方と比較してみると，とても興味深い．フォン・ノイマンはこれを「コード化 (coding)」と呼んでいて，彼がこれを，ほとんど知的なものを必要としない事務的作業だと考えていたことは明白である．高等研究所のコンピュータ施設では，いちおう人間が読めるアセンブリ言語のニーモニックで書かれたコンピュータ命令のリストを，学生を使って手作業でマシン語に翻訳していたという，多くを物語る逸話がある．ある若い腕利きのプログラマがいて，アセンブラのプログラムを書けばこの翻訳作業は自動化できる，と提案した．この逸話が語るところによれば，フォン・ノイマンはこの提案に，そんなことをするのは単なる事務的作業のために貴重な科学目的のツールを無駄使いすることになる，と腹立たしい調子で答えたという．ACE 報告書のなかでチューリングは，コンピュータ・プログラミング

の作業プロセスは「とても魅力的なものになるはずである．これが退屈な苦役になってしまうという現実的な危険があると考える必要はない．なぜなら，全く機械的な作業になってしまうプロセスは，機械自身がやるべき仕事として機械に手渡せばいいのだから[25]．」と書いている．

　エッカート説やフォン・ノイマン説のストーリーが語られることは今でもあるが，3番目の説がますます支配的になってきた．この説では，フォン・ノイマンが実用的な汎用コンピュータの着想をチューリングの仕事から得た，と考える．1987年に私がこの視点に立って解説記事を書いたときは，まだ，ひどく孤立していると感じたものである[26]．しかし，その後，チューリングが戦時中にドイツ軍の暗号解読に果たした役割も，広く知られるようになっていった．また，多くの人々が，同性愛事件で彼が罪に問われ，ひどい扱いを受けたことの不当さにも気づくようになった．ロンドンやブロードウェイで演じられ，大きな成功をおさめた劇作品『ブレイキング・ザ・コード（*Breaking the Code*）』は，テレビドラマ化されてPBS[†4]でも放映されたが，これらの事情をドラマ化して理解に供するとともにチューリングの数学的アイデアの重要性も伝えるものとなった[27]．彼のストーリーを伝えるテレビ・ドキュメンタリーもいくつか作られた．

　そして，見よ，TIME誌（1999年3月29日号）が選んだ20世紀の最も偉大な「科学者と思想家」20人のリストには，アラン・チューリングの名前が挙がっているのだ[*2]．TIME誌は言う．

> 現代的なコンピュータの創造は，あまりにも多くのアイデアや技術の進歩が収束した結果だから，1人の人物にその発明の功績を帰すことは無謀と言うほかはない．にもかかわらず残る1つのことは，キーボードを叩いて表計算ソフトを開いたりワード・プロセッシングのプログラムを使う誰しもが，チューリング機械の化身を用いて仕事をしているという事実なのである．

　まさにその通りなのだ！　TIME誌は，フォン・ノイマンについては，次のように書いている．

> 値段が1000万ドルもするスーパー・コンピュータから，携帯電話やファー

---

†4　Public Broadcasting Serviceの略．全米の公共放送ネットワークで，日本のNHK教育テレビに近い内容のコンテンツをおもに放映している．
*2　クルト・ゲーデルも，この20人のリストに入っていた．

ビー†5 を動かしている小さなチップに至るまで，ほとんどすべてのコンピュータには1つの共通点がある．これらすべては「フォン・ノイマン型マシン」と呼ばれるもので，そこで用いられている基本的なコンピュータ構築原理は，アラン・チューリングの仕事をもとに，1940年代にフォン・ノイマンが設計したものである．

恩寵深い国家がヒーローに与えた報酬

アラン・チューリングは1948年秋に，マンチェスターに到着した．いまだ戦後復興の途上にあったこの都市は，産業革命の初期に果たしたその役割ゆえに，無惨な姿のまま放置された界隈をいくつも残していた．ある著者は，そんな状況の背景を説明するため，フリードリッヒ・エンゲルスが1844年に出版した有名な著書の中でマンチェスターの労働者階級の住居の不潔さを述べた箇所を引用している．

> 彼［エンゲルス］が書いているのは（中略）地球上でかつて目撃されたこともないような大規模な貧困化，退廃，粗暴化，そして非人間化を，一貫したものとして語る文脈の中に置かれた記述だが，（中略）［マンチェスターの］これらの区画に入っていったとき彼に襲いかかった光景を「他に類をみないような不潔と，胸のむかつくような汚れ（中略）［そして］この囲い地には，これまで私の見たうちで文句なしにもっともひどい住宅がある．これらの囲い地の1つには，（中略）入り口のすぐそばにドアのない，非常に不潔な屋外便所があるので，そこに住んでいる人たちは，便所のまわりの腐敗した大小便の浮いているよどんだ水たまりを通らなければ，この囲い地に入ることも出ることもできないのである」と記している[28]．

もちろん，その後の1世紀で住民の公衆衛生状態は劇的に改善されていったが，いずれにせよチューリングのような社会階層の人間が，労働者階級が暮らす世界と隣り合って生活することなど，ふつうは想定外なのであった．にもかかわらず，チューリングは下層階級のメンバーと付き合うことになり，これがきわめて不幸な結末をもたらした．

チューリングが，彼の才能を浪費しACE報告書やロンドン数学会での講演で彼が示した自信に満ちた夢の実現を台無しにしてしまったNPL運営行政官たちの無

---

†5 電子ペットの一種．日本では，タカラトミーが発売している．

能さを，どれほど苦々しく感じなければならなかったかは，想像に余りあると言うほかない．その間にも，いくつかのコンピュータが製作されていった．ケンブリッジ大学にも，ウィルクス（Maurice Wilkes; 1913-2010）の指揮のもと，EDSACと呼ばれる EDVAC と類似の型のコンピュータが作られつつあった．チューリングが NPL で処遇された状況とは異なり，ウィルクスは資金援助をたっぷり受けて彼のプロジェクトを推進することができた．チューリングにとって，これは，とりわけ苛立たしいことだったに違いない．彼は NPL 時代に，ウィルクスがメモ書きしてきた提案を「思考の力で困難を解決しようとしないで，装置に大量の力を注ぎ込んで問題を解決しようとする米国伝統のやり方」と軽蔑して却けたからだ．1949 年に EDSAC は完成し，運用を開始した．ウィルクスと彼の協力者は，マイクロプログラミングや系統的なサブルーチンの活用法を創案したと喧伝されたが，いずれも ACE 報告書にすでに明確に書いてあったことだっただけに，さらにチューリングの苦悩を深めるものとなった．チューリングが何らかの形でコンピュータのプロジェクトを指導すると想定されていたマンチェスターでは，ウィリアムス（p.181 および pp.184-5 参照）は彼のコンピュータを構築する上で，あとからやってきた数学者のアイデアを採り入れることには全く興味がないと明言していた．マンチェスターのコンピュータ Mark I も，1949 年，成功裡に動き出した．これは，「既製品の」ブラウン管をメモリ装置として活用するという，ウィリアムスの卓抜な手法を見事に実証する結果であり，まもなく米国でこれをコピーしたコンピュータがいくつも作られるようになった．しかし，Mark I も論理設計はフォン・ノイマンの EDVAC 報告書から借りてきたものであり，チューリングが提案してきたものではなかった[29]．

　アラン・チューリングの ACE についてゴールドスタインは，そのデザインは「いくつかの点で魅力的なもの」ではあったが，「長期的にみて発展性のあるものではなかったので，選択の結果淘汰されてしまった」と述べている[30]．ことの経緯を，ある種の自然選択の結果に類するものだったと示唆するのは，じつに不公平である．チューリングの考え方を体現したパイロット ACE は，完全にうまく動作した．もし，それを担う機関と資源があって本格的規模の ACE 型のコンピュータが作られていたとしたら，それが完全な働きをしなかったと考える理由は何もない．この問題は，コンピュータの機能のどの部分をハードウェアに担わせ，どの部分はソフトウェアによって実現するのかという，より一般的な文脈に置いてみることで最もよく理解できる．チューリングは，マシンそのものは比較的単純なものにして多くはソフトウェアで賄われるかたちを提案したが，その埋め合わせとしてマシンの動作を根元のところからプログラマがしっかりコントロールできるという利

点が得られる．この方式は，数値計算よりは論理に重点をおいてプログラムを書くのには，特に有利である*3．この分野が発展していってからも，このトレードオフをめぐる議論はずっと続いていったわけで，たとえば RISC アーキテクチャ（p. 183 参照）が提案されたことなど，そのよい例である．

　チューリングが 1948 年にマンチェスター大学に着任したとき，彼はまだ政府の情報機関の顧問として技術的相談を引き続き受けていたが，この都市のほとんどの人は彼が戦時中に何をしていたか，つゆほども知らなかった．彼はウィリアムスの Mark I コンピュータに関する一定の運営管理の職能を行使するという了解のもとに雇われたのだが，来てみると，ここの技師たちはほとんどを自分たちのやり方で通す連中だったので，その流れの中でチューリングはどちらかと言うと散漫なかたちで仕事をする結果となった．プログラマの仕事を楽しく容易なものにするため ACE 報告書で提案されていた見事なアイデアのいくつかを，彼の職能を行使してここのコンピュータに導入する努力はもう断念して，彼はマシンのユーザとなり，0 と 1 だけのマシン語をそのまま使って仕事をした．彼はまず戦争の前に考えていたある計算絡みの問題に少し取り組んだが，まもなく彼の興味は生物学に転じていった．彼は，初めは均質な細胞の集団から出発して，いかにして生き物は自然界で見られるような多様な体の形に成長するのかという問いに対する答えを追い求めた．この**形態形成**（*morphogenesis*）という問題からは一群の微分方程式†6 が出てきて，チューリングはこれらの方程式の解に関する情報を得るため，ごく自然にコンピュータへと向かった．このように数値計算ぴったりの目的でマシンを使う一方，はるか先にまで行くことを彼は提案し，一般向けの記事や講演などでコンピュータが人間に類する知性を持つ可能性についての彼の想像力豊かな未来像(ヴィジョン)を説き続けた．

　チューリングが 19 歳の青年アーノルド・マレーと一時(いっとき)の関係を持ったのは，1951 年のクリスマスの少し前のことであった．マレーは貧しい労働者階級の家庭に育った，とても聡明な若者だった．チューリングが街路で彼に声をかけたとき，マレー

---

*3　私は，1954 年の夏にフォン・ノイマンの高等研究所のコンピュータを使ったとき，基本的に数値計算を想定して用意されていた命令セットと個人的に格闘しなければならなかった．私は，PA（ペアノ算術：第 6 章の付録を参照）に類似した，加法はあるが乗法は持たない形式体系［プレスバーガー算術（Presburger Arithemtic）］において，その中で表現された文が真かどうかを検証するためのアルゴリズムを実装しようとしていたのである．（のちに，この計算機ロジックという分野の専門的論文を集めたアンソロジーの編者たちは，この私のプログラムについて序文で触れ，「1954 年にコンピュータによって数学的証明を生成するプログラムが初めて現れた．」［Siekmann and Wrightson, 1983, pp.ix］と述べている．）私は，ACE の命令セットのほうが，このときの私の目的には，はるかに適したものであったことを疑わない．

†6　常微分方程式ではなく，一般に非線形の連立偏微分方程式になる．反応拡散方程式あるいはチューリング方程式とも呼ばれる．

は些細な窃盗で捕まったあとの保護観察中の身であった．チューリングは，きっとマレーにはまるで宮殿に見えたに違いない自宅に，彼を招き入れた．クリスマスから1ヵ月も経っていないある晩にチューリングが帰宅すると，戸締まりが破られ，家の中が荒らされているのを発見した．盗まれたものは，金額的には全部で50ポンドに満たなかったが，チューリングはひどく動転した．マレーには誰が泥棒を働いたか，すぐに見当がついた．彼が知っている，ハリーという名前の青年であった．明らかにハリーは，同性愛者の家に泥棒に入っても，同性愛の発覚をおそれて警察には知らせる勇気がないだろうと，高をくくっていたに違いない．用心深い男でチューリングのような身分にあれば，警察に行くなどという愚かなことをしないはずだというハリーの判断は，間違いなく正しい．しかし，チューリングがしたのは，まさに彼の予想と正反対のことだった．

　チューリングとマレーとのあいだで何があったかを警察が見いだすのは苦もないことで，同性愛行為について尋問されたとき，チューリングは何も隠さなかった．彼は，自分の性的感情の性質についても，害のない方法で同性愛の欲求を満たすことについても，何ら恥ずべきものだとか悪いことだとは全く思っていなかった．しかし，そうだとしても，当時の法律はこの件については明確であった．チューリングとマレーは「はなはだしく猥褻な」行為によって互いに快楽を与え合ったということになり，最長2年間の禁固刑によって処罰され得るのであった．チューリングの事案を担当した判事は彼自身としては人道的だと信じる動機から，同性愛の衝動を消し去るための1年間のホルモン注射という処置を受けるのに同意すれば監獄行きを免除する，という裁定を出した．注射されたのはエストロゲンという女性ホルモンであった．これがチューリングの性的衝動に対してどのような効果を持ったのかは別として，これは彼の乳房が大きくなるという偶発的効果をもたらした．

　1938年にチューリングは，ウォルト・ディズニーのアニメーション映画『白雪姫と七人の小人』を観た．彼は，魔女がリンゴを糸に吊して煮えたぎる毒汁に浸している場面に深く心を奪われて，そのときに魔女が呟く

　　リンゴを毒の汁にひたすのだ
　　死の眠りが浸み込むように

という呪文を，何度も何度も繰り返し口ずさむのを楽しんでいたようである[31]．1954年6月7日，アラン・チューリングは，青酸化合物の液に浸したリンゴ片を食べることによって，彼の人生に終止符を打った．何が，彼をこの取り返しのつかない行為に駆り立てたかについては，さまざまな憶測が語られてきた．戯曲『ブレ

イキング・ザ・コード』は，彼が同性愛パートナーを得る最も確かな機会となってきた海外休暇旅行を，有罪判決が出たあと政府当局が禁じたことが誘因になったという説を提案している．英国内でのゲイ・セックスは危険に，たぶん試みるだけでも危険過ぎるようになっていた．1950 年代の冷戦期の雰囲気を考えると，当局が彼の海外旅行を拒んだというのは，少なくとも考えにくいことではない．有罪判決を受けたあと，彼は機密情報にアクセスする資格を剥奪された．しかし，彼の頭脳の中にあって，彼の足取りとともに運ばれる機密情報は，消去することができない．確実に知られているのは，ノルウェーへの旅行中にチューリングが出会った青年が，彼に会おうとして英国に来たとき警察に止められ，国外に追放されたという事実である．悲しいかな，アラン・チューリングは，彼が讃美されざる働きで救った当の国家の当局から迫害され，死に追い立てられたというのが，最も可能性の高い真相のようなのである．

第9章　ライプニッツの夢を超えて

ロンドン数学会での講演で，チューリングは次のように述べた．

> 私は，デジタル計算機が，やがて記号論理学（中略）への関心をかなり呼び起こすだろうと期待しています．計算機とのやりとりに用いる言語（中略）は，ある種の記号論理を形づくっているのです[1]．

ここでチューリングがほのめかしている論理と計算とのつながりは，ずっと本書の主要テーマの1つとなってきた．それでも，読者はまだ疑問に思われるかもしれない．論理と計算とは，どのように関連しているというのだろうか？　算術は，いったい理性が行使する推論と，何の関わりがあるというのだろうか？　1つの糸口は，「計算する（calculate）」という通常の意味を帯びずに，「思う〔推定する〕（reckon）」という動詞が日常会話的に使われる場面を考えてみることで得られよう[†1]．

いま頃やつは月明かりの下，甘い言葉で彼女を誘惑していること**だろう**．
I *reckon* he's sweet talking her in the moonlight right now.

これは，B級映画の中で憂鬱に沈むわれらの主人公が，彼の恋敵について語る場面だと思ってほしい．じつは（私たちは知らされている）すでに彼女の愛をつかんでいるのは彼なのに，（本人は知らずに）恋敵の行いについて気に病んでいるのである．彼がこのように言うとき，"reckon" という言葉で彼は算術的に数えたり計算することを意味してはいない．彼の推察について語っているのである．この推論は，恋敵が不誠実なきたない行いをする男だと，彼が信じていることが根拠になっている．この "reckon" という語の用法によって示唆されている計算と推論との関連は，真正で深遠なものである．数について計算すること（reckoning）はそれ

[†1] この "reckon" の用法の例は，日本語話者にはちょっとピンとこないかもしれない．「計算（測定）する」と「思う，推察する」を兼ねた意味合いを持つ日本語としては，「推しはかる」「はかりごと」「体重をはかる」などと使われる「はかる」が，より理解しやすい例の1つだと思われる．そのような語は，きっと他にもあるはずだ．

じたい一種の推論であり，人々が行う推測の多くはある種の計算だとみなすことができるのである．私たちの例が示すように，この関連が少なくとも意識下のレベルでは一般的に了解されているという事実は，とても興味深い．こうした認識のしかたは，私たちが「勘定高い」などと人物を評する場合などにも見てとれる．

　論理的な推論を形式的な規則に還元するという企(くわだ)ては，アリストテレスにまで遡(さかのぼ)る．ライプニッツの普遍計算言語の夢も，この考え方がその底にあった．そして，あらゆる計算が彼の万能マシンで遂行可能なことを示したチューリングの偉業も，この考え方に基づいて達成された．計算と論理的推論とは，じつは同じコインの両面なのだ．この洞察は，多種多様な仕事ができるようコンピュータを「プログラムする」のが可能だということの基礎を与えただけでなく，そもそもコンピュータを設計して製作するための，まさにその方法をも教えてくれたのであった．

　1999 年 1 月，米国科学振興協会（AAAS）は「新しい世紀への挑戦」という旗印のもと，カリフォルニア州アナハイムでの年会合を開いた．おびただしい数の話題を包含する，真剣で内容豊かな講演やシンポジウムの数々が開催された．年会合のプログラムを見ていたら，「計算機科学における論理の尋(じんじょう)常ならざる有効性（On the Unusual Effectiveness of Logic in Computer Science）」と題するシンポジウムが私の目に止まった．第一流の計算機科学者 5 名（論理学者でもある）の講演は，冒頭に紹介したチューリングの予言の正しさを証明するものであった．シンポジウムの案内に寄せられた彼らの趣意文には，次のような表現も含まれていた．

　　　（前略）これまでの 25 年間で，論理学と計算機科学とのあいだに，大規模で継続的な，そして成長し続ける対話が築かれてきた．多くの側面で，論理学は計算機科学に対して，その基礎となる枠組みと，モデル化のための道具を提供してきた．（中略）本シンポジウムでは，計算機科学において論理学が驚くべき有効性を持っていることを，論理学が決定的な役割を果たしている計算機科学のいくつかの領域——人工知能，計算の複雑性，分散コンピューティング，データベース・システム，設計の検証——を取り上げることにより，その概観を提供する[2]．

コンピュータ・脳・心

　1965 年，MIT（マサチューセッツ工科大学）の計算機科学者ジョセフ・ワイゼンバウム（Joseph Weizenbaum）は，キーボードで英文を入力するユーザとの対話ができる，イライザ（ELIZA）というプログラムを書いた．ELIZA は，非指示

的療法（来談者中心療法）学派の心理療法セラピストがやることを，きわめて粗っぽく模倣することを狙ったものである[3]．以下に示すのは，あるヴァージョンのELIZAと著者（MARTIN）とのあいだで実際に交わされたやりとりの1つを転記したものである[†2]．

ELIZA: HOW DO YOU DO. PLEASE TELL ME YOUR PROBLEM.（初めまして．あなたの抱えている問題を言ってください．）

MARTIN: My problem is indescribable.（言葉では言い表せません．）

ELIZA: WHY DO YOU SAY YOUR PROBLEM IS INDESCRIBABLE?（どうして，あなたの問題を言い表せないのですか？）

MARTIN: Because whenever I attempt to describe it, I cry.（言葉で言い表そうとすると，泣き出してしまうからです．）

ELIZA: IS THAT THE REAL REASON?（それは，本当の理由ですか？）

MARTIN: Perhaps not.（たぶん違います．）

ELIZA: YOU DON'T SEEM QUITE CERTAIN.（自分ではっきりわからないのですね．）

MARTIN: Ah certainty.（ええ，確かに．）

ELIZA: CAN YOU EXPAND ON THAT?（もう少し詳しく話していただけませんか？）

MARTIN: Yes. But it will lead to intimate matters.（はい．でも，そうすると個人的な内密の話になってしまいます．）

ELIZA: WHY ARE YOU SO POSITIVE?（どうして，はっきりそうだと言え

[†2] この対話テクストの部分については，ELIZAの応答の特徴がより見やすくなるよう，元の英文でのやりとりを残し，日本語訳はそれぞれの直後にカッコでくくって示した．

るのですか？）

MARTIN: I try to maintain my dignity.（私は威厳を保とうとしているのです．）

ELIZA: YOUR DIGNITY?（あなたの威厳？）

MARTIN: You wouldn't understand that.（あなたには理解してもらえないでしょうね．）

ELIZA: WE WERE DISCUSSING YOU…NOT ME.（あなたのことについて話し合っていたのですよ，私ではなくて．）

MARTIN: I have had quite enough. Goodbye!（もうたくさんです．さようなら！）

ELIZA: YOU SAY YOU HAVE HAD QUITE ENOUGH.（もうたくさん，とおっしゃいましたね．）

MARTIN: I said Goodbye.（さようなら，と言ったんです．）

ELIZA: CAN YOU ELABORATE ON THAT?（もう少し詳しく話していただけませんか？）

MARTIN: Goodbye.（さようなら．）

ELIZA: GOODBYE. THAT WILL BE ＄75, PLEASE.（さようなら．診察料は75ドルです．よろしくお願いします．）

　もちろん，ELIZAは何も理解していない．プログラムには，いくつかのキーワードが出てきたときには特定の応答をし，それ以外の場合はユーザが打ってきた文の表現をそのまま使ってオウム返しの応答をするという，ごく単純なアルゴリズムが実装してあるだけだ．たとえば，"you"というキーワードが現われると，ふつう"WE WERE DISCUSSING YOU…NOT ME."（あなたのことについて話し合っていたのですよ，私ではなくて．）という応答が引き起こされるようになっ

ている．もし "You are my mother"（あなたは，私の母親です．）とタイプされると，この文には "mother" と "you" の2つのキーワードが出てくるが，この場合はキーワード "mother" が "you" に優先し，"TELL ME MORE ABOUT YOUR FAMILY"（あなたの家族について話していただけますか）という応答が引き出される．キーワード "yes" が出てきた場合には，"WHY ARE YOU SO POSITIVE?"（どうして，はっきりそうだと言えるのですか？）という応答が引き起こされる，等々，といった具合だ．ELIZA は "Goodbye" という語には，これが文頭に出てきたときにだけ反応する，ということも上のやりとりから見て取れよう．

1950 年にチューリングは「計算機械と知能（Computing Machinery and Intelligence）」という今や古典となったエッセイを書き，その中で 20 世紀の終わりには，人間を相手にオンライン・テクストでチャットしているのかコンピュータを相手にしているのか区別がつかないほど器用に会話ができるプログラムが作られているだろう，と予言した[4]．この予言に関しては，彼は間違っていた．英文による日常会話ができると称する対話プログラムは，現在では ELIZA に比べるとはるかに洗練された処理ができるようになった．しかし，そのうちの最上のものでも，まだ普通の 5 歳児と比べても見劣りする程度の会話能力にとどまっている．

チューリングは，コンピュータが知能的ふるまいを見せたと言えるかどうかを，この問題が陥りがちな，哲学的あるいは神学的な問題の泥沼に落ちることなしに議論できる方法を追い求めた．この目的のために，彼は客観的で実施しやすいテストを提案した．もし，コンピュータが十分に知的な人物とどんな話題についても会話ができるようにプログラムされ，それと対話したユーザが人間を相手にしているのかコンピュータを相手にしているのか見分けがつかないほど効果的なものに仕上がっていたら，そのコンピュータが知能を示していると私たちは認めるべきではないのか，とチューリングは述べた．しかし私たちは，そのようなコンピュータ・プログラムを作り出すところより，まだずっと手前にとどまっている．それに，仮にそのゴールが達成されたとしても，それを知的ふるまいだとするのには納得できないという人たちが，まだ多数いることだろう．

2011 年に，ワトソンと名付けられた IBM の巨大コンピュータが，人気 TV クイズ番組「ジェパディ！（Jeopardy!）」で最強の人間競技者を破ったとき，かなりの熱狂が生み出された．ワトソンは，インターネットには接続されていなかったが，ウィキペディアの全項目や他にも大量の参照データを納めた，巨大なデータベースを備えていた．「ジェパディ！」の番組競技形式は，ワトソンの日常英会話能力を，実際以上に流 暢に見せるのを助けた．競技参加者たちは，クイズの「かぎ」を与えられ，その「かぎ」が答えとなるような質問を見つけ出すことを求め

られる．たとえば，「彼は，アリストテレスの三段論法の推論を代数的操作に置き換えることに成功した．」が「かぎ」として与えられたとしたら，クイズ解答者は「ジョージ・ブールは，どういう人物ですか？」と答えることになる．クイズ競技者たちに求められるこの解答形式は，チューリング・テストが要求する自由な対話状況に対処する必要がないので，ワトソンのプログラマたちに実質的に有利な立場を与えた．ワトソンはクイズの「かぎ」に出てくる語句をもとにデータベースに検索をかけて，マッチするものを探してゆく．ワトソンは，検索で見つかった解答になる可能性のある各候補を数値的に評価するアルゴリズムを備えていて，十分に高い評価値を得た解答が見つかったときだけ，クイズに解答する意思表示をする．「ジェパディ！」の番組プロデューサーは，この機会をとらえて芝居っ気を見せた．ワトソンは舞台にスピーカーの姿で登場し，解答を音声合成機によって発話した．しかし，こうした騒々しい諸事情は脇に置くとして，ワトソンが発揮した能力はIBM研究者たちの見事な達成と言うべきである．

　コンピュータ言語学者たちが日常言語を使いこなす能力をマシンに吹き込むという，究極目標の聖杯を求め続けているあいだ，日常言語という難しいものに依存しない領域での機械知能を模索するというのは自然ななりゆきである．そんな領域の1つがチェスだ．そこそこのレベルでチェスを指す人が知的思考をしていることは，否定し難いであろう．そして，非常に巧くチェスを指すプログラムができていることも，よく知られている．ふつうのチェス愛好家が対局するとしたら，いつも負け続けるという状況を避けるためには，プログラムを最強のものより能力の低いものにしておかなければならない．1996年2月，チェスを指すコンピュータ Deep Blue は，世界チャンピオンのカスパロフ（Garry Kasparov）をついに打ち負かすに至った．では，Deep Blue が知性を見せた，と私たちは言っていいだろうか？　ある記事の中で，哲学者サール（John R. Searle）は，いつもの彼一流の挑発的なスタイルの議論を展開し，Deep Blue は厳密にはチェスを指しているとさえ言えないのだと主張している．

　　では，Deep Blue の内部で何が生起しているかを見てみよう．このコンピュータは，プログラマがチェス盤の駒の位置を表すのに使う，意味のない記号を山ほど持っている．また，プログラマが可能な駒の動きを表すのに使う，これまた意味のない記号を山ほど持っている．コンピュータは，これらの記号がチェスの駒やゲーム展開を表すことを知ってはいない．なぜなら，コンピュータは何も知ってはいないからだ[5]．

自分の立場を力説するために，サールはここで彼を非常に有名にした寓話の変種を持ち出して，その比喩に訴えようとしている．彼の寓話のオリジナル版では，1人の男が部屋の中にいて，部屋の外から記号を受け取っては本を開き，そこに書いてある指示によって決まる記号を部屋の外に送り出すことになっている．じつは，この本は，その指示に沿って記号を行ったり来たりさせたものが中国語の会話になるように書かれているのだった．しかし，この中国語の部屋の中にいる男は，中国語など全く知らないし，彼が扱っている記号が何を表しているのか見当もつかないのである．この奇怪な寓話からどんな結論が引き出せるのかは，いったん脇に置いておくことにして，まずはサールの「チェスの部屋」を覗いてみよう．

　チェスを全く知らない男が1人，部屋の中に閉じ込められていて，彼にとっては意味のない記号の1セットが与えられている，という状況を想像してほしい．彼は知らないのだが，これらの記号はチェス盤上の位置を表している．彼は，指示一覧が書いてある本を見て何をすべきかを調べ，またまた意味のない記号を見つけては送り返す作業を続ける．もし，この規則書すなわちプログラムが上手に書かれていれば，彼がチェスの試合に勝つことを私たちは想像できる．部屋の外の人たちは言うだろう．「この男はチェスの指し方を知っているし，実際に強いチェス競技者だ．だって，勝ったのだから．」けれども，彼らは完全に間違っている．この男はチェスについては全く何も知らないし，彼はコンピュータと同じことをやっているだけだ．そして，この寓話が示す論点はこうだ．もし，チェスを指すプログラムを実行できるからといって，この男がチェスを理解しているとは言えないのだとしたら，どんなコンピュータであろうと［チェスを指すプログラムを実行できるという］その論拠だけではチェスを理解していることにはならない．

　本書の読者であれば，この例においてはソフトウェアとハードウェアが恣意的に分断されていることに，たぶん気づかれたであろう．部屋の中にいる男は，単にむきだしの万能計算機として機能しているのだ．もちろん，裸のコアにまで削ったコンピュータは，チェスを指したりしない．チェスを指しているかどうかが問題となり得るのは，この男と指示規則集の本とを合わせたものに対してなのである．以下に，サールの寓話を私のヴァージョンに書き換えたものを示そう．

　ある早熟な男の子が，チェスに夢中になっている母親に，彼女の対局をただ見ているのには飽きたので，彼女と対局させてほしいと要求した．母親は，厳密

に彼女が言った通りに彼が駒を動かすことを条件に，対局を認めた．彼は指示された通りに駒を動かしてゆき，彼の耳元で母親が囁くのに従ってチェックメイトを成し遂げる．この場面を見たら，この男の子はチェスについて何も知らないし，チェスを指してすらいない，とサールなら言うだろう．誰が反論できようか？

現代の哲学者たちは，全くばかげていると彼らが知っている話を，そうでなければあまり明白とも言えないものとの関連で持ち出すということを，彼らの手法としてよく用いる．それでも，チェスの部屋の話を現実世界に引き戻すのは，全く無意味なことでもない．私のかつての同僚の 1 人に，Deep Thought という Deep Blue の前身にあたるチェスを指す強力なコンピュータの設計チームに参加していた人がいた．彼が明かしてくれた若干の数字をもとに，私は Deep Thought のハードウェアとソフトウェアを本（というよりは図書館）の形態にして，人間が本に書かれた指令を調べてチェスを指すとしたら，どの程度の時間を要するか概算してみた．すると，チェスの駒を一手だけ動かすのにも，数年かかることがわかった．チェスの部屋には，個人ではなくて家族を収容して，両親が死んだあとは子供が跡を継げるようにしておいたほうがいい！　さもなければ，チェスの対局が実際に終わりまで辿り着く見込みは全くないのだ．

サールは，Deep Blue は「意味のない記号を山ほど持っている」と言う．よろしい．仮に，あなたが稼働中の Deep Blue 内部を覗くことができたとしてみよう．意味があるにせよ意味がないにせよ，どんな記号もあなたは見いだすことはできないだろう．回路のレベルでは，電子が動き回っているだけなのだ．ちょうど，仮にあなたが対局中のカスパロフの頭蓋を開けて中を覗いてみることができたとして，あなたはチェスの駒など見つけることはできず，ただ多数のニューロンが発火しているのが見えるだけなのと同じことだ．私たちが記号的な情報と考えているものを扱うために脳がどのようなやり方で組織されているかは，まだ，おぼろげに理解されているだけだ．この目的のためにコンピュータ（Deep Blue のような）が組織されている方法は，はるかによく理解されている．エンジニアやプログラマが組み立てたからだ．しかし，どちらの場合でも，分子レベルのようなところで機能しているプロセスは，記号操作が関与すると考えるのが有用なパタンにまで統合されている．サールは，Deep Blue が保有する記号には意味がない，と言う．よろしい．では，ポーンやナイトは，何を「意味している」というのだろうか？　これは，有益な問いではない．

サールは，チェスを指していることを Deep Blue は「知らない」と，大々的に主張する．じっさい，このマシンは全く何も「知らない」のだと彼は主張しているのだ．でも，知識工学の専門家たちなら，たぶん Deep Blue はいろんなことを全部知っていると言うだろう．たとえば，Deep Blue は盤上のある枡目に置かれたビショップが，どの枡目へと動けるかを「知っている」．この議論は，「知っている」が何を意味するかに依存する．ともあれ，ここでは Deep Blue がチェスを指しているとは知らない，という見解に私たちは同意できることにしよう．そうだとして，チェスを指していないとまで言えるだろうか？ ここで，さらにもう1つの寓話を考えてみよう．

北部ニューギニアのイクスルプ人を調査していた人類学者たちは，間違いなく史上最大の偶然の一致の1つだと言っていい，驚くべき事実を発見した．イクスルプ人たちは今年になるまで完全に外部世界から孤立して暮らしていたが，彼らが2組に分かれて行う宗教的式典での象徴的な儀礼形式は，私たちのチェスの対局と全く同じ形式になっているのである．彼らは盤面やチェスで使うような駒は使わないが，そのかわりに砂場に複雑な模様を描くのである．この発見が可能になったのは，イクスルプ人たちと最初に遭遇した人類学遠征調査隊の隊長スプレンディッド博士が，アマチュアの熱烈なチェス愛好家であり，彼らが描く模様がチェスの対局で現われる一連の指し手と同じ形式になっているのを見抜くことができたからである．

イクスルプ人たちは，チェスを指していたのだろうか？ 自分たちのやっているのがチェスだとは，彼らが知っていなかったのは疑う余地がない．そうだ！ サールなら，こう答えるかもしれない（もちろん，私が勝手に言わせてしまうのだが）．「しかし，イクスルプ人たちには意識がある．これに対し，Deep Blue は意識を持っていない」，と．プログラムすることによってコンピュータが意識を持つようにできるか否かという問いは，サールやその他の論者が上記のようなことがらを議論する上で，重要な役割を果たしてきた．何が未来にあり得るとしても，Deep Blue に意識がないことは誰もが明白に認めざるを得ない．

私たちの意識は，各人がそれぞれ唯一無二の個体性を経験する主要な方法である．しかし，私たちが意識を知るのは，内側からだけだ．私たちが経験するのは，それぞれ自分の意識であって，誰かほかの人の意識ではない．私が自分の意識を経験するのは，内側で自分と会話しているようなときである．私の妻は，彼女の意識においては視覚的イメージが優位を占めている，と断言する．私の意識と彼女の意

識とは，本当に同じ種類のものなのだろうか？　この意識というものは，いったい何であり，どういう目的に仕えているのだろうか？　私が文章を書くとき，適切な語を探していると，意識の奥底から（うまくゆけば）ぴったりの語が私の意識に浮かんでくる．どうして私の脳がこんな巧妙な芸当をできるのか，私には見当もつかない．現時点では意識という現象が神秘的なものにとどまっている，というのは純然たる事実である．

　チューリングもフォン・ノイマンも，説得力のある理由のゆえに，コンピュータと人間の脳との比較に導かれた．人々がじつに多様なパタンで思考ができることの意味をよく認識していた彼らは，私たちの脳には万能計算機の役割をするものが内蔵されているがゆえに，私たちは非常に多様な異なる仕事をこなすことができるのではないか，と推測した．これが，EDVAC の設計に乗り出したとき，フォン・ノイマンが人工神経系の理論にあれほど強い関心を抱いた理由である．万能計算機にできるのは，アルゴリズムを実行することである．この点について，サールは言う．「実際には，人間は文字通り計算そのものと言える活動はあまりしていない．人間がアルゴリズムを遂行するのに使っている時間は，ごくわずかな部分に過ぎない．」本当に彼の言う通りなのだろうか？　次の質問に答えることを考えてほしい．「あなたは，チャールズ・ディケンズの作品を何か読んだことがありますか？」答え（イエスかノーか）は，どこか深いところから湧いてくる．どうやって，答えが出てくるのだろうか？　全くわかっていない．しかし，私たちの脳の中のデータベースのどこかにある必要な情報にアクセスするための，ある種のアルゴリズム的な処理によって行われるのだという仮説は，一見したところでは非常に魅力的である．1つもしくは複数の TV カメラから入ってくる生の画像データをコンピュータで処理する研究は，私たちの視覚認知において生の画像データが網膜から脳に送られて鮮明な視覚像を生じるためには，どういう種類の処理が必要であるかを考える上で，とても示唆に富んでいる．こうしたことを私たちがするとき，私たちの脳がアルゴリズムを遂行することによって行っていると私たちが知っているわけではないが，そうでないと知っているのでないことも確かである．

　ロジャー・ペンローズ（Roger Penrose）は傑出した数学者かつ数理物理学者で，宇宙の幾何学に関する刺激的な仕事をした人だ．彼は，人間の心の働きが基本的にアルゴリズム的なものか否かという問題を考察し，ゲーデルの不完全性定理を持ち出して，この問題に答えを出した．彼の答えは，「完全にノー」であった．ゲーデルの不完全性定理は，いくつかの方法で表現できるが，ペンローズが採用したのは次の言い方である．

自然数に関する真なる命題を次々に生成するアルゴリズムが与えられたとき，私たちはつねに，自然数に関する別の真なる命題でそのアルゴリズムによっては生成できないもの——これをゲーデル文と呼ぼう——を得ることができる[6]．

　ペンローズは，心の働きと同等であると提案されたどの特定のアルゴリズムも，そのアルゴリズムでは生成できないゲーデル文が真であると私たちが知ることを可能にする「直観」の働きを説明できないから，決して心の働きを適切に表し得ないと論ずる．これが深く誤った議論である理由は，ペンローズがこの主題について書く40年ほども前，1947年のロンドン数学会における講演でチューリングがすでに説明していた（第8章参照）．チューリングが指摘していたのは，ゲーデルの不完全性定理が当てはまるのは，真なる命題だけを生成するようなアルゴリズムに対してだけだ，という点である．しかし，どんな人間の数学者も，自分の無謬性を宣言することはできない．誰でも，間違いを犯すのだ！　だから，ゲーデルの不完全性定理は，人間の数学的能力があるアルゴリズム——ただし，真なる命題だけでなく偽なる命題も生成してしまうことがあり得るようなアルゴリズム——と同等であるという可能性を決して排除していないのである[7]．

　サールとペンローズは，人間の心が本質的にコンピュータと同等であるという仮説を受け入れるのを拒否した．しかし，2人がともに暗黙のうちに受け入れているのは，たぶん人間の心は人間の脳によって作られ，物理学や化学の法則に従っているだろう，という前提である．これに対しクルト・ゲーデルは，人間の脳が実質的にコンピュータであることは十分に信じてもいいと思っていたが，人間の脳ができることを超えた心は存在し得ないとする考え方を拒否した．読者の多くは，ゲーデルの関心事の核心に古典的な「心身問題」があることを理解されることであろう．心が，身体的な実体としての私たちの存在とは，何らかのかたちで独立したものだという彼の立場は，ふつう「デカルト的二元論」と呼ばれている[8]．

　話はライプニッツの夢をはるかに超えて，どこか哲学とSFの中間みたいな領域にまで踏み入りかけているようだ．でも，EDVACやACEの報告書の時代いらい，コンピュータとなったものの姿の移りゆきに留意するならば，コンピュータの未来に何ができて何ができないかを安易に予言するのは慎しむべきであるに違いない．

終　章

the
UNIVERSAL
COMPUTER

　私たちは，何人かの才気あふれる知的革新者たちが生きた足跡を，3世紀にわたって辿ってきた．彼らの誰もが，何らかのかたちで，人間の理知的推論の本性に関心を抱いてきた．彼らが個々それぞれに築き上げていったものが組み合わさって，汎用デジタル計算機が現われることを可能にする，知的基盤を用意した．チューリングを除けば，彼らの仕事がそんなかたちで応用されることがあろうとは，誰も考えだにしなかった．ライプニッツは遙か彼方まで見ている人だったが，そこまでは考えていなかった．ブールは，彼の論理代数がやがて複雑な電子回路設計に使われようとは，想像もしなかったに違いない．フレーゲは，彼の論理推論規則と同等のものがコンピュータのプログラムに組み込まれて演繹推論を遂行しているのを知ったら，さぞや驚いたであろう．カントルは，彼の対角線論法がその後に生み出すことになった波及効果を，全く予期していなかったに違いない．数学の基礎を救うためにヒルベルトが企てた計画は，やがて全く別の方向へと展開していった．そして，孤高の知的世界を生きたゲーデルは，機械装置への応用について考えることはまずなかった．

　お話ししてきたストーリーは，深い思考そのものが持つ力の大きさと，その発展が何を導くかを小賢しく予測することの無益さを強調している．ライプニッツが残りの人生を費やして何をすべきなのか，ハノーヴァー大公は自分が知っていると考えていた．彼の家系の歴史の完成である．今日，科学者たちに生活や研究のための支援を提供する側の人たちは，すぐ目に見える結果が出るように彼らを仕向けることを，あまりにもしばしば試みる．こうしたやり方は，短期的に見ても無益なことを引き起こしがちなだけでなく，ただちに役に立つ成果が望めないような探究を妨げることによって，未来に対する不公正を行うことにもなりかねないのである．

原　註　[　]内は，訳者による補足.

チューリング生誕100周年記念版への序文

1 組込み型のコンピュータに関する最近の総説としては，Fisher et al. (2005) を見よ．コンピュータの歴史におけるチューリングの役割を強調した私の記事については，Davis (1987, 1988) を見よ．この私の論稿が，チューリング再評価に与えた影響を示唆した議論については，Leavitt (2006, p.6) を見よ．（これらは，すべて本書巻末の参考文献に示してある．）

序　章

1 引用は Ceruzzi (1983, p.43) より．ハワード・エイケン（Howard Aiken; 1900-1973）は，ハーヴァード大学に計算研究所を創設し，1940年代から1950年代初期にかけてハーヴァード大学での大規模計算機の設計や製作に主導的な役割を果たした．
2 引用は，ロンドン数学会での講演録より（Turing, 1992, p.112）；（Copeland, 2004, p.383）；［日本語訳は，伊藤和行編『コンピュータ理論の起源 1 チューリング』の p.95，近代科学社，2014．］アラン・チューリングについては，本書の第7章と第8章で取り上げられる．

第1章

1 ライプニッツに関する伝記的な情報については，おもに Aiton (1985) に依拠した．
2 ライプニッツの結合法論（*Dissertatio de Arte Combinatoria*）については，Leibniz (1858/1962) を見よ（なんと，オリジナルのラテン語で読まねばならない！）［ライプニッツ著作集（工作舎）の第1巻には日本語の抄訳がある．］
3 パリにおけるライプニッツの数学に関する仕事については，Aiton (1985) でも論じられているが，より包括的な議論は Hofmann (1974) にある．
4 Leibniz (1685/1929) よりの引用．
5 論理的推論や方程式を解くための機械についてライプニッツが書いたものについては，Couturat (1961, p.115) を見よ．
6 ニュートンとライプニッツおよび彼らの先駆者たちが微積分学を作り上げた経緯の数学的詳細に興味のある読者は，Edwards (1979) による素晴らしい解説を読まれるとよい．また，Bourbaki (1969, pp.207-249)［日本語訳では東京図書版 pp.192-234，ちくま学芸文庫版下巻 pp.48-128．］にも微積分学の歴史的発展についての秀逸な記述がある．
7 ライプニッツの微積分学に関しては別の興味深い（しかし別の1冊の本が必要な）話がある．それは，彼が「無限小」という数を系統的に使ったという点に関わる．無限小は，ものすごく小さいので何倍にして足し合わせても1に（それどころか .0000001 にも）到達できない正の数だと想定されている．そんな微小量の正当性については，当初からきびしい批判があって，哲学者で司教でもあったバークリーは，「この世から別離した幽霊的な量」だと揶揄した．19世紀の終わりまでには，無限小を量として直接扱うことは正当化できないとい

う数学者たちの合意が成立する（もっとも，物理学者や工学者は平気で使い続けたが）．ライプニッツによる無限小の使い方，および 20 世紀の論理学者ロビンソン（Abraham Robinson）によるその復権については，前掲の Edwards (1979) の中で議論されている．ロビンソンの業績については，*Scientific American* の記事（Davis and Hersh, 1972）もある．［この記事は日本語版提携誌『日経サイエンス』（誌名は当時のもの）には訳出されなかったようである．］

8 Aiton (1985, p.53)．［エイトン日本語訳，p.85］．
9 Mates (1986, p.27)．これらの非凡な女性たちについて，そして女性の知的能力についてのライプニッツの信念について，および関連参照情報については，この文献の pp.26-27 が役立つ．
10 引用したロピタルへの手紙の日付は，1693 年 4 月 28 日である．(Couturat, 1961, p.83)．引用したクーチュラの解説も，同じ文献の同じページにある．「アリアドネの糸」の比喩については，Bourbaki (1969, p.16) を見よ．［ブルバキ日本語訳では，東京図書版 p.9，ちくま学芸文庫版（上）p.28］
11 ライプニッツからジャン・ガロアに宛てた普遍記号に関する手紙は，1678 年 12 月のもの．Leibniz (1849/1962)．フランス語からの英訳は，著者．［原テクストには当たっていない．この箇所は，著者訳からの重訳である．］
12 Gerhardt (1978, vol.7, p.200)．
13 Parkinson (1966, p.105)．
14 ここに一部だけを紹介したライプニッツの論理計算の試論草稿の全体に興味がある読者は，Lewis (1918/1960, pp.297-305) を見よ．ライプニッツは，等号として = の替わりに ∞ を使っている．この試論のシステム全体を 20 世紀論理学の視点に立って再構成した興味深い試みが，Swoyer (1994) にある．
15 アリストテレスの論理分析を超えようとしたライプニッツの試みについての若干の議論が以下にある．Mates (1986, pp.178-183)．
16 Huber (1951, pp.267-269)．
17 Aiton (1985, p.212)．［エイトン日本語訳 p.304］

第 2 章

1 ライプニッツとカロリーネ（キャロライン）皇太子妃との交友，およびサミュエル・クラークとの文通についての情報は，Aiton (1985, pp.232, 341-346)［エイトン日本語訳 pp.332-333, pp.486-494．］および Britanica (1910/11) の項目 "Caroline (1683-1737)", "Clarke, Samuel (1675-1729)" による．
2 ブールの伝記的情報については，おもに MacHale (1985) に依拠した．
3 MacHale (1985, pp.17-19)．
4 "Gross appetites and passions" (MacHale, 1985, p.19)．
5 MacHale (1985, pp.30-31)．
6 MacHale (1985, pp.24-25)．
7 MacHale (1985, p.41)．
8 最も重要な代数演算法則の一つに，加法や乗法の**交換法則**
$$x+y = y+x, \quad xy = yx,$$
および**分配法則**

$$x(y+z) = xy + xz.$$

がある．ここで，私たちは一般的な代数的記法を使っている．たとえば，xy は $x \times y$ のことで，これが通常の書き方である．

9　2つの微分演算子の掛け算（最初の演算子を作用させたあとに次の演算子を作用させるという意味である）は，交換法則に従うとは限らないことに注意．

10　ブールの金メダル受賞については，MacHale (1985, pp.59-62, 64-66) を見よ．微積分学に関する手法のほかに，ブールは 1842 年にケンブリッジ数学誌に 2 部にわたる論文を発表し，不変式論という代数学の新しい重要な分野の 1 つを創始したとも考えられる結果を紹介している．しかし，ブールはこの最初の貢献のあと，不変式論の仕事をすることはなかった．私たちは，ダフィート・ヒルベルトの話が出てくる章で，不変式論について再び取り上げることになるだろう．

11　ブールの極限過程に関する証明についてのお気楽で無頓着な態度は，同時代の大陸ヨーロッパでの適正厳密な取扱い方法の開発努力とは対照的である．興味のある読者は，Edwards (1979)，特に 11 章を参照されるといい．

12　このスコットランドの哲学者ハミルトンを，同時代のアイルランドの数学者ハミルトン（Sir William Rowan Hamilton）[ハミルトン形式の解析力学や四元数のハミルトン] と混同しないように．

13　Boole (1854, pp.28-29).

14　Daly (1996); Kinealy (1996).

15　MacHale (1985, p.173).

16　MacHale (1985, p.92).

17　MacHale (1985, p.107).

18　MacHale (1985, pp.240-243).

19　MacHale (1985, p.111).

20　MacHale (1985, pp.252-276).

21　現代的な記法では，x と y の共通部分は xy ではなく $x \cap y$ で表される．また，空集合は 0 ではなくて，通常はデンマーク文字を使って ϕ と表される．もちろん，ブールがこういう記法を用いたのは，通常の代数との関連を見やすくすることが彼にとって重要だったからである．

22　ブールは，演算 + を両方のクラスが共通の要素を持たない場合に限定している．本書では，現代的な用法に従い，この制限は課さないことにする．したがって，ていねいな言い方をすると $x+y$ は，x か y のいずれか，または両方に属するものからなるクラスということになる．現在の記法で $x \cup y$ と表される，x と y との合併である．同様にブールは $x-y$ の表現を，y が表すクラスが x が表すクラスの部分である場合に限定して用いている．

23　Boole (1854, p.49).

24　ブールが強調しているように，この三段論法の妥当性の証明に含まれている代数的な要点は，3 つの変数を含む 2 つの連立方程式から 1 つの変数を**消去**することにある．

ブールは「すべての X は Y である」を代数的には $X(1-Y) = 0$ と表現できることを完全に正しく認識していたにもかかわらず，彼は $X = vY$ という表現のほうを好んで用いた．ここで v は，彼が**不定記号**（indefinite symbol）と呼んだものである．明らかにこれは数学者グレイヴズ（Charles Graves）の示唆によるものであった（MacHale, 1985, p.70）が，ブールの体系に不必要な複雑さを持ち込む最悪のアイデアであった．

25　二次的命題をクラスの代数と関係させるのにブールが用いた方法は，**時間**を世界の描画に持ち込むことだった．それぞれの命題について，ブールはその命題が真になるような瞬間から

なるクラスを，対応させていたと言っていい．命題 X が真だと言うとき，ブールは $X = 1$ と書いたが，これは「命題 X を真とするすべての瞬間からなるクラス」が考察されている時間範囲すべてにわたるという意味に解される．同様にして，命題 X が偽であることを $X = 0$ と書くのは，「命題 X を真とするような瞬間」が全く存在しないという意味だとして理解できる．X と Y の両方が真であることを表す「X かつ Y」という命題が与えられたとき，これを表すのは両方の命題を真とする瞬間の集まりで，共通部分 XY にほかならない．最後に，命題「もし X ならば Y である」が真であるためには，X を真とするあらゆる時刻において Y も真となっていること——X が真でありながら Y が偽となるような瞬間が存在しないこと——が要件となる．方程式で書くと，$X(1 - Y) = 0$ である．（Boole, 1854, pp. 162-164）．

26 Boole (1854, pp.188-211).

第 3 章

1 ラッセルの手紙とフレーゲの返信，およびラッセルの後年のコメントについては，van Heijenoort (1967) pp.124-128 を見よ．［以下が日本語で読める．土屋純一訳，「フレーゲ＝ラッセル往復書簡［1902-1912］」および「編者解説」，野本和幸編，『フレーゲ著作集 6 書簡集 付「日記」』，勁草書房，2002，pp.117-171，pp.401-405．］

2 フレーゲの悪名高い日記と，それに対するダメットのコメントについては，Frege (1996) を見よ．［日本語訳として，フレーゲの「日記」（1924 年 3 月 10 日～5 月 9 日）［樋口克己・石井雅史 訳］がある．野本和幸編，『フレーゲ著作集 6 書簡集 付「日記」』，勁草書房，2002，pp.321-383．（キーンツラーによる原編者註も訳してあり，理解の助けになる．）］

3 私の照会に丁寧にお答えいただいたライプツィヒ大学のクライザー（Lothar Kreiser）教授に多くを負っている．彼による見事な評伝（Kreiser, 2001）を参照のこと．バイナム（Terrall Bynum）が彼の著書（Bynum, 1972）に付した簡潔な評伝も有益である．

4 このあたりのドイツの歴史については，Craig (1978) の秀逸な著書がとても役立った．第一次世界大戦の源と発端については，Geiss (1967); Kagan (1995) を参照．フレーゲが，オーストリア軍の砲兵隊偵察員として前線に赴いた哲学者ウィトゲンシュタインに送った葉書がいくつか残っている．驚くには全く当たらないが，葉書はフレーゲが愛国主義ドイツ人だったことを物語っている（Frege, 1976）．［フレーゲが前線のウィトゲンシュタインに送った葉書の日本語訳（野本和幸訳）は，野本和幸編，『フレーゲ著作集 6 書簡集 付「日記」』，勁草書房，2002，pp.263-302．］

5 Frege (1996).

6 Sluga (1993); Frege (1976, pp.8-9).

7 引用したコメントについては，van Heijenoort (1967, p.1) を見よ．この文献には，フレーゲ『概念記法』のすぐれた英訳と註解（pp.1-82）が含まれている．別の英訳が，Bynum (1972, pp.101-166) にある．

8 ここで使っている記号は現在一般的に使われているもので，フレーゲ自身が使ったものではない．もちろん，重要なのは，どういう特定の記号を使うかということよりも，何を記号化すべきか，という点への根本的な洞察である．フレーゲが用いた記号が普及しなかったのは，印刷所の植字工を困らせる形状の記号だったこともあるが，イタリアの数理論理学者ペアノ（Giuseppe Peano）やラッセルが用いた記号法のほうが，より広範な人々の目に止まったというのが主な理由である．

9 フレーゲは，次のように書いている．「（前略）私が作り出したいと思っていたのは，ライプニッツの言う意味での記号言語（*lingua charactera*）であって，単なる推論計算（*calculus*

ratiocinator) ではない.」引用は, van Heijenoort (1967, p.2) より. Kluge (1977) も参照されたい.
10 この推論規則は, モーダス・ポネンス (modus ponens; 日本語では, 肯定式あるいは前件肯定式) として知られるものである. この語は, 12 世紀のスコラ論理学者たちに由来する.
11 私たちは, 普通フレーゲの論理学を, **一階の述語論理**と呼んでいる. これは, 量化子 $\forall$ と $\exists$ の適用を個体のレベルだけでなく, 性質 (述語) のレベルにも許容する論理体系と区別するためである. こういう体系——二階の述語論理——での命題の例を挙げると,

$$(\forall F)(\forall G)[(\forall x)(F(x) \supset G(x)) \supset (\exists x)(F(x) \supset (\exists x)G(x))]$$

のような具合であり, 一階の述語に量化子がつく. じつは, フレーゲは一階の述語論理を超え, 性質 (述語) のレベルに対する量化も考察していた. だから, 一階の述語論理を「フレーゲの論理学」と呼ぶのは, 厳密には正しくない.
12 厳密に言うと, このような「数」の説明のしかたは, フレーゲ自身の説明よりはラッセルが提案したものに近い. しかし, なぜそれがラッセルの逆理に対して脆弱なものだったかを理解するためには, 両者の説明は十分に近いものである.
13 本書を執筆中に, フレーゲが算術を論理的に基礎づけようとして展開したプログラムのうち, かなりの部分は救済可能であることを示す興味深い論文 (Boolos, 1995) が出た.
14 Frege (1960).
15 Dummett (1981); Baker and Hacker (1984).
16 計算機プログラムを明晰なものにするためには, プログラミング言語によって生み出される各部分の表現が担っている意味内容を, 精密に記述し得るようにすることは重要である. 別の言い方をするならば, そうした言語に「意味論」を提供することが大切になる. この問題に対するアプローチの 1 つとして盛んに研究されてきたものが, 「表示的意味論」(*denotational semantics*) として知られるものであり, 大元を辿るとじつはフレーゲの着想に基づいている. Davis et al. (1994, pp.465-556) を参照されたい.

第 4 章

1 Rucker (1982, p.3).
2 Dauben (1979, p.124) からの引用. これはライプニッツがフランス語で書いたオリジナルからの翻訳である. (Cantor, 1932, p.179). [この部分は Dauben の英文から訳した. オリジナルは, ライプニッツがフランスの哲学者フーシェ (Simon Foucher) に宛てた 1692 年の手紙 (*Journal de Sçavans*, March 16, 1693). カントルが引用した表現はドイツ語になっている.]
3 Dauben (1979, p.120).
4 Frege (1892, p.272). この引用は, カントルのある著作に対するフレーゲの書評の一部である. この書評については, 本章の終わりで再び言及する. [日本語訳は「書評 カントール氏の『超限に関する理論』について」[中戸川孝治訳], 野本和幸・飯田隆 編, フレーゲ著作集 5 数学論集, 勁草書房, 2001, p.25. 中戸川氏の訳を参考にさせていただいたが, 本書で引用されている文脈に合わせて, 表現に変更を加えた.]
5 カントルについての伝記的な情報については, Grattan-Guinness (1971), Purkert and Ilgauds (1987), および Meschkowski (1983) に信頼を置いて依拠した.
6 Meschkowski (1983, p.1) (著者による英訳).
7 数学者たちや物理学者たちが三角級数に大いに興味を持つようになったきっかけは, フランスの数学者フーリエ (Joseph Fourier) による 19 世紀初頭の驚くべき発見である. 三角級

数が何に収束するのかについては，ほとんど限界がないように思われた．たとえば，次の三角級数

$$\cos x + \frac{\cos 2x}{4} + \frac{\cos 3x}{9} + \frac{\cos 4x}{16} + \frac{\cos 5x}{25} + \cdots$$

は，x が 0 から 2π までの範囲の任意の値を取るとき（ただし x を角度と見たときの単位はラジアン），なんと $\frac{1}{4}x^2 - \frac{1}{2}\pi x + \frac{1}{6}\pi^2$ に収束する．ここで，x を 0 とおくと，

$$\frac{\pi^2}{6} = 1 + \frac{1}{4} + \frac{1}{9} + \frac{1}{16} + \frac{1}{25} + \cdots,$$

という式が得られる．ライプニッツの級数と同様に，円周率 π を自然数をもとにした級数で表現する公式になっている．ただし，こちらのほうでは，各項の分母に自然数の平方が並んでいる．

$$1 \times 1 = 1,\quad 2 \times 2 = 4,\quad 3 \times 3 = 9,\quad 4 \times 4 = 16,\quad 5 \times 5 = 25,\quad \cdots.$$

8 Euclid (1956, p.232)．［ユークリッド『原論』第 1 巻の公理 8 である．］
9 Gerhardt (1978, v.1., p.338)．ラテン語からの英訳は Alexis Manaster Ramer による．
10 私たちがみんな小学校で学ぶように，異なった分数の書き方で同じ数が表される場合がある．たとえば，

$$\frac{1}{2} = \frac{2}{4} = \frac{3}{6} = \cdots.$$

だから，分数と自然数との 1 対 1 対応を説明してある図は，分数の記法で表される数と自然数との対応そのものではなくて，分数の表し方と自然数との対応を示すものになっている．しかし，この問題は比較的簡単に解決できる．分数表現のリストで同じ数を表すものについては分母分子のいちばん小さいもの（既約分数）だけを残し，残りはすべて削除すればよい．［並び順は変えずに空いたところを前に詰める．］

11 超越数が存在することは，30 年ほど前にフランスの数学者リューヴィル（Joseph Liouville）によって，全く違うやり方で証明されていた．リューヴィルが証明できたのは，とんでもなく長く 0 の列が続くブロックを含むタイプの無限小数が，超越数でなければならないということであった．リューヴィルの方法を適用した超越数の例を示そう．

$$.10100001\underbrace{00000000000000000000000000}_{27}1\underbrace{000\cdots0}_{256}10\cdots$$

ここで，まばらに 1 が現われる桁に挟まれる 0 の列の長さは，順に $1^1 = 1, 2^2 = 4, 3^3 = 27, 4^4 = 256$, 等々となっている．カントルがこの論文を発表した時点で，まだ π が超越数であることは証明されておらず，証明されたのは 10 年近くのちのことである．$2^{\sqrt{2}}$ が超越数であることは，ようやく 1934 年になって証明された．

12 Grattan-Guinness (1971, p.358)．
13 カントルが基数を表すのに用いた記法は，現在ではあまり使われていない．今日の著者たちは，$\overline{\overline{M}}$ のかわりに，もっぱら $|M|$ と書くのが一般的である．
14 実際のところ，任意の等しくない 2 つの基数について片方が他方よりも大きいという命題は，無限集合については，そう自明なことではない．カントルの存命中には，この問題は解決がつかないままで残されていた．
15 なぜ自然数を要素とする集合すべての集合の基数が実数連続体と同じ基数になるかを理解するには，実数を通常見慣れている 10 進法ではなくて，2 進法——すべての桁の数字が 0 か 1 で表される無限小数——で表すことを考えてみるのが役立つ．10 進法で私たちが $\frac{1}{3} =$

0.3333… と書くのは，単に次のことを意味しているのを，まず確認しておこう.
$$\frac{1}{3} = \frac{3}{10} + \frac{3}{100} + \frac{3}{1000} + \frac{3}{10000} + \cdots.$$
2進法を使うと，1より小さい任意の実数は，0か1の数字だけが並んだ無限列で表すことができる．たとえば，
$$\frac{1}{4} = .0100000000\cdots,$$
$$\frac{1}{3} = .0101010101\cdots,$$
$$\frac{1}{\pi} = .0101000101\cdots,$$
$$\sqrt{\frac{1}{2}} = .1011010100\cdots.$$
ここで私たちが $\frac{1}{3} = .0101010101\cdots$ と書いているのは，次のことを意味する．
$$\frac{1}{3} = \frac{1}{4} + \frac{1}{16} + \frac{1}{64} + \cdots.$$
（分母が10ではなくて2の累乗になることに注意）

では，自然数を要素とする集合が与えられたとき，それに対応する唯一の実数を見いだす方法を説明しよう．各自然数 n について，与えられた集合に含まれているか否かを調べる．もし n がその集合に含まれていたら小数点以下 n 番目の桁の数字を1，含まれていなければ0とする．この手続きを，すべての自然数 n について施せば，与えられた集合に対応する2進法の無限小数を決めることができる．たとえば，もし与えられた集合が偶数全体の集合だったとしたら，無限小数は .0101010101… となる．これは，先ほど見たように $\frac{1}{3}$ に等しい．奇数全体の集合が与えられたのであれば，対応する実数は
$$.1010101010\cdots = \frac{2}{3}.$$
となるわけである．これで，自然数を要素とする集合すべての集合の基数が，0と1の範囲内にある実数の集合の基数と同じになることがわかった．カントルは，この区間内にある実数の集合と，すべての実数全体の集合とが，同じ基数を持つことも証明できた．（この証明は難しくない．）

細かいことだが，少しだけテクニカルに微妙な点があるので，触れておいたほうがいいだろう．特定の有理数は，2通りの異なる無限小数表現を持つ．だから，2つの異なる自然数の集合と対応してしまうことになる．たとえば，
$$\frac{1}{2} = .1000000\cdots.$$
$$= .0111111\cdots$$
だから，$\frac{1}{2}$ という数は，1だけからなる自然数の集合と，1を除くすべての自然数からなる集合との，両方と対応することになってしまう．確かに，このままでは1対1対応とは厳密には言えないわけだが，この難点は，こういうことが起こるのは基数が $\aleph_0$ である有理数の場合に限られるという事実を用いて克服することができる．

16 カントルが指摘したことだが，実数を要素とする集合すべての集合の基数は，実数から実数への関数全体の基数と等しい．

17　Grattan-Guinness (1971) および Dauben (1979) を見よ．バーバラ・ローゼン（Barbara Rosen）博士からは，専門家の視点からの親切なアドバイスをいただいた．

18　カントおよび関連する事項については，マイケル・フリードマン（Michael Friedman）氏の助けに感謝する．（もっとも，ヘーゲルに対する私の非難に関しては，フリードマン氏には何の責任もない．）

19　Cantor (1932, p.382) および Frege (1892) からの引用．私には非常に難しかったドイツ語の原テクストを読解し翻訳するのを手助けしてくれたエゴン・バーガー（Egon Börger），ウィリアム・クレイグ（William Craig），マイケル・リヒター（Michael Richter），ウィルフリート・ジーク（Wilfried Sieg）の各氏に感謝する．［日本語訳文については，本章の註4の訳者補足を参照されたい．］

第5章

1　ヒルベルトに関する伝記的事実については，リードによる評伝（Reid, 1986），ブルーメンタール（Otto Blumenthal）の伝記的エッセイ（Hilbert, 1935/1970, pp.388-429），およびワイル（Hermann Weyl）の追悼記事（Weyl, 1944）に依拠した．

2　多くの読者は，$\sqrt{2}$ が無理数であることを，ご存知であろう．（前章で説明したように，これは，この数が自然数を分母と分子に持つ分数の形では表現できないことを意味する．あるいは，これと論理的に同値な言い方で，この数の無限小数展開が循環小数の形にはならないと言ってもいい．）この事実を用いて，次の定理の**構成的でない**エレガントな証明を与えることが可能である．

「a^b が有理数となるような2つの無理数 a と b が存在する．」

これを証明するために，数 $\sqrt{2}^{\sqrt{2}}$ を表すのに文字 q を用いることにしよう．この q は，有理数であるか無理数であるかのどちらかである．もし q が有理数であれば，$a = b = \sqrt{2}$ とおけば，これが証明すべき結果であることは明らか．もし q が無理数であれば，こんどは $a = q$ および $b = \sqrt{2}$ とおけばよい．簡単にわかるように，

$$a^b = q^{\sqrt{2}} = (\sqrt{2}^{\sqrt{2}})^{\sqrt{2}} = \sqrt{2}^{(\sqrt{2}\cdot\sqrt{2})} = (\sqrt{2})^2 = 2$$

となり，この場合も無理数の無理数乗が有理数になっている．この証明は，構成的なものではない．なぜなら，2つだけの可能性しかないとはいえ，どちらの場合が成り立つかは明らかにされていないので，証明を満たす数 a と b は特定されないままだから．（じつは，q は無理数であることがわかっている．しかし，あまり簡単な証明方法は知られていない．）

3　代数的不変式の理論では，いわゆるユニモジュラー変換［行列式が1の線形変換］が成り立つ場合について，特に興味深い議論ができる．ここでは，方程式の中のある変数（たとえば x）を，別の新しい変数 y を用いた表現 $\frac{(ry+s)}{(py+q)}$ で置き換えることを考えてみよう．ここで p, q, r, s は，$ps - rq = 1$ または $ps - rq = -1$ を満たす係数とする．ブールは一般の2次方程式 $ax^2 + bx + c = 0$（a, b, c はどんな数の役割もできる文字として使われているので「一般」の n 次方程式という言い方になる）について，代数表現 $b^2 - 4ac$（高校代数の教科書で**判別式**として習うもの）がこの変換のもとで**不変**になることを見いだした．少し補足しよう．元の2次方程式の x を上記の y の分数式で置換して分母を払うと，y についての新しい2次方程式が得られる．これを $Ay^2 + By + C = 0$ と書こう．新しい係数 A, B, C は，a, b, c, p, q, r, s を含む式で表現される．$b^2 - 4ac$ が不変式だというのは，新しい方程式について判別式 $B^2 - 4AC$ を計算してみると，ぴったり $b^2 - 4ac = B^2 - 4AC$ となっていると

いう意味である．
変換についての条件 $ps - rq = \pm 1$ を課すことなしに，2 つの判別式の間には
$$B^2 - 4AC = (b^2 - 4ac)(ps - rq)^2$$
が成り立つことが［数Ⅰレベルの］計算で確認できるはずである．これを自分で確認したいという読者で，高校代数の式の計算はいまさらと感じる方には，方程式の 2 根を x_1, x_2 とおいてみることをお薦めする．こうすると，元の方程式は
$$ax^2 + bx + c = a(x - x_1)(x - x_2)$$
と書け，判別式は，以下のように表すことができる．
$$b^2 - 4ac = a^2(x_1 - x_2)^2$$

4　ワイルは追悼記事（Weyl, 1944）で，次のように記している．
　　じっさい，新しいアイデアの発見と新しい強力な方法の導入によって，彼はこの理論をクロネッカーとデデキントによって整備された代数学の新しいレベルへと高めただけでなく，その徹底的な探求の結果，（中略）問題をほとんど完全に解決してしまった．彼は論文 Über die vollen Invariantensysteme（不変式系の全体について）の結語に，正当な誇りをもって次のように書いている．「かくして，（中略）〔代数的〕不変式の理論の最も重要な目的がここに達成されたと，私は考える．」そして，この言葉をもって彼は不変式論の舞台から姿を消すのである．
　　［ヒルベルトの結語部分にある〔代数的〕は，著者が補った表現．ワイルからの引用部分は，彌永健一氏の訳を参考にした．］

5　整数論は，古くは自然数 $1, 2, 3, \cdots$ のあいだに見いだされる驚くべき関係——特に素数や整除性に関する問題など——を扱う分野として研究されてきた．代数的整数論では，これらの問題のいくつかは，特定の代数方程式の根（実根であれ複素根であれ）を整数に添加することで得られる領域において考察される．ガウスは，m, n を通常の整数としたときに $m + n\sqrt{-1}$ の形で表される数の体系について研究し，これら「ガウス整数」の中でも素数が定義でき，素因数分解の一意性が通常の整数の場合と全く同じように成り立つという定理を証明した．しかし，たとえば $m + n\sqrt{10}$ の形の数について調べてみると，そういうふうにはゆかない場合があることがわかる．反例を記すと，
$$6 = 2 \cdot 3 = (2 + \sqrt{10})(-2 + \sqrt{10})$$

これらの因子，2，3，$2 + \sqrt{10}$ および $-2 + \sqrt{10}$ が「素数」であることは容易に示すことができ，素因数分解の一意性は成り立たない．カントルの友人デデキントと，カントルの天敵クロネッカーは，素因数分解の一意性を復活させるための方法を，それぞれ少し違った形で示し，それらは現在の代数学における素イデアルの理論につながっている．ケーニヒスベルク時代のヒルベルトは，彼の親しい先輩フルヴィッツと何度も何度も長い散歩に出てはこの問題を議論していたが，彼らはデデキントの理論もクロネッカーの理論も「ひどく汚い（scheusslich）」という意見で一致していた．これに対し，ヒルベルトが「数論報告」で示した扱いは，はるかにエレガントである．

6　Hilbert (1935/1970, pp.400, 401)．

7　講演では，ヒルベルトが 23 の問題すべてを述べる時間がなかったので，その一部を選んで紹介するにとどめた．全 23 の問題について述べた講演の全文は，Mary Winston Newson によって英訳されている．Browder (1976, pp.1-34) を見よ．

8　Browder (1976) を見よ．私は第 10 問題についての記事を共著した．

9　このフレーゲの言葉は，第 4 章の終わりに，より詳しく引用されている．
10　van Heijenoort (1967, pp.129-138).
11　ポアンカレによる，カントル，ヒルベルト，ラッセルに対する批判については，Poincaré (1952, Chapter III) を見よ．［吉田洋一訳，『科学と方法』，岩波文庫版では pp.150-170．］
12　ラッセルによる「念入りに作られた不格好な」階層構造は，正式には「分岐的型理論」と呼ばれる．
13　フレーゲの『概念記法』がそうであったように，『プリンキピア』でも $A \supset B$ と A の形をした論理式のペアから論理式 B を導出すること（モーダス・ポネンス＝前件肯定式または分離規則として知られるもの）を基本的な推論規則として用いていた．このことはフレーゲにおいては非常に明確であったのに対し，ホワイトヘッドとラッセルはこの規則を「原始命題：真なる命題によって含意されることは，すべて真である」などと表現することによって話を混乱させてしまっている．（Whitehead and Russell, 1925, p.94）．
14　Brouwer (1996).
15　ブラウワーの博士論文は，オランダ語で書かれた．Brouwer (1975, pp.13-97) に英訳がある．
16　van Stigt (1990, p.41).
17　ブラウワーの博士論文からの引用（Brouwer, 1975, p.96）．
18　本章の註 2 で示した非構成的証明の例では，「q は，有理数であるか無理数であるかのどちらかである」という部分で排中律が使われている．
19　ワイルを特に不安にさせたのは，カントルやデデキントの仕事の中でいわゆる**非可述的**（*imprdicative*）な定義が多用されていることだった．なんらかの数学的対象が非可述的に定義されているとは，それ自身が要素となっている集合を用いて定義されていることを言う．数学的対象を 1 つずつ構成的に積み上げられてゆくものと考える哲学的立場からすると，このような定義のしかたは受け入れ難い．なぜなら，問題の集合が，その各要素が定義される以前に構成されていることは不可能だから．これと正反対の哲学的立場では，数学的対象は構成や定義に先行して存在していると考え，定義は単にすでに存在しているものを特定するだけだ（「マティルダはこの部屋でいちばん背の高い人だ」と特徴づけて指示するのに似たやり方で）と考える．後者の立場はプラトニズムと呼ばれるが，ワイルにとっては認め難いものだった．
20　これは，1922 年に最初コペンハーゲンで次いでハンブルクで行われた演説の一部である．ヒルベルトの激烈なレトリックと彼が過ごしていた当時の状況との関連に注意を喚起してくれたウォルター・フェルシャー（Walter Felscher）に感謝する．全文の英訳が Mancosu (1998, pp.198-214) にある．英訳は十分に正確なものであることを確認したが，オリジナルにみられる激しさは適切に伝えられていない．私自身による手直しを行う際には，いくつかの別訳およびドイツ語の原文を参照した．（Hilbert, 1935/1970, pp.159-160）．
21　Reid (1986, pp.137-138, 144, 145)［リード，彌永訳，岩波現代文庫版では pp.267-268, 282-283］．ドイツ知識人たちによる声明書の背景については Tuchman (1962/1988, p.322) を見よ．
22　Reid (1986, p.143).［リード，彌永訳，岩波現代文庫版では pp.279-280］．
23　Hilbert (1935/1970, p.146)（著者による英訳）．
24　ヒルベルトのプログラムは，次の興味深いエッセイで議論されている：Mancosu (1998, pp.149-197)．ヒルベルトの考え方の発展を明瞭に示す未発表文書にもとづく包括的な議論と分析を行った Sieg (1999) も参照せよ．ベルナイスの貢献についての興味深い事実については，Zach (1999) を見よ．フォン・ノイマンによる直観主義に対する帰謬法の議論については，Mancosu (1998, p.168) を見よ．「有限の立場」で端的にどういう方法が許容されるの

か，ヒルベルトの記述が完全に明示的になることは決してなかったが，彼が思っていたのはブラウワーが認めるだろうものよりもさらに制限されたものだった，というのが一般的に合意された見方であることは言い添えておくべきだろう．

25　van Heijenoort (1967, p.373).
26　van Heijenoort (1967, p.376).
27　van Heijenoort (1967, p.336).
28　Reid (1986, p.187).［リード，彌永訳，岩波現代文庫，p.364］
29　van Stigt (1990, p.272).
30　van Stigt (1990, p.110).
31　van Stigt (1990, pp.285-294); Mancosu (1998, pp.275-285).
32　計算機科学における直観主義的論理ついては，Constable (1986) を参照されたい．
33　Hilbert (1935/1970, pp.378-387).
34　Dawson (1997, pp.69-70).［ドーソン，村上・塩谷 訳，新曜社，pp.103-105］

第6章

1　ゲーデルがアイゼンハウアーに投票したことにアインシュタインが呆れたという話については，ドーソンによるゲーデルの評伝を見よ（Dawson, 1997, p.209.）［ドーソン，日本語訳，pp.283-284.］この卓抜なゲーデルの評伝を繙くことができたのは，じつに幸運である．1983年にザルツブルクで開かれた招待者限定のゲーデルについてのシンポジウム（私は参加する名誉に浴した）を元にまとめられた追想録 *Gödel Remembered* (Weingartner and Schmetterer〔eds.〕, 1983) も参考にした．ある時期ゲーデルと非常に親しかったクライゼルによる追悼の回想録 (Kreisel, 1980) は，とても興味深い内容を含んでいるが，残念ながら完全には信頼できない．ゲーデルの死後に刊行された著作集には，論理学者ソロモン・フェファーマン（Solomon Feferman）が簡潔ながら思慮の行き届いた評伝を寄せている（Gödel 1986/1990, vol.I, pp.1-36).
2　Gödel (1986/1990, vol.III, pp.202-259).
3　Dawson (1997, pp.58, 61, 66.)［ドーソン，日本語訳，pp.86-87, 91-92, 99.］
4　Weingartner and Schmetterer〔eds.〕(1983, p.27).
5　もちろん「フレーゲ-ラッセル-ヒルベルトの記号論理学」という言い方は，単純化し過ぎである．基礎的な論理系としてヒルベルトが取り上げたのは一階の述語論理と現在呼ばれているものに当たるが，これはフレーゲやラッセルが扱った体系の一部分でしかない．
6　ゲーデルによる当時の論理学者たちの盲点の指摘については，ドーソンの評伝を見よ（Dawson, 1997, p.58.）［ドーソン，日本語訳，pp.86-87.］ゲーデルの学位論文およびそれをもとに専門誌に発表された論文（オリジナルの独語版と英訳）が，完全な形でゲーデル著作集 (Gödel, 1986/1990, vol.I, pp.60-123) に収録されている．直前 (pp.44-59) に Burton Dreben と Jean van Heijenoort による啓発的な序説が付されている．
7　ヒルベルトの超数学における有限の立場での方法は，しばしば「直観主義的」なものだと特徴づけられるが，ヒルベルト自身が思っていたものはブラウワーが認めるだろうものよりもさらに強い制約を課すものだったということが大いにあり得る．この点に関する議論については，Mancosu (1998, pp.167-168) を見よ．
8　Gödel (1986/1990, vol.I, p.65).
9　特に重要なことではないが，ゲーデルが記号列をコード化するのに実際に用いたのは，各記号をアラビア数字に置き換えて十進法数字の各桁に並べてゆく方法ではなかったということは，断っておいたほうがいいだろう．彼は，自然数の素因数分解が一意的であるという事実

を利用したコード化を用いた．記号の位置に各素数を対応させ，記号ごとに対応させた数を各素数のベキ指数とし，すべての積をとる方法である．簡単な例を示しておくのがいいだろう．記号列 $L(x,y)$ は，私たちのコード化の方法では 186079 というふうになるが，ゲーデルが用いたコード化の方法だと $2^1 3^8 5^6 7^0 11^7 13^9$ といった具合になる．

10　この画期的な論文には，いくつもの英訳が存在する．最もすぐれた英訳はゲーデル本人の認可付きの van Heijenoort によるもの（van Heijenoort, 1967, pp.596-616）で，ゲーデル著作集にも収録されている（Gödel, 1986/1990, vol.I, pp.144-195）．こちらは，対向ページに独語オリジナルを配した対訳版．［日本語訳は，林晋・八杉満利子，『ゲーデル 不完全性定理』，岩波文庫，pp.15-72．］ゲーデルがどのようにして不完全性定理を発見したかに興味のある読者は，Dawson（1997, p.61．［ドーソン，日本語訳，pp.91-92］）を見よ．

11　哲学的な疑念を呼びやすい「真」といった概念に頼るのを避けるため，ゲーデルは議論をテクニカルに詰めることに専念し，「ω-無矛盾性」という通常の無矛盾性より強い性質を仮定して，証明を導いた．したがって，彼の定理は正確には次のことを述べている．「もし **PM** が ω-無矛盾であると仮定すると，次のような命題 U すなわち，U も，その否定 $\neg U$ も **PM** の内部では証明できない **PM** の命題が存在する．」ω-無矛盾性の仮定を，どのようにすれば通常の無矛盾性だけの仮定に置き換えられるかという重要な進展は，数年後にロッサー（J.B. Rosser）によってもたらされた．その間に達成された他の仕事（とりわけ次章で取り上げるアラン・チューリングの業績）と合わせて，ゲーデルの結果を次のような魅力的な形で述べることが可能になった．**PM** のような体系にどんな公理群を追加したとしても，それらの公理がアルゴリズム的に明示的に指定されたものであって，かつ矛盾（すなわち $A \wedge \neg A$ の形の命題）を導くものでない限り，その新しい体系の内部にも必ず決定不可能な命題が存在する．

12　**PM** の無矛盾性証明は **PM** が用意するいかなる数学的方法を使っても不可能であるとゲーデルが証明したあとでは，有限の立場が許容する制限された方法で無矛盾性を証明するというヒルベルトの目標は成功する望みのないものになった，と考えるのは自然なことである．明らかに，これがフォン・ノイマンの下した結論であった．ゲーデル本人は，それほど明白だとは考えなかった．彼は，**PM の内部**では許容されていないけれど「有限の立場」として認められる何らかの証明方法がまだ存在していて，無矛盾性が証明できるかもしれないという希望を持っていた．ゲーデルの発見に続く何十年かの間に起こったことは，さまざまな証明方法が，認められるべき方法の基準に関する主張とともに提案され，発展してきたという事実である．その結果として得られた多くの無矛盾性証明が，当該の体系の確実性についての信頼を付け加えたと思う人が多いとは言い難いが，ヒルベルトに始まる証明論は活発な研究分野として続いてきた．

13　ソフトウェア産業でおもに用いられているプログラミング言語（C 言語や FORTRAN など）は，ふつう命令型プログラミング言語と呼ばれている．これらのプログラミング言語で順に各行に書かれているのは，コンピュータが何を実行するかの命令に当たると考えることができるからだ．C++ のようなオブジェクト指向プログラミング言語も，基本的には命令型だと言える．これに対して LISP のような関数型プログラミング言語と呼ばれるものでは，プログラムの各行に書かれているのは操作の定義である．コンピュータに何をしろと告げるのではなくて，むしろコンピュータが提供すべきものが何であるかの定義を与えるのである．ゲーデルが証明に使った特別な言語は，このような関数型プログラミング言語にとてもよく似ている．

14　本章末の付録で簡略に示した PA の記号列を自然数へとコード化する方法を例に，超数学的な概念を自然数の操作に翻訳しようとするとき，どんなことが持ち上がってくるかを少し調べてみることができる．まず最初に「ある記号列のコード番号が与えられたとして，元の記

号列はどれだけの長さか？」という問いを考えてみよう．私たちのコード化の方法なら答えは簡単で，1つの記号ごとに2桁ぶんのアラビア数字を充てているから，コード番号の桁数の半分が元の記号列の長さだ．コード番号 r に対応する記号列の長さを $L(r)$ と書くことにしよう．次の問いはこうだ．2つの記号列が与えられたとき，最初の記号列の直後に次の記号列を並べることで新しい記号列を作ることができる．与えられた記号列のコード番号が r と s のとき，新しい記号列のコード番号はいくつか？ $r10^{2L(s)}+s$ が答えである．最初の項は r に 10 のベキ乗を掛けたもので，10 の肩に書かれた個数の 0 を r の十進表現のあとに続けた数だ．これら 0 が並んだ各桁に s の十進表現のアラビア数字を入れてゆけば，求めるコード番号になるわけだ．ゲーデルの原論文にならって，この数を $r*s$ で表すことにしよう．こんどは，r と s が2つの命題を表す記号列のコード番号だとしよう．2つの命題記号列の間に論理的含意の記号 ⊃ をはさみ，全体をカッコでくくった論理式記号列のコード番号はいくつか？ コード化の表 [p.131] を参照することによって，私たちは $41*r*10*s*42$ という答えを得る．こうしたやり方を続けてゆくことで，より複雑な超数学的概念も，算術演算の言葉に翻訳できる．

15 中国の剰余定理が文献に現われるのは，11 世紀の中国にまで遡る．定理は，次のような演習問題の形で説明することができる．「6 で割ると余りが 2 となり，11 で割ると余りが 5 となるような自然数を見つけよ．」ちょっと少し試行錯誤してみると，38 が答えになることがわかる．定理としての中国の剰余定理は，除数が互いに素な（どの 2 つの除数も 1 以外の公約数を持たない）整数である限り，与えられた剰余を残すような最小の正の整数が一意的に見つかることを保証している．だから，たとえば 3, 7, 10, 11 で割ったときの余りがそれぞれ 1, 4, 8, 9 となる最小の正整数は，ただ一つ存在する．しかし，除数のうちの 7 を 14 に置き換えたような場合は，必ずしもこの保証はない（除数のうちの 14 と 10 が公約数 2 を持つから）．ゲーデルは，この中国の剰余定理をコード化の道具として使った．いくつかの数が長く続く列は，任意のペアが互いに素な（1 以外の公約数を持たない）除数を集めた組を用意しておけば，単一の整数でコードできる．これらの除数で割った余りそれぞれが元々並んでいた各数というふうにできるからだ．割り算で決まる「余り」は初等算術の言葉で容易に定義できるから，これにより多くの自然数が絡むような関係についても算術の言葉ですぐに表現できる．

中国の剰余定理を用いて有限自然数列をコード化するゲーデルのテクニックは，私自身の専門的な研究人生でも重要な役割を果たした．私は博士論文（1950 年プリンストン大学に受理された）研究の一部として，ヒルベルトが 1900 年のリストに挙げたうちの「第 10 問題」に取り組んだのだが，中国の剰余定理は私が部分的な結果を得る上で非常に重要だった．その後も，ヒラリー・パットナム（Hilary Putnam）およびジュリア・ロビンソン（Julia Robinson）とともに私は「第 10 問題」の研究を続けたが，この定理を本質的なところで使い続けた．ヒルベルトの第 10 問題を解決する最後の決定的なステップは，1970 年，当時 22 歳だったロシアの数学者ユーリ・マチャセビッチ（Yuri Matiyasevich）によって与えられた．興味ある読者は，一般向けに書かれた Davis and Hersh の記事（1973）を参照されたい．［別冊サイエンス 65, 1983 に収録の日本語訳あり］

16 カルナップ，ハイティンク，フォン・ノイマンのケーニヒスベルク会議での講演は，全文の英訳が Benacerraf and Putnam (1984, pp.41-65) に収録されている．

17 ケーニヒスベルクの円卓討論でのゲーデルの発言（独語オリジナルと英訳）およびドーソン（John Dawson）による解説的コメントについては，Gödel (1986/1990, vol.I, pp. 196-203) を見よ．ドーソンによる評伝も参照のこと．(Dawson, 1997, pp.68-71. ［ドーソン，日本語訳, pp.101-106.］)

18 Dawson (1997, p.70. ［ドーソン，日本語訳, pp.103-104］).

19　Goldstine（1972, p.174.［ゴールドスタイン，日本語訳，p.198］）．
20　この研究では，きわめて巨大な超限基数を援用するのだが，その話は本書の射程範囲外に及んでしまう．これに批判的な立場を代表するフェファーマンによる，興味深い記事があるので参照されたい（Feferman, 1999）．
21　Dawson（1997, pp.32-33, p.277.［ドーソン，日本語訳，pp.52-53, p.376］），Olga Taussky-Todd (in Weingartner and Schmetterer〔eds.〕, 1983, pp.31-41.)
22　Dawson（1997, p.34.［ドーソン，日本語訳，p.56］）．
23　Dawson（1997, p.111, p.130.［ドーソン，日本語訳，pp.160-161, p.183］）．
24　Weingartner and Schmetterer (1983, p.27).
25　これらの投稿記事のうちで最も興味深いものは，ブラウワーの基本的な考え方を取り込むことを意図して彼の弟子ハイティンクが発展させた，形式体系に関するものである．ブラウワー自身は，どんな形式言語も彼の概念を歪めることなく正確に定義できないと確信していたが，ハイティンクが展開した仕事に対しては不承不承ながら興味を表明した．ハイティンクの体系の一つ HA（ハイティンク算術）は，ある意味で PA と非常によく似ているが，基底にある論理だけは違っていて，フレーゲの推論規則の替わりに，ブラウワーが認めていいと考えたものを保つ推論規則にしてある．特に，排中律を用いる推論は HA の中では遂行できなくなっている．ゲーデルが見いだしたのは，PA を HA の中に翻訳する，シンプルな方法である．だから，直観主義の数学が普通の古典数学よりも狭いという常識に反し，この見方を採ると，ある意味で直観主義の体系は古典的な体系をその一部として含むことになるのである．特に，もし何であれ HA の無矛盾性の証明が存在すれば，ただちにそこから PA の無矛盾性の証明が導かれる．
26　Dawson（1997, pp.103-106.［ドーソン，日本語訳，pp.151-153］）．
27　Weingartner and Schmetterer (1983, p.20).
28　Dawson（1997, pp.142, 146.［ドーソン，日本語訳，pp.199-200, p.205］）．
29　Dawson（1997, p.91.［ドーソン，日本語訳，p.132］）．
30　Dawson（1997, p.147.［ドーソン，日本語訳，p.206］）．
31　Dawson（1997, pp.143-145, 148-151.［ドーソン，日本語訳，pp.200-204, pp.208-211］）．
32　Dawson（1997, p.153.［ドーソン，日本語訳，p.212］）．
33　Browder (1976, p.8).
34　より正確に述べると，このときゲーデルが示したのは，もし PM または集合論の公理系にもとづく体系が無矛盾であったとしたら，そうした体系に連続体仮説を新しい公理として加えた体系も無矛盾になる，ということである．だから，これらの体系が無矛盾である限り，連続体仮説を反証することはできない，という結論になる．
35　「闘い」は激しさを失わずに続いている．連続体仮説が「本質的に曖昧な」言明だというのは，高名な論理学者ソロモン・フェファーマンが彼の記事（Feferman, 1999）で採っている立場である．初め立場が少し揺れていたゲーデルは，最終的には，連続体仮説は曖昧では全くないし，実際に完全に意味のある言明であると確信するに至った．そして，おそらく偽である可能性が高いと言っている．
36　Gödel (1986/1990, vol.II, pp.108, 186).
37　Gödel (1986/1990, vol.III, pp.49-50).
38　Gödel (1986/1990, vol.II, pp.140-141).
39　Gödel (1986/1990, vol.III) には，生前未発表だったゲーデルの仕事のほとんどが収録されている．
40　ゲーデルが彼の後継者の地位にロビンソンが就くをの希望していたことについては Dauben

(1995, p.458) を，文面を引用したゲーデルの手紙については Dauben (1995, pp.485-486) を参照．
41 Dawson (1997, pp.153, 158, 179-180, 245-253. ［ドーソン，日本語訳，p.212, pp.218-220, pp.247-249, pp.328-337］)．

第 7 章

1 Huskey (1980, p.300)．
2 Ceruzzi (1983, p.43)．
3 私は，ホッジス（Andrew Hodges）による感動的に美しく書かれたチューリングの評伝を繙（ひもと）く幸運に恵まれた（Hodges, 1983.［ホッジス，土屋俊ほか訳，2015 & 2015］)．
4 Hodges (1983, p.29.［ホッジス，日本語訳，上巻 p.53］)．
5 チューリングは，亡くなった友人への彼の感情を鮮烈な言葉で表現している．「彼が踏み歩いて地面に残した足跡をあがめた」こと，そして，彼と比べたら「他のどの少年も凡庸に思えた」ことを．(Hodges, 1983, p.35, p.53.［ホッジス，日本語訳，上巻 p.62, pp.97-98］)．
6 Hodges (1983, p.57.［ホッジス，日本語訳，上巻 p.105, p.188］)．
7 Hodges (1983, p.94.［ホッジス，日本語訳，上巻 pp.164-165］)．
8 実際には，ヒルベルトは「決定問題」をこの通りには述べていない．彼は，一階述語論理の表現として与えられた論理式が，あらゆる解釈について真（妥当あるいは恒真）となるか否かを決定（判定）する手続きを求めていた．しかし，ゲーデルが完全性定理を証明したので，本文中に記したかたちで述べた問題とヒルベルトが述べたオリジナルの問題とは，同等であることが明らかになる．
9 ヒルベルトの決定問題（$Entscheidungsproblem$）への取り組みは，おもに冠頭標準形（$prenex\ formulas$）と呼ばれる表現を扱うかたちで行われた．論理式には，論理記号 ¬ ⊃ ∧ ∨ ∃ ∀ が出てくるが，論理記号のうちの存在量化子または普遍量化子を使う表現 (∃..) や (∀..) が式の頭——他のすべての記号の前に——に集まって現れるものを冠頭標準形という．「決定問題」が，この冠頭標準形で書かれた論理式に関するアルゴリズムを求める問題へと還元できることが，さほどの困難なく証明された．すなわち，冠頭標準形の論理式が与えられたとき，その論理式が充足可能か否か——つまり論理記号のほかに式に出てくる記号に何らかの意味を与えたときに論理式を真なる命題として解釈できる場合があるかどうか——を判定するアルゴリズムを求める問題に還元できる．理解を助けるために，次の 2 つの冠頭標準形の論理式

$$(\forall x)(\exists y)(r(x) \supset s(x, y)) \quad と \quad (\forall x)(\exists y)(q(x) \wedge \neg q(y))$$

を取り上げてみよう．最初の論理式は，充足可能である．たとえば，2 つの変数 x, y がある時点で存命の人物を表していると考え，$r(x)$ は「x は単婚者として結婚している男性である」を意味し，$s(x, y)$ は「y は x の唯一の妻（the wife）である」を意味するものと解釈してみよう．したがって，この解釈のもとで最初の冠頭標準形論理式は「単婚者として結婚している男には，ただ 1 人の妻がいる」という意味の主張を述べており，明らかに真である．他方，2 番目の冠頭標準形論理式は充足可能ではない．なぜなら，変数がどのような世界の個体を表すと考えてみても，記号 q をどのような述語だと解釈してみても，この論理式は「すべての個体が q と表される性質を持つ」ことを主張しながら，「ある個体は q と表される性質を持たない」ことも同時に主張しているからだ．これらの主張が両立し得ないことは明らかである．
冠頭標準形の論理式は，存在量化子と普遍量化子が式の冒頭にどのような順序パタンで現わ

れるかによって分類される．たとえば，∀∃∀ 型の冠頭標準形と言えば，式の冒頭に出てくる量化子が (∀..) (∃..) (∀..) の形をしている論理式の集まりを指す．1932 年に発表した論文で，ゲーデルは次の型

$$\forall\forall\exists\cdots\exists$$

の冠頭標準形の任意の論理式が充足可能かどうかを決定するアルゴリズムを与えている．その 1 年後に発表した論文で，彼は次の型

$$\forall\forall\forall\exists\cdots\exists$$

になっている任意の冠頭標準形の論理式について充足可能性を判定するアルゴリズムを与えることができれば，ヒルベルトの「決定問題」は解けたことになるという証明を与えている．こうして，問題を完全に解くのに必要な，残されたギャップは，たった 1 つの普遍量化子 ∀ だけというところまで煮詰まってきていたのである．

ゲーデルの当該論文は，Gödel (1986/1990, vol.I, pp.230-235, 306-327) に，ドイツ語オリジナルと英訳との対訳形式で収録されている．同巻に付された Warren Goldfarb による啓発的な序説（pp.226-231）は，この問題に対する初期のいくつかの研究を紹介した記述も含んでいる．

10　Hodges（1983, p.93.［ホッジス，日本語訳，上巻 p.163］）．
11　この点についてのチューリングの議論は，もっと注意深いものである．Turing (1936, pp.250-251)．再録版では，Davis〔ed.〕(1965, pp.136-137); Turing (2001, pp.18-19); Copeland (2004, pp.75-77)．［佐野勝彦による日本語訳では pp.37-38．井田哲雄ほかによる（ペゾルドの註釈を含む）日本語訳では pp.294-297．］
12　決定問題の非可解性はここで述べたやり方で証明可能だが，十進記数法で書かれた数を扱うチューリング機械での仕組みを作るのが必要になったりして，相当ごちゃごちゃしたものになってしまう．チューリング自身が実際にやったことに話を近づけるために，私たちはまず与えられたチューリング機械が何も書かれていないテープで計算を始めた場合も，機械が最終的に停止するか否かを判定する問題は非可解であることを示そう．仮に，そのような判定をできるアルゴリズムがあったとしてみよう．その仮定をもとに，n が D に属するか属さないかを判定するアルゴリズムが，次のようにして構成できる．まず，与えられた数 n がチューリング機械 T をコードしているとき，それを構成している 5 つ組をすべて書き出す．ついで，テープ上に数 n を最初に書き込む動作を起こす 5 つ組をリスト・アップする．両方の 5 つ組リストを合わせたものは新しいチューリング機械を指定するが，この機械に白紙のテープを与えて計算を開始させると，まず数 n をテープに書き込み，そのあとは T に数 n を入力として与えて計算させたのと全く同じことをするはずである．何も書かれていないテープを与えて計算を始めたこの新しい機械が停止するのは，数 n を入力として与えた T が停止する場合で，かつその場合に限ることになるから，これは「n が D に属さない」が真の場合に，かつその場合に限り起こることになる．したがって，与えられたチューリング機械が白紙のテープで計算を始めたとき停止するか否かを判定するアルゴリズムを求めるという問題は，与えられた数 n が D に属するか属さないかを判定するアルゴリズムを求める問題と同等であり，非可解である．

次に，このことから，与えられたチューリング機械が特定の記号を印字することがあるか否かという問題もまた非可解であることがわかる．なぜなら，F をどの 5 つ組の先頭にも現われない記号として，チューリング機械が停止したときの状態はつねに F となるよう，本質的なところに影響なく取り決めておくことが容易にできる．その上で，X をどの 5 つ組にも現われない記号だとして，次の 5 つ組を付け加えてみよう．

$$F\,a:X*F$$

ここで，a は元の5つ組に現われる任意の記号を代表するものとする．こうして得られる新しい機械は，元の機械が停止した場合にだけ，記号 X を印字する．この状況を眺めてみれば，与えられたチューリング機械が白紙のテープで計算を始めたときに，特定の記号を印字することがあるか否かを判定するアルゴリズムも存在し得ないことが理解できる．チューリングが一階述語論理の言語で表現し，「決定問題」の非可解性という結果を得たのは，このかたちで提示された問題である．

13 Turing (1936, pp.243-246)．再録版では，Davis〔ed.〕(1965, pp.129-132)；Turing (2001, pp.31-34)；Copeland (2004, pp.69-72)．〔佐野勝彦による日本語訳では pp.29-32．井田哲雄ほかによる（ペゾルドの註釈を含む）日本語訳では pp.225-243．〕
14 Davis (1982), Gödel (1986/1990, vol.I, pp.194-195．〔林・八杉訳では p.62．〕）
15 チューリングの博士論文は，Davis (1965, pp.155-222) に再録されている．ここで述べた論理体系の階層性は，カントルの超限順序数まで拡張されることを付け加えておいたほうがいいだろう．つまり，最初の，2番目の，3番目の $\cdots$ 等々の体系を階層的に積み重ねていったあと，ω 番目の体系，$\omega+1$ 番目の体系，等々にまで続いてゆく．
16 Hodges (1983, p.131)．〔ホッジス，日本語訳，上巻 pp.225-226〕．
17 Hodges (1983, p.124)．〔ホッジス，日本語訳，上巻 p.214〕．
18 Hodges (1983, p.145)．〔ホッジス，日本語訳，上巻 p.246〕．のちのコルモゴロフやチャイティンによる複雑度（*descriptive complexity*）の理論をご存知の読者には，このゲームは，フォン・ノイマンが彼らの理論に近いことを考えていた可能性を思わせるヒントに見えるかもしれない．
19 Hodges (1983, p.545)．〔ホッジス，日本語訳，上巻 p.405〕．
20 国防市民軍に関するチューリングの冒険譚については，ブレッチリー・パークで彼と一緒に仕事をした数学者ピーター・ヒルトン（Peter Hilton）が詳しく述べている．(Hodges, 1983, p.232．〔ホッジス，日本語訳，上巻 pp.380-382〕)．
21 この仕事は，単独の人間の手に負えるようなものではなかった．おそらく，最も大きな貢献をした人物はタット（W. T. Tutte）だと思われる．チューリングの役割も含むフィッシュ解読の経緯については，以下に故タット教授がテクニカルな記述を残している．
    http://www.usna.edu/Users/math/wdj/_files/documents/papers/cryptoday/tutte_fish.pdf

第8章

1 M. Davis and V. Davis (2005) も参照されたい．
2 この引用については Goldstine (1972, p.22．〔ゴールドスタイン，末包良太ほか訳では，p.24〕）を参照．魅力的に書かれたエイダの評伝 (Stein, 1987) は，彼女について書かれてきた多くのことが事実というよりは神話に近いものであることを示唆している．M. Davis and V. Davis (2005) も参照されたい．
3 Goldstine (1972, p.120．〔ゴールドスタイン，日本語訳，p.134〕)．
4 アタナソフの計算機は，連立1次方程式を解くように設計されていた．たとえば，
$$2x+3y-4z=5,$$
$$3x-4y+2z=2,$$
$$x-3y-5z=4.$$

のような方程式である．彼のマシンは，最大で 30 の未知数を含む 30 の方程式からなる連立系を扱えるよう設計されていた．

5　Lee (1995, p.44)．この節で紹介した人物の伝記的情報については，この文献をかなり参考にしている．

6　A. Burks and A. Burks (1981)．

7　微分解析機には，適切な数値的近似で定積分の値を計算できるよう設計されたモジュールがいくつも含まれていた．ENIAC にも同様のことを遂行できるモジュールがいくつか組み込まれていたが，より正確な言い方をすると，こうした目的のために考案されてきたよく知られたアルゴリズムを用いて，こうした機能を実現していたわけである．

8　Goldstine (1972, p.186, p.188.［ゴールドスタイン，日本語訳，p.214, p.215］)．

9　フォン・ノイマンの「EDVAC に関する報告書 第 1 稿」は広く回覧され，非常に影響力が大きかったにもかかわらず，ようやく 1981 年になって出版された．しかも，彼の貢献の意義については，むしろ懐疑的な立場をとっている本の付録としてであった（Stern, 1981, pp. 177-246）．Dyson (2012) も参照されたい．

10　McCulloch and Pitts (1945/1965); Von Neumann (1963, p.319)．

11　Goldstine (1972, p.191.［ゴールドスタイン，日本語訳，p.219］)．

12　Randell (1982, p.384)．

13　Goldstine (1972, p.209.［ゴールドスタイン，日本語訳，p.240］); Knuth (1970)．

14　von Neumann (1963, pp.1-32)．

15　von Neumann (1963, pp.34-79)．

16　コンピュータ開発におけるフォン・ノイマンの貢献を最小限に評価したりチューリングを完全に無視したりした研究文献の例としては，Metropolis and Worlton (1980) や Stern (1981) を見よ．エッカートのメモ書き（工学者の「情報開示」として提出されたもの）の抜粋については，Stern (1981, p.28) を参照．

17　Stern (1981) には，エッカートとモークリーの商業的努力がこうむった苦難についての論述がある．

18　ここで引用した ACE 報告書についての分析は，卓越した論文である Carpenter and Doran (1977) からのものである．ACE 報告書そのものは，Turing (1992) に収録されている（pp. 1-86）．この報告書は，長いあいだ謄写印刷されたものが出回っていただけで，容易には手に入らなかった．

19　チューリングが提案したのは，現在の用語で言うと，**スタック**を用いてサブルーチンを管理することであった．スタックとは，簡単に言うと「後入れ先出し」（LIFO: Last In First Out）のデータ構造を用いる仕組みである．たとえば，以前にプログラムされたものをサブルーチンとして呼び出すためにメイン・プログラムの処理を中断するときは，サブルーチンが終了したときにメインのほうの処理をどこから再開するのかを思い出せる合図を残しておく必要がある．サブルーチンが入れ子になっていて，その途中でさらに下位のサブルーチンを呼び出すこともあるので，こうした再開用の合図はスタックの構造をとることになる．チューリングは，こうした合図をスタックの上に重ねることを「埋め込み（bury）」，スタックのてっぺん（top）に置かれている合図を取り出すことを「掘り出し（unbury）」という，イメージ喚起力のある面白い用語で呼ぶことを提案していた．（現在では，プッシュ［PUSH］およびポップ［POP］の用語が使われている．）

20　Hodges (1983, p.352.［ホッジス，日本語訳，下巻 p.174］)．

21　Turing (1992, pp.87-88); Copeland (2004, pp.378-379)．［杉本舞による日本語訳の該当部分は，pp.89-95．］

22　Hodges (1983, p.361.［ホッジス，日本語訳，下巻 p.191］)．チューリング講演録の該当部

分については，Turing (1992, pp.102-105); Copeland (2004, pp.392-394) を見よ．［杉本舞による日本語訳では pp.104-107.］
23　Metropolis and Worlton (1980); Stern (1981).
24　Goldstine (1972, pp.191-192.［ゴールドスタイン，日本語訳，p.219］).
25　Turing (1992, p.25).
26　Davis (1988).
27　Whitemore (1988).
28　Marcus (1974, pp.183-184). 引用の原本は，1844 年にエンゲルスが著した，有名な「イギリスにおける労働者階級の状態」である．［日本語訳は，大内兵衛・細川嘉六〔監訳〕，『マルクス・エンゲルス全集 第 2 巻』所収，大月書店，1960. 該当するマンチェスターの労働者住居状況については，日本語訳 pp.276-279.］
29　Lavington (1980, pp.31-47).
30　Goldstine (1972, p.218.［ゴールドスタイン，日本語訳，p.248］).
31　Hodges（1983, p.149.［ホッジス，日本語訳，上巻 p.252］).

第 9 章

1　Turing (1992, p.103); Copeland (2004, p.392).［杉本舞による日本語訳では p.105.］
2　以下に，AAAS のミーティングで講演した 5 人の計算機科学者と，それぞれの演題を紹介しておこう．
　　Joseph Y. Halpern, *Epistemic Logic in Multi-Agent Systems*;
　　Phokion G. Kolaitis, *Logic in Computer Science: An Overview*;
　　Christos Papadimitriou, *Complexity As Metaphor*;
　　Moshe Y. Vardi, *From Boole to the Pentium*;
　　Victor D. Vianu, *Logic As a Query Language*.
3　Lee (1995, p.724).
4　Turing (1950). (Reprinted: Turing (1992, pp.133-160); Copeland (2004, pp.433-464)).［日本語訳は，伊藤和行編『コンピュータ理論の起源 1 チューリング』の pp.166-196 に所収，近代科学社，2014.］
5　サールの記事（Searle, 1999）には，彼自身がこのテーマに関して書いた他の論稿いくつかが参考文献として示されている．この記事は，じつはカーツワイル（Ray Kurzweil）が書いた一般向けの本への書評として書かれたものである．私自身は，ここでカーツワイルの立場——サールによる批難以降すっかり悪名高い評判を確立した考え方——を擁護するつもりは全くなく，サールがしばしば表明する見解を知るための簡便な例として，この書評を用いただけである．カーツワイルは予言者の役を演ずるのが好きな男で，多くの人たちが少なくとも法外だと思う期間内でのコンピュータ能力の飛躍を説いてまわっている．彼は，人々とコンピュータとのあいだに，ある種の共生関係が生まれて，一種の不死が可能になると想像しており，それは 2040 年までに十分あり得ることだと予言している．
6　ゲーデルの不完全性定理をこのかたちで述べることが可能になったのは，アルゴリズム的な過程という概念がチューリングやチャーチほかの人々によって明確に示されてからである．
7　ペンローズは最初，一般読者に向けて面白く書かれた本（Penrose, 1989）の中で，この立場を表明した．何人かの論理学者たちが誤謬を彼に気づかせて正させようと試みたが，彼は誤解にもとづいた見方を変えなかった．これに関して私自身が書いた小論については，Davis (1990) を見よ．Penrose (1990) には，これらの批判に対する彼の返答がある．その返答に対する私のさらなる返答が，Davis (1993) にある．

8 これに関するより詳細な情報や参考文献については，Gödel (1986/1990, vol.II, p.297) を見よ．

参考文献

Aiton, E.J., *Leibniz: a Biography*, Adam Hilger Ltd., Bristol and Boston, 1985.（日本語訳：E・J・エイトン著，渡辺正雄，原純夫，佐柳文男 訳『ライプニッツの普遍計画—バロックの天才の生涯』，工作舎，1990.）

Baker, G. P., and P. M. S. Hacker, *Frege: Logical Excavations*, Oxford University Press, New York; Basil Blackwell, Oxford, 1984.

Barret-Ducrocq, Franoise, *Love in the Time of Victoria*, Penguin Books, 1992. Translation by John Howe of *L'Amour sous Victoria*, Plon, Paris, 1989.

Benacerraf, Paul. and Hilary Putnam [eds.], *Philosophy of Mathematics: Selected Readings*, Second Edition, Cambridge University Press, Cambridge, 1984.

Boole, George., *The Mathematical Analysis of Logic, Being an Essay towards a Calculus of Deductive Reasoning*, Macmillan, Barclay and Macmillan, Cambridge, 1847.

Boole, George., *An Investigation of the Laws of Thought on which Are Founded the Mathematical Theories of Logic and Probabilities*, Walton and Maberly, London, 1854; reprinted Dover, New York, 1958.

Boole, George., *A Treatise on Differential Equations*, Fifth Edition, Macmillan, London, 1865.

Boolos, George., "Frege's Theorem and the Peano Postulates," *The Bulletin of Symbolic Logic*, vol.1, (1995) pp.317-326 .

Bourbaki, Nicholas, *Eléments d'Histoire des Mathématiques*, Deuxième édition, Hermann, Paris, 1969.（日本語訳：ブルバキ，村田全・清水達雄 訳『数学史』東京図書，1970. ニコラ・ブルバキ，村田全・清水達雄・杉浦光夫 訳『ブルバキ数学史』（上・下），筑摩書房〈ちくま学芸文庫〉，2006.）

The Encyclopædia Britanica, 11th Edition, Cambridge, 1910, 1911.

Brouwer, L. E. I., *Collected Works*, vol.I, edited by A. Heyting. North-Holland, Amsterdam, 1975.

Brouwer, L. E. I., "Life, Art, and Mysticism," translated by Walter P. van Stigt, *Notre Dame Journal of Formal Logic*, vol.37 (1996), pp.389-429. Introduction by the translator, *ibid*, pp.381-387.

Browder, Felix (ed.), "Mathematical Developments Arising from Hilbert's Problems," *Proceedings of Symposia on Pure Mathematics*, vol.XXVIII, American Mathematical Society, Providence, 1976.

Burks, Arthur W. and Alice R. Burks, "The ENIAC: First General-Purpose Electronic Computer", *Annals of the History of Computing*, vol.3 (1981), pp.310-399.（関連訳書：アリス・R・バークス，アーサー・W・バークス共著，マッカーズ訳，大座畑重光監訳，『誰がコンピュータを発明したか』，工業調査会，1998.）

Bynum, Terrell Ward (ed. and trans.), *Conceptual Notation and Related Articles by Gottlob Frege* (with a biography, introduction, and bibliography by the editor), Oxford University Press, London, 1972.

Cantor, Georg, *Gesammelte Abhandlungen*, Zermelo, Ernst (ed.), Julius Springer, Berlin, 1932.

Cantor, Georg, *Contributions to the Founding of the Theory of Transfnite Numbers*, translated from the German with an introduction and notes by Philip E. B. Jourdain, Open Court, La Salle, Illinois, 1941.

(Cantor 著作の日本語訳には以下がある：G.CANTOR 著，功力金二郎・村田全 訳，正田建次郎解説，吉田洋一監修，『カントル超限集合論』，現代数学の系譜 8，共立出版，1979.）

Carpenter, B. E. and R. W. Doran, "The Other Turing Machine," *Computer Journal*, vol.20 (1977), pp.269-279.

Carroll, Lewis (pseud.), *Sylvie and Bruno*, MacMillan and Co., London 1890. Reprinted with an introduction by Martin Gardner, Dover Publications, New York, 1988.（日本語訳：ルイス・キャロル著，柳瀬尚紀訳，『シルヴィーとブルーノ』，れんが書房新社，1976. ちくま文庫，1987.）

Ceruzzi, Paul E., *Reckoners, the Prehistory of the Digital Computer, from Relays to the Stored Program Concept, 1933-1945*, Greenwood Press, Westport, CT, 1983.

Constable, Robert L. et al., *Implementing Mathematics with the Nuprl Proof Development System*, Prentice-Hall, Englewood Cliffs, NJ, 1986.

Copeland, B. Jack (ed.), *The Essential Turing*, Oxford University Press, New York, 2004.

Couturat, Louis, *La Logique de Leibniz d'Aprés des Documents Inédits*, F. Alcan, Paris, 1901. Reprinted Georg Olms, Hildesheim, 1961.

Craig, Gordon A., *Germany 1866-1945*, Oxford University Press, Oxford, 1978.

Daly, Douglas C., "The Leaf that Launched a Thousand Ships," *Natural History*, vol.105, no.1 (January 1996), pp.24-32.

Dauben, Joseph Warren, *Georg Cantor: His Mathematics and Philosophy of the Infinite*, Princeton University Press, Princeton, NJ, 1979.

Dauben, Joseph Warren, *Abraham Robinson: The Creation of Nonstandard Analysis, a Personal and Mathematical Odyssey*, Princeton University Press, Princeton, NJ, 1995.

Davis, Martin (ed.), *The Undecidable*, Raven Press, New York, 1965. Reprinted: Dover, New York, 2004.

Davis, Martin, "Why Gödel Didn't Have Church's Thesis," *Information and Control*, vol.54 (1982), pp.3-24.

Davis, Martin, "Mathematical Logic and the Origin of Modern Computers," in *Studies in the History of Mathematics*, pp.137-165, Mathematical Association of America, Washington, DC, 1987. Reprinted in *The Universal Turing Machine—A Half-Century Survey*, Rolf Herken (ed.), pp.149-174, Verlag Kemmerer & Unverzagt, Hamburg, Berlin 1988; Oxford University Press, New York, 1988.

Davis, Martin, "Is Mathematical Insight Algorithmic?" *Behavioral and Brain Sciences*, vol.13 (1990), pp.659-660.

Davis, Martin, "How Subtle is Gödel's Theorem? More on Roger Penrose," *Behavioral and Brain Sciences*, vol.16 (1993), pp.611-612.

Davis, Martin and Virginia Davis, "Mistaken Ancestry: The Jacquard and the Computer," *Textile*, vol.3 (2005), pp.76-87.

Davis, Martin and Reuben Hersh, "Nonstandard Analysis," *Scientific American*, vol.226 (1972), pp.78-86.

Davis, Martin and Reuben Hersh, "Hilbert's 10th Problem," *Scientific American*, vol.229 (1973), pp.84-91.（日本語訳：M. デービス，R. ハーシュ，「ヒルベルト第10問題の解」，サイエンス1974年1月号，pp.82-91；一松信・編『別冊サイエンス 65：コンピューター数学』，1983, pp.22-32 に再録．）

Davis, Martin, Ron Sigal, and Elaine Weyuker, *Computability, Complexity, and Languages*, Second Edition, New York, Academic Press, 1994.

Dawson, John W. Jr., *Logical Dilemmas: The Life and Work of Kurt Gödel*, A K Peters, Wellesley, MA, 1997.（日本語訳：ジョン・W・ドーソン Jr 著，村上祐子・塩谷賢 訳『ロジカル・ディレンマ　ゲーデルの生涯と不完全性定理』，新曜社，2006．）

Dummett, Michael, *Frege: Philosophy of Language*, Second Edition, Harvard University Press, Cambridge, MA, 1981.

Dyson, George, *Turing's Cathedral: The Origins of the Digital Universe*, Pantheon, New York, 2012.（日本語訳：ジョージ・ダイソン著，吉田三知世訳，『チューリングの大聖堂：コンピュータの創造とデジタル世界の到来』，早川書房，2013.）

Edwards, Charles Henry, Jr. *The Historical Development of the Calculus*, Springer-Verlag, New York, 1979.

Heath, Sir Thomas L.〔trans.〕, *Euclid's Elements* with introduction and commentary, vol.I. Dover Publications, New York, 1956.（日本語版は，ユークリッド著，中村幸四郎・寺阪英孝・伊東俊太郎・池田美恵 訳・解説，『ユークリッド原論 追補版』，共立出版，2011.）

Feferman, Solomon, "Does Mathematics Need New Axioms?" *American Mathematical Monthly*, vol.106 (1999), pp.99-111.

Fisher, Joseph A., Paolo Faraboschi, and Cliff Young, *Embedded Computing: A VLIW Approach to Architecture, Compilers and Tools*, Morgan Kaufmann, San Francisco, 2005.

Frege, Gottlob, *Wissenschaftlicher Briefwechsel*, G. Gabriel, H. Hermes, F. Kambartel, C. Thiel, A. Veraart〔eds.〕, Felix Meiner, Hamburg 1976.（学術書簡集：主要部の日本語訳は，野本和幸 編，『フレーゲ著作集 6 書簡集 付「日記」』所収，勁草書房，2002.）

Frege, Gottlob, "Diary for 1924" from a typescript by Alfred Frege, edited with an introduction by Gottfried Gabriel and Wolfgang Kienzler and translated by Richard L. Mendelsohn, *Inquiry*, vol.39 (1996), pp.303-342.（日本語訳：野本和幸編，『フレーゲ著作集 6 書簡集 付「日記」』所収「フレーゲの日記（1924年3月10日〜5月9日）」〔樋口克己・石井雅史 訳．原編者註を含む〕，勁草書房，2002.）

Frege, Gottlob, "Über Sinn und Bedeutung," *Zeitschrift für Philosophie und philosophische Kritik*, new series, vol.100 (1892), pp.25-50. English translation in Geach, Peter and Max Black〔eds.〕, Blackwell, Oxford, 1952. Second Edition, 1960.（日本語訳：黒田亘・野本和幸 編，『フレーゲ著作集 4 哲学論集』所収「意義と意味について」〔土屋俊訳〕，勁草書房，1999.）

Frege, Gottlob, "Rezension von: Georg Cantor. Zur Lehre vom Transfiniten," *Zeitschrift für Philosophie und philosophische Kritik*, new series, vol.100 (1892), pp.269-272.（日本語訳：野本和幸・飯田隆 編，『フレーゲ著作集 5 数学論集』所収「書評 カントール氏の〈超限に関する理論〉について」〔中戸川孝治訳〕，勁草書房，2001.）

Geiss, Imanuel〔ed.〕, *July 1914: The Outbreak of the First World War, Selected Documents*, Charles Scribner, New York, 1967.

Gerhardt, C. I.〔ed.〕, *Die Philosophischen Schriften von G. W. Leibniz*, 7 volumes, photographic reprint of the original 1875-90 edition, Georg Olms Verlagsbuchhandlung, Hildesheim, 1978.（ゲルハルト編纂ライプニッツ著作全集の複写復刻版．これと対応するわけではないが，日本語で読めるライプニッツ著作集としては下村寅太郎・山本信・中村幸四郎・原亨吉 監修，『ライプニッツ著作集（全 10 巻）』，工作舎，1986-1999，がある．）

Gödel, Kurt, *Collected Works*, Solomon Feferman et al.〔eds.〕, Oxford University Press, Oxford, vol.I, 1986, vol.II, 1990, vol.III, 1995.（vol.I は有名な「完全性定理」「不完全性定理」を含むが，これらには日本語訳がある．廣瀬健，横田一正，『ゲーデルの世界 完全性定理と不完全性定理』，海鳴社，1985［付録 I・II として完全性定理と不完全性定理の日本語訳を含む］．林晋・八杉満利子，『ゲーデル 不完全性定理』，岩波文庫，2006［ヒルベルトの計画を中心とした背景の解説を含む］．田中一之，『ゲーデルに挑む 証明不可能なことの証明』，東京大学出版会，2012［不完全性定理を詳しい註釈付きで全訳］．）

Weingartner, Paul and Leopold Schmetterer〔eds.〕, *Gödel Remembered*, Bibliopolis, Naples, 1983.

Goldstine, Herman H., *The Computer from Pascal to von Neumann*, Princeton University Press, Princeton, NJ, 1972.（日本語訳：ハーマン・H・ゴールドスタイン著，末包良太・米口肇・犬伏茂之 訳，『計算機の歴史—パスカルからノイマンまで』，共立出版，1979．）

Grattan-Guinness, I., "Towards a Biography of Georg Cantor," *Annals of Science*, vol.27 (1971), pp.345-391.

van Heijenoort, Jean, *From Frege to Gödel*, Harvard University Press, Cambridge, MA, 1967.

Hilbert, D., and W. Ackermann, *Grundzüge der Theoretischen Logik*, Julius Springer, Berlin, 1928.

Hilbert, David, *Gesammelte Abhandlungen, Band III*, Springer Verlag, Berlin and Heidelberg, 1935, 1970.

Hinsley, Francis H. and Alan Stripp〔eds.〕, *Codebreakers: The Inside Story of Bletchley Park*, Oxford University Press, Oxford, New York, 1993.

Hodges, Andrew, *Alan Turing: The Enigma*, Simon and Schuster, New York, 1983.（日本語訳：アンドルー・ホッジス著，土屋俊ほか訳，『エニグマ アラン・チューリング伝（上・下）』，勁草書房，2015 & 2015．）

Hofmann, J. E., *Leibniz in Paris 1672-1676*, Cambridge University Press, London, 1974.

Huber, Kurt, *Leibniz*, Verlag von R. Oldenbourg, Munich, 1951.

Huskey, V. R. and H. D. Huskey, "Lady Lovelace and Charles Babbage," *Annals of the History of Computing*, vol.2 (1980), pp.299-329.

Kagan, Donald, *On the Origins of War and the Preservation of Peace*, Doubleday, New York, 1995.

Kinealy, Christine, "How Politics Fed the Famine," *Natural History*, vol.105, no.1 (January 1996), pp.33–35.

Kluge, Eike Henner W., "Frege, Leibniz, et alia," *Studia Leibnitiana*, vol.IX (1977), pp.266–274.

Knuth, D. E., "Von Neumann's First Computer Program," *Computer Surveys*, vol.2 (1970), pp.247–260.

Kreisel, Georg, "Kurt Gödel: 1906–1978," *Biographical Memoirs of Fellows of the Royal Society*, vol.26 (1980), pp.149–224; corrigenda, vol.27 (1981), p.697.

Kreiser, Lothar, *Gottlob Frege: Leben–Werk–Zeit*, Felix Meiner Verlag, Hamburg, 2001.

Lavington, Simon, *Early British Computers*, Digital Press, Bedford, MA, 1980.

Leavitt, David, *The Man Who Knew too Much: Alan Turing and the Invention of the Computer*, Norton, New York, 2006.

Lee, J. A. N., *Computer Pioneers*, IEEE Computer Society Press, Los Alamitos, CA, 1995.

Leibniz, Gottfried W., "Dissertatio de Arte Combinatoria," in *G. W. Leibniz: Mathematische Schriften, Band V*, C.I. Gerhardt〔ed.〕, pp.8–79; photographic reprint of the original 1858 edition, Georg Olms Verlagsbuchhandlung, Hildesheim, 1962.（日本語訳：ゴットフリート・ヴィルヘルム・ライプニッツ著，澤口昭聿訳「結合法論（抄）」，下村寅太郎・山本信・中村幸四郎・原亨吉 監修，『ライプニッツ著作集 1 論理学』所収，工作舎，1988.）

Leibniz, Gottfried W., "Letter from Leibniz to Galloys, December 1678," in *G. W. Leibniz: Mathematische Schriften, Band I*, C.I. Gerhardt〔ed.〕, pp.182–188; photographic reprint of the original 1849 edition, Georg Olms Verlagsbuchhandlung, Hildesheim, 1962.

Leibniz, Gottfried W., "Machina arithmetica in qua non additio tantum et subtractio set et multiplicato nullo, divisio vero pæme nullo animi labore peragantur," 1685. English translation by Mark Kormes in David Eugene Smith, *A Source Book in Mathematics*, pp.173–181, McGraw-Hill, New York, 1929.

Lewis, C. I., *A Survey of Symbolic Logic*, Dover, New York, 1960. (Corrected version of Chapters I–IV of the original edition, University of California Press, Berkeley, CA, 1918.)

MacHale, Desmond, *George Boole: His Life and Work*, Boole Press, Dublin, 1985.

Mancosu, Paolo, *From Brouwer to Hilbert*, Oxford University Press, New York, 1998.

Mates, Benson, *The Philosophy of Leibniz: Metaphysics & Language*, Oxford University Press, New York, 1986.

McCulloch, W. S. and W. Pitts, "A Logical Calculus of the Ideas Immanent in Nervous Activity," *Bulletin of Mathematical Biophysics*, 5(1943), 115-133. Reprinted in McCulloch, W. S., *Embodiments of Mind*, pp.19-39, M.I.T. Press, Cambridge, MA, 1965.

Marcus, Steven, *Engels, Manchester, and the Working Class*, W. W. Norton, New York, 1974.

Meschkowski, Herbert, *Georg Cantor: Leben, Werk und Wirkung*, Bibliographisches Institut, Mannheim, Vienna, Zürich, 1983.

Metropolis, N. and J. Worlton, "A Trilogy of Errors in the History of Computing," *Annals of the History of Computing*, vol.2 (1980), pp.49-59.

von Neumann, John, *First Draft of a Report on the EDVAC*, Moore School of Electrical Engineering, University of Pennsylvania, 1945. First printed in Stern (1981), pp.177-246.

von Neumann, John, *Collected Works*, vol.5, A.H. Taub [ed.], Pergamon Press, New York, 1963.

Parkinson, G. H. R., *Leibniz - Logical Papers*, Oxford University Press, New York, 1966.

Penrose, Roger, *The Emperor's New Mind*, Oxford University Press, London, 1989.（日本語訳：ロジャー・ペンローズ著，林一訳，『皇帝の新しい心―コンピュータ・心・物理法則』，みすず書房，1994．）

Penrose, Roger, "The Nonalgorithmic Mind," *Behavioral and Brain Sciences*, vol.13 (1990), pp.692-705.

Petzold, Charles, *The Annotated Turing: A Guided Tour through Alan Turing's Historic Paper on Computability and the Turing Machine*, Wiley, New York, 2008.（日本語訳：チャールズ・ペゾルド著，井田哲雄・鈴木大郎・奥居哲・浜名誠・山田俊行 訳，『チューリングを読む：コンピュータサイエンスの金字塔を楽しもう』，日経BP社，2012．）

Poincaré, Henri, *Science and Method*, Dover, New York, 1952.（日本語訳：ポアンカレ著，吉田洋一訳，『科学と方法―改訳』，岩波文庫，1953．）

Purkert, Walter, and Hans Joachim Ilgauds, *Georg Cantor: 1845-1918*, Vita mathematica, vol.1, Birkhäuser, Stuttgart, 1987.

Randell, Brian [ed.], *The Origins of Digital Computers, Selected Papers*, Third Edition, Springer-Verlag, New York, 1982.

Reid, Constance, *Hilbert-Courant*, Springer-Verlag, New York, 1986. (originally published by Springer-Verlag as two separate works: "Hilbert," 1970 and "Courant in Göttingen and New York: The Story of an Improbable Mathematician," 1976).（日本語訳：C. リード著，彌永健一訳，『ヒルベルト―現代数学の巨峰』，岩波書店，1972. C. リード著，加藤瑞枝訳，『クーラント―数学界の不死鳥』，岩波書店，1978.）

Rucker, Rudy, *Infinity and the Mind: The Science and Philosophy of the Infinite*, Birkhuser, Boston, 1982.

Searle, John R., "I Married a Computer," *The New York Review of Books*, April 8, 1999. pp.34-38.

Sieg, Wilfried, "Hilbert's Programs: 1917-1922," *Bulletin of the Association for Symbolic Logic*, vol.5 (1999), pp.1-44.

Siekmann, Jörg and Graham Wrightson〔eds.〕, *Automation of Reasoning*, vol.1, Springer-Verlag, New York 1983.

Sluga, Hans, *Heidegger's Crisis: Philosophy and Politics in Nazi Germany*, Harvard University Press, Cambridge, 1993.

Stein, Doris, *Ada: A Life and a Legacy*, MIT Press, Cambridge, 1987.

Stern, Nancy, *From Eniac to Univac: An Appraisal of the Eckert-Mauchly Machines*, Digital Press, Bedford, MA, 1981.

van Stigt, Walter P., *Brouwer's Intuitionism*, North-Holland, Amsterdam, 1990.

Swoyer, Chris, "Leibniz's Calculus of Real Addition," *Studia Leibnitiana* vol.XXVI (1994), pp.1-30.

Tuchman, Barbara W., *The Guns of August*, Macmillan, New York, 1962, 1988.

Turing, Alan, "On Computable Numbers with an Application to the Entscheidungsproblem," in *Proceedings of the London Mathematical Society*, Ser. 2, 42 (1936), pp.230-267. Correction: ibid,43 (1937), pp.544-546. Reprinted in Davis (1965) pp.116-154. Reprinted in Turing (2001) pp.18-56. Reprinted in Copeland (2004) pp.58-90; 94-96. Reprinted in Petzold (2008) (the original text interspersed with commentary).（日本語訳：佐野勝彦訳，「計算可能な数について，その決定問題への応用」［伊藤和行編『コンピュータ理論の起源 1 チューリング』所収］，近代科学社，2014. ペゾルド，井田哲雄ほか訳，『チューリングを読む コンピュータサイエンスの金字塔を楽しもう』，日経BP社，2012.［ペゾルド注釈付きで論文全訳を含む］）

Turing, Alan, "Computing Machinery and Intelligence," *Mind*, vol.LIX(1950), pp.433-460. Reprinted in Turing (1992) pp.133-160. Reprinted in Copeland (2004) pp.433-464.（日本

語訳：杉本舞訳，「計算機械と知能」［伊藤和行編『コンピュータ理論の起源 1 チューリング』所収］，近代科学社，2014．）

Turing, Alan, *Collected Works: Mechanical Intelligence*, D.C. Ince〔ed.〕, North-Holland, Amsterdam 1992.（収録内容の一部は日本語訳あり．杉本舞訳，「1947 年 2 月 20 日におけるロンドン数学会での講演」および「知能機械」，［伊藤和行編『コンピュータ理論の起源 1 チューリング』所収］，近代科学社，2014．）

Turing, Alan, *Collected Works: Mathematical Logic*, R.O Gandy & C.E.M. Yates〔eds.〕, North-Holland, Amsterdam 2001.

Welchman, Gordon, *The Hut Six Story*, McGraw-Hill, New York, 1982.

Weyl, Hermann, "David Hilbert and His Mathematical Work," *Bulletin of the American Mathematical Society*, vol.50 (1944). pp.612-654.（『日本語抄訳あり．ヘルマン・ワイル，彌永健一訳，「ダーフィット・ヒルベルトとその数学的業績」，C. リード，彌永訳，『ヒルベルト―現代数学の巨峰』，岩波現代文庫，2010．に所収．）

Whitehead, Alfred North and Bertrand Russell, *Principia Mathematica*, vol.I, Second Edition, Cambridge University Press, Cambridge, 1925.（日本語抄訳：A.N. ホワイトヘッド，B. ラッセル 著，岡本賢吾・戸田山和久・加地大介 訳，『プリンキピア・マテマティカ序論』，哲学書房，1988．）

Whitemore, Hugh, *Breaking the Code*, Samuel French Ltd., London, 1988.（日本語版上演：『ブレイキング・ザ・コード』，劇団四季，1988．）

Zach, Richard, "Completeness before Post: Bernays, Hilbert, and the Development of Propositional Logic," *Bulletin of Symbolic Logic*, vol.5 (1999), pp.331-366.

訳者あとがき

　本書は，Martin Davis, *The Universal Computer : the road from Leibniz to Turing*, Turing Centenary Edition, CRC Press, New York, 2012. の全訳である．目次を見ただけでも理解していただけるように，これは数理論理学の先駆者たちの足跡をたどりつつ，記号論理学と計算機ロジックの世界を，一般の読者に向けて平易・簡明かつ含蓄深い筆致で案内した書物である．論理学やコンピュータについての本は世の中に山ほどあるが，その底にある思考の発展を数世紀にもわたる歴史の流れを追って紹介した本書は，新鮮でユニークな視点を提供してくれる．ライプニッツ，ブール，フレーゲ，カントル，ヒルベルト，ゲーデル，チューリングという，いずれ劣らぬ破天荒な知の巨人たちが本書には登場し，彼らの驚くべき人生についての数々のエピソードも紹介されている．それも興味津々なのではあるが，著者が試みたのは，彼らそれぞれが何を考え，なぜそのような考え方に至ったかを探る，深い対話である．その対話を，ぜひ読者は楽しんでいただきたい．

　著者マーティン・デイヴィスは，「チャーチ–チューリングの提唱」で有名なアロンゾ・チャーチのもとで博士号を取り，長らくニューヨーク大学で教鞭をとった記号論理学と計算理論の大家である．ヒルベルトの第10問題にヒラリー・パットナムやジュリア・ロビンソンとともに取り組み，重要な部分的結果を得たことは有名だ．プレスバーガー算術のアルゴリズム検証を試みた彼のプログラムは，世界最初のコンピュータ生成による数学的証明だとされている．また，現在の教科書に必ず出てくる「チューリング機械の停止問題」はアルゴリズム的に解けない問題の代表例だが，これは1950年代後半にデイヴィスが定式化したものである（本書第7章の註12参照）．彼が1958年に著した計算理論の教科書（渡辺茂・赤摂也訳『計算の理論』，岩波書店，1966.）は，草創期の計算機科学の理論家たちの間で広く読まれた．また彼は，エイブラハム・ロビンソンの超準解析の理論を高く評価し，定評ある解説書（難波完爾訳『超準解析』，培風館，1982.）も著している．

　著者の序文にもあるように，彼の研究は「現代的コンピュータの基礎をなす抽象的な論理的概念と，その物理的な実現，その両者の関係の周りをずっと転回しながら進んできた」が，その一方で彼は記号論理学の歴史にも深い興味を持って本格的な研究を続けてきた．1965年に彼が編集したアンソロジー "The Undecidable" は，ヒルベルトの「決定問題」とその否定的解決をめぐる重要な論文を収録したも

ので，ロジシャンたちの間で高い評価を得た．その後も，ヒルベルトの 23 問題をめぐるシンポジウムやフレーゲの『概念記法』出版 100 周年記念の国際会議で重要な招待講演を行い，さらにはゲーデルやチューリングの業績を歴史的文脈の中で評価する仕事に取り組んできた．世紀の変わり目に初版が書かれた本書は，そうした著者の科学史的研究の蓄積に支えられたもので，さりげない一言二言の背後に深い学識が込められている．著者の個人的な体験談も随所に書き込まれており，ゲーデルとアインシュタインが並んで散歩していた時代のプリンストンなどが生き生きと魅力的に描かれている．

本書のクライマックスは，チューリングが「決定問題」の非可解性を証明する努力の中で万能計算機（Universal Computer）の概念を見いだしたことと，コンピュータ開発史における彼の役割の重要性を著者が説いている部分である．これが書名の由来となっている．なお，原書初版の日本語訳が，2003 年にコンピュータ・エージ社（数年後に倒産）から出ているが，これは誤訳が多かった．

本書刊行にあたっては，近代科学社の冨高琢磨氏にいろいろお世話になった．お礼を申し上げる．訳稿をていねいに読んでコメントしてくれた齊藤郁夫氏，英語やドイツ語の韻文の読み方についてアドバイスいただいた Adam Smith，石崎理のお二方にも謝意を表する．電子メールでの直接の問い合わせに丁寧に答えていただいた Martin Davis 先生にも，感謝．もちろん，もし誤訳や誤記が残っていたとしたら，すべての責任は訳者個人にある．思った以上に時間がかかってしまったが，良い本を翻訳する楽しい時間を味わうことができた．それが訳書刊行として完結したことは，得がたい喜びである．

2016 年 8 月　函館にて
沼田　寛

索 引

ア 行

RCA 社　169, 181
アイデロッテ（Aydelotte, Frank）　122
IBM　172
　IBM の「ワトソン」コンピュータと TV クイズ番組「ジェパディ！」　iii, 197-198
　IBM の Deep Blue コンピュータ　198-201
　IBM701 モデル商用コンピュータ　181
アイルランド　22, 26-27
アインシュタイン（Einstein, Albert）　95, 99, 101, 120, 125, 127, 129, 138, 139, 163
アクィナス（Aquinas, Thomas）　57
アタナソフ（Atanasoff, John）　173, 174
「新しい世紀への挑戦」（米国科学振興協会 1999 年会合）　194
アッカーマン（Ackermann, Wilhelm）　93, 95-96, 104, 107, 108
『あぶ』（The Gadfly; エテル・リリアン・ブールの小説）　29
アラビア数字　15, 110, 130, 152, 154（脚註）
アリストテレス　5, 18, 24, 31, 34, 37, 38, 57, 90, 116, 194, 198
　アリストテレスの矛盾律　31, 112（訳註）
アルゴリズム　141, 146, 156-159, 172
　人間の心とアルゴリズム　202-203
　アルゴリズム的に解けない（非可解）問題　156-158, 161
$\aleph_0$（アレフ・ゼロ）, $\aleph_s$　69-74, 123
意識　201-202
一階述語論理　96, 211（註 11）, 217（註 5）
5 つ組（チューリング機械の quintuples）　147-154, 159-160
一般相対性理論　127, 138, 139
一般再帰性（general recursiveness）　161
「意味内容と指し示し」（「意義と意味」フレーゲ論文）　53-54
イライザ（ELIZA）　194-197
インタプリタ　114, 160
ウィーン学団（Vienna Circle）　103-104, 110, 115, 119, 120-123
ウィトゲンシュタイン（Wittgenstein, Ludwig）　44, 104, 210（註 4）
ウィリアムス（Williams, Frederic）　181, 184-185, 189-190
ウィルクス（Wilkes, Maurice）　189
ヴィルヘルム 1 世（Wilhelm I, Kaiser of Germany）　42
ヴィルヘルム 2 世（Wilhelm II, Kaiser of Germany）　42
ヴェルサイユ講和条約　43, 91
ウェルチマン（Welchman, Gordon）　167（脚註）
ウォームスリー（Womersley, J. R.）　182
ヴォルテール（Voltaire）　3（脚註）
ウラム（Ulam, Stanislaw）　164, 164（脚註）
エイケン（Aiken, Howard）　1, 136, 172
英国　11, 13, 19-20, 23-24, 42-43, 92, 135-140, 165-168
エイダ（Ada; プログラミング言語）　172
a-machines（チューリング論文の中の用語）　146（脚註）
エヴェレスト，メアリー（Everest, Mary）⇒ブール，メアリー・エヴェレスト
エヴェレスト，ジョージ（Everest, George）　58
ACE（自動計算機関）　182-186, 188-190, 203
エッカート（Eckert, John Presper, Jr.）　1, 173, 175-178, 180-181, 185-187
エディントン（Eddington, Arthur）　139
EDVAC　1, 176-182, 186, 203, 224（註 9）
「EDVAC に関する報告書 第 1 稿」（フォン・

索　引　｜　239

ノイマン執筆）　176, 182, 224（註 9）
EDSAC　189
ENIAC　1-2, 173, 175-176, 180-181, 186, 224（註 7）
　　万能計算機と ENIAC　186
エニグマ（ドイツ軍の暗号）　166, 168
エルンスト・アウグスト（Ernst August, Duke of Hanover）　12
エンゲルス（Engels, Friedrich）　76, 188
王立協会紀要（Philosophical Transactions of the Royal Society）　24
オーストリア　103, 118-119
　　ドルフース体制下のオーストリア　119
オーストリア-ハンガリー帝国　42, 102-103
オッペンハイマー（Oppenheimer, J. Robert）　99（脚註）
ω（最初の超限順序数）　68-69
ORDVAC（イリノイ大学のコンピュータ）　181（脚註）
音響遅延線　⇒コンピュータ用メモリ

カ　行

カーツワイル（Kurzweil, Ray）　225（註 5）
階差機関　135（脚註）
概周期関数　140, 163
解析学　⇒微積分法
解析機関（analytical engine）　135
『概念記法（Begriffsschrift）』（フレーゲの著書）　45, 50, 52, 54-55, 88, 95, 104, 114
ガウス（Gauss, Carl Friedrich）　57-58, 60, 79, 87, 215（註 5）
科学協会（ベルリン科学アカデミーの前身）　13
角谷静夫　91（脚註）
カスパロフ（Kasparov, Garry）　198, 200
合衆国国務省　122
可能無限（可能態無限）　⇒無限
「神の存在と属性」（サミュエル・クラークの講義と著書）　19
カルナップ（Carnap, Rudolf）　98, 103, 115, 125, 127
ガロア，ジャン（Galloys, Jean）　14
カロリーネ（ハノーヴァー公国王女）　⇒キャ

ロライン（英国王妃）
還元公理　88
『カンディード』（ヴォルテールの作品）　3（脚註）
カント（Kant, Immanuel）　43（訳註）, 76-77, 80, 95, 101, 127
　　カント哲学と数学　76-77
カントル，ゲオルク（Cantor, Georg）　57-78, 90-92, 94, 101, 103, 205, 216（註 19）
　　カントルによる三角級数の研究　60-61, 66, 68
　　集合論とカントル　61-66
　　カントルの「神経衰弱」　75-76
　　カントルの結婚と子供たち　65-66
　　カントルのクロネッカーとの対立　66, 70, 75, 81
　　カントルによる超限数の探求　66-70
　　カントルによる無限の哲学的理解　76-78
　　経験主義哲学に対するカントルの見方　77-78
　　カントルの対角線論法　71-74, 152-156
　　カントルの死　78
　　カントルの連続体仮説　68-70, 75, 85, 121, 123-126, 164（脚註）, 220（註 35）
　　カントルの生誕　58-59
　　シェークスピア劇作品の「真の著者」に関するカントルの興味　75-76
カントル，ヴァリー・グットマン（Cantor, Vally Guttman；ゲオルクの妻）　65
カントル，ゲオルク・ヴァルデマール（Cantor, Georg Waldemar；ゲオルクの父親）　59-60
カントル，マリ・ベーム（Cantor, Marie Böhm；ゲオルクの母親）　58-59
機械語　⇒マシン語
幾何学　5, 8, 52（脚註）, 84, 109
　　カント哲学における幾何学　76
　　ヒルベルトの公理系と幾何学　84, 109
　　幾何学とトポロジー　90, 142
記号
　　論理学の言語での記号　105-110
　　テープから読み取った記号　147-150
　　不定記号（ブール「思考の法則」における）　209（註 24）

計算過程における記号の操作　143-147
分数の記号表現（記法）　212（註 10）
記号列の符号化　109-111
記号論理学　⇒論理学
『記号論理学雑誌』（Journal of Symbolic Logic）　161, 162（脚註）
記号論理学会（Association for Symbolic Logic）　38（脚註）
基数　66-68, 70, 73-74, 123-124, 212-213（註 13, 15, 16）
キャロライン（Caroline von Ansbach, Queen of England; 英国王妃）　19
極限過程　8-10, 57-58, 71, 91, 139-140
空集合　⇒集合，集合論
クーチュラ（Couturat, Louis）　14
クーラン（Courant, Richard）　79, 97, 99
クラーク，サミュエル（Clarke, Samuel）　19-20, 36-37
クラーク，ジョーン（Clarke, Joan）　168
クライン（Klein, Felix）　79, 83
クラス
　　論理代数におけるクラス　24-25, 30-31, 37
クリーネ（Kleene, Stephen）　161
クロネッカー（Kronecker, Leopold）　60, 83, 85-86, 89, 91-92, 215（註 4, 5）
　　カントルのクロネッカーとの対立　66, 70, 75, 81
クンマー（Kummer, Ernst）　60
経験主義　77, 103
計算　135-136, 142-152, 158-161, 193-194
計算可能数　135-136, 161, 163-164, 182-184
「計算機械と知能」（チューリングの論稿）　197
「計算機科学における論理の尋常ならざる有効性」（1999 年 AAAS シンポジウム）　194
『形而上学』（アリストテレスの著作）　31
形式体系　50-51, 88-89, 93-96, 110-113
ケイン卿（Kane, Sir Robert）　27
ゲーデル，アデーレ（Gödel, Adele; クルトの妻）　118, 121-123, 130
ゲーデル協会（Kurt Gödel Society）　101-102

ゲーデル，クルト（Gödel, Kurt）　68, 98, 101-134, 162, 164, 174, 187（脚註），205, 218（註 11, 12），221-222（註 9）
　　ゲーデルによる相対性理論の解釈　101
　　ナチ支配体制とゲーデル　121-122
　　心身問題とゲーデル　127-128, 203
　　ゲーデルの精神疾患　102, 120-121, 126-130
　　ゲーデルの結婚　118
　　ゲーデルの不完全性定理　108-113, 115-117, 142, 152, 184, 202-203, 217-218（註 10, 11, 12）
　　ゲーデルの米国への移住と市民権取得　122-123, 129-130
　　ゲーデルが受けた教育　102-103
　　ゲーデルの博士論文（完全性定理）　104-108, 115, 141
　　ゲーデルの衰えと死　101, 128-130
　　連続体仮説とゲーデル　121, 123-125
　　ゲーデルの生誕　102
　　高等研究所でのゲーデル　119-123, 125
　　ゲーデルが作った人工言語　110, 113-115
　　ゲーデルと決定不能命題　108-113, 121, 124-125, 130-134
　　ゲーデルによる記号列の符号化　110, 114-115, 130-131, 217（註 9），219（註 15）
ゲーデル著作集（Kurt Gödel: Collected Works）　127
ゲーデル，ルドルフ（Gödel, Rudolf; クルトの兄）　102-103, 118, 120
ケーニヒスベルク大学　80-81, 83
ケーニヒスベルクでの会議（厳密科学の認識論，1930）　98, 115-116, 174
「結合法論」（Dissertatio de Arte Combinatoria; ライプニッツの論稿）　6
決定問題　⇒ヒルベルトの「決定問題」
ゲッティンゲン数学研究所　97-99
ゲッティンゲン大学　79, 83-86, 91, 93, 162-163
結論　⇒論理学における前提と結論
言語　40, 88, 104, 220（註 25）
　　記号言語　93-94
　　語句の置換可能性と言語　53-54
　　推論規則と言語　50-51

言語哲学　　53-54
　　　フレーゲの形式構文法と言語　　50-51
　　　人工言語　　114
原爆　　93（脚註），164（脚註）
ケンブリッジ数学誌（Cambridge Mathematical Journal）　　24
「厳密科学の認識論に関する会議」（1930年）　　115
限量子　　⇒普遍量化子，存在量化子
恒真（論理式の）　　⇒妥当
高等研究所　　93（脚註），99, 101, 119, 125, 162-163, 181, 186, 190（脚註）
「公理的思考」（ヒルベルトの講演）　　93
コーエン（Cohen, Paul）　　68, 124
ゴールドスタイン（Goldstine, Herman）　　173, 175-176, 181, 185, 189
国防市民軍（Home Guard, British）　　167-168
国立物理学研究所（英国 NPL）　　182, 184-185, 189
小平邦彦　　99（脚註）
ゴルダン（Gordan, Paul）　　82-83, 90
コロッサス（Colossus）電子計算機　　169, 175, 180, 184
コンパイラ　　114, 160, 179-180
コンピュータ，計算機科学，プログラミング言語
　　フォン・ノイマン方式のコンピュータ　　176-177, 187-188
　　真空管とコンピュータ　　169-170, 173, 177, 180
　　チューリングによる計算過程の分析　　142-147
　　チューリングのACE報告書と計算機の歴史　　182-185, 189
　　記号と計算処理過程　　142-150
　　サブルーチンの計算機処理　　189, 224（註19）
　　プログラム内蔵方式のコンピュータ　　180-181, 185-188
　　計算機の内部状態　　146, 148-150
　　計算機設計とRISCアーキテクチャ　　183, 190
　　計算機の構成要素としての「プログラム」　　160-161
　　計算機設計とマイクロプログラミング　　183

　　論理とコンピュータ　　177-178, 193-194
　　コンピュータの「発明者」　　171-173
　　コンピュータと脳　　168, 177, 184, 194-203
　　計算機の構成要素としての「データ」　　160-161
　　意識とコンピュータ　　201-203
　　チェスとコンピュータ　　168, 182, 184, 198-201
　　「計算すること」と「推論すること」　　193-194
　　バベッジの計算機概念　　135
　　計算機科学と言語哲学　　54
　　機械と誤謬を犯す能力　　184, 203
　　プログラミング言語の元祖としての「概念記法」　　50
コンピュータ用メモリ　　176
　　ウィリアムスによるブラウン管のメモリとしての活用　　181, 184
　　ランダム・アクセス・メモリ　　180
　　水銀（音響）遅延線メモリ　　180, 184, 186
　　ブラウン管利用メモリ　　180-181, 184, 189

サ 行

サール（Searle, John R.）　　198-203
サブルーチン　　189, 224（註19）
三角級数　　60-61, 66, 211-212（註7）
30年戦争　　4-6
算術　　7-8, 13-15, 52-53, 84-85, 93, 96, 108-109, 114-115, 176-177
　　算術における無限の役割　　58, 77-78, 124
　　カント哲学における算術　　76
三段論法　　31-34, 209（註24）
ジーゲル（Siegel, Carl Ludwig）　　79
シェルピンスキー（Sierpiński, Wacław）　　123
時間　　76, 90, 101
『思考の法則』（ブールの著作）　　25
自然数　　51-52, 57, 61-67, 69, 71-74, 212-213（註15），217（註9）
実数　　64-65, 68, 71-74, 85, 91, 212-213（註15）
　　実数の集合のサイズ　　65, 123-124
　　各実数の定義（可述性）　　124-125

実数の体系の無矛盾性証明　108-109
自動逐次制御計算機（Automatic Sequence Controlled Calculator）　172
社会民主党（ドイツ）　43-45, 91, 119
ジャカール（Jacquard, Joseph-Marie）　171
シャノン（Shannon, Claude）　172
集合，集合論　30, 61-65, 67-74, 76, 123-125，「連続体仮説」の項も参照されたい．
　超限集合（無限集合）　66-70
　通常集合（ラッセルの逆理における）　51-53
　数の集合　61-65
　集合に属する要素の数　51-53, 66-67
　自然数と集合　51-53
　有限集合　66-68
　非通常集合（ラッセルの逆理における）　51-53
　空集合　30
　対角線論法と集合　71-74
　カントルと集合論　61-68
シューシュニック（Schuschnigg, Kurt von）　119
シュリーフェン・プラン　42
シュリック（Schlick, Moritz）　103, 120-121
『純粋数学教程（Course of Pure Mathematics）』（ハーディ著）　139
順序数　66-70
情報理論　172
証明
　証明論　⇒超数学
　神の存在証明　19, 36-37
　数学的存在の証明　81, 85-86, 87, 88, 90-92
　無矛盾性の証明　84-86, 88, 90, 93-94, 112-113, 115-117
　有限の立場での証明　93-96
　非有限的な証明　107-108
　非構成的な証明　82, 214（註 2）
　形式体系内部での証明　108-113
　アルゴリズム的可解性と証明　156-158
ジョージ 1 世（英国国王）　13, 19, 79
ジョージ 2 世（英国国王）　19, 79
「初等整数論における 1 つの非可解な問題」（チャーチの論文）　161
ジョニアック（johnniacs）　181
ショルツ（Scholz, Heinrich）　41
真　⇒数学における「真」の意味
真空管，真空管エレクトロニクス　169-170, 173, 175, 177, 180
人工神経系の理論　177, 202
人工知能　127, 168, 184, 194-203
『人生と芸術と神秘主義』（ブラウワーの著書）　89
水銀遅延線　⇒コンピュータ用メモリ
推論規則　50, 96, 104, 107, 131-132, 158, 205
推論計算（calculus ratiocinator）　15, 18, 38
数
　超限数　66-70, 73-74, 81, 85-87, 91-92, 94
　超越数　64-65, 212（註 11）
　実数　⇒実数
　有理数　63-64
　自然数　51-52, 57, 61-67, 69, 71-74, 212-213（註 15）, 217（註 9）
　無理数　64, 92, 214（註 2）
　代数的数　64-65
数学
　数学における「真」の意味　110-112
　数学における無限の役割　57-58, 77-78, 124-128
　論理学と数学　50-53, 90-91, 93-96
　数学の基礎　84-89, 93-96
　数学における矛盾と証明　31, 51-53, 93-96, 112-113
　数学の本性をめぐる見解の対立　75-78, 86-95
　ブラウワーの数学観　89-92
　数学的に存在することの意味　81, 85-86, 125-126
　数学と論理学　⇒論理学
数学者国際会議　85, 87, 93, 96, 108, 142
　1900 年パリ数学者国際会議　85, 93
　1928 年ボローニャ数学者国際会議　96, 108, 142
「数学の基礎に関するいくつかの定理とそれらの含意」（ゲーデルのギブズ講演）　127-128

数値計算　　172, 175, 182, 185-186
「数論報告」（ヒルベルト執筆）　　83
スコーレム（Skolem, Thoralf）　　107
スターリン（Stalin, Joseph）　　122
積分法　　⇒微積分法
セルバンテス（Cervantes, Miguel de）　　3
セルビア　　42
全称量化子，全称限量子　　⇒普遍量化子
前提　　⇒論理学における前提と結論
相対的に無矛盾　　⇒証明（無矛盾性の証明）
ゾフィー公妃（Sophie, Duchess of Hanover）　　12-13
ゾフィー・シャルロッテ（Sophie Charlotte, Queen of Prussia）　　12-13
ソフトウェア　　182-183, 189-190, 199-200
ソ連　　29, 122, 165
存在限量子　　⇒存在量化子
存在量化子（existential quantifier）　　47

タ 行

第一類の数（カントル超限集合論の）　　69-70
第一次世界大戦　　28, 42-45, 78, 92-93, 99, 102-103
　　第一次世界大戦開始時の「文明的世界に向けた声明書」　　92
対角線論法　　71-74, 133
　　チューリングによる対角線論法の援用　　152-156
大恐慌　　119
代数　　7-8, 23, 81-83
　　ライプニッツの普遍記号と代数　　13-18
　　ブール代数　　29-38
　　代数と不変式論　　81-83, 209（註 10）, 214-215（註 3）
代数的整数論　　83, 215（註 5）
代数的不変式　　81-83, 214-215（註 3）
第二次世界大戦　　93（脚註）, 99, 122-123, 164-170, 173
　　第二次世界大戦の勃発　　122-123, 164-166
　　第二次世界大戦とエニグマ暗号の解読　　165-170
第二類の数（カントル超限集合論の）　　69-70
TIME（雑誌）　　187-188
『タイムズ』（新聞）　　164-165
『大論理学』（ヘーゲルの著作）　　77

タウスキー-トッド（Taussky-Todd, Olga）　　117-118
タット（Tutte, W. T.）　　223（註 21）
妥当（論理式の）　　96, 104-107
ダメット（Dummett, Michael）　　40-41
ダルブー（Darboux, Gaston）　　92-93
チェス　　168, 172, 182, 184, 198-201
置換可能性（語句の）　　54
チャーチ（Church, Alonzo）　　52, 161-162
チャーチル（Churchill, Winston）　　167, 184
中央党（ドイツ）　　44-45
中国の剰余定理　　102, 219（註 15）
中心極限定理　　140
チューリング，アラン（Turing, Alan）　　iii-iv, v, 51, 78, 135-170, 174, 177-180, 182-192, 193, 197-198, 203, 205, 224（註 18, 19）
　　チューリングの万能機械　　158-162, 164-165, 170, 176-182
　　チューリングを題材としたドラマ　　187, 191-192
　　統計分布に関するチューリングの研究　　139-140
　　同性愛者としてのチューリング　　138-139, 168, 187, 190-192
　　国防市民軍をめぐるチューリングの逸話　　167-168
　　チューリングの生い立ち　　136-139
　　エニグマ暗合解読に貢献したチューリングの仕事　　165-170
　　チューリングが受けた教育　　138-140
　　チューリングによる対角線論法を用いた決定問題の否定的解決　　152-158
　　チューリングの死　　191-192
　　チューリングによる計算過程の分析　　142-147
　　コロッサス電子計算機とチューリング　　169-170
　　チューリングが設計した暗号解読用機械ボンプ　　166-167
　　チューリングの生誕　　136-137
　　チューリングの生物学への興味　　190
　　チューリングのプリンストン滞在　　162-165
　　ケンブリッジ大学のフェローに選ばれたチ

ューリング　140
　　チューリングのACE報告書　182-185,
　　　186-187, 188-189, 203
　　TIME誌のチューリング評価　187
チューリング，エセル・サラ・ストーニー
　　（Turing, Ethel Sara Stoney；アランの母
　　親）　136-138
チューリング，ジュリアス（Turing, Julius；
　　アランの父親）　136-138
チューリング，ジョン（Turing, John；アラン
　　の兄）　136, 138
チューリング機械　146-152, 158-165,
　　168-170, 171, 176-188, 222（註 12）
　　非可解問題とチューリング機械　156-158,
　　　222（註 12）
　　万能チューリング機械　⇒チューリングの
　　　万能計算機
　　チューリング機械を指定する5つ組
　　　147-150
　　チューリング機械の停止集合　154-158
　　チューリング機械の例　147-152
　　チューリング機械の集合への対角線論法の適
　　　用　152-156
チューリング主義方式（turingismus）　169
チューリングの万能計算機　158-162,
　　164-165, 170, 176-182
　　ENIACとチューリングの万能計算機
　　　185-186
超越数　64-65, 212（註 11）
超限順序数　68-70, 74, 223（註 15）
超限数　66-70, 73-74, 81, 85-87, 91-92,
　　94
超数学　93-96, 107-115, 123-125,
　　218（註 11, 12）
　　記号列の符号化と超数学　109-111,
　　　130-134
直観主義　91, 95
通常集合（ラッセルの逆理における）　51-53
ツーゼ（Zuse, Konrad）　172-173
Deep Thought　200
Deep Blue　198-201
停止集合（チューリング機械の）　154-158
ディリクレ（Dirichlet, Lejeune）　79
データ　160-161, 179-180, 202
デカルト的二元論　203
哲学　40, 104, 124-128

　　言語哲学　53-54
　　カント哲学　76-77, 95, 101, 127
　　経験主義哲学　77, 103
デデキント（Dedekind, Richard）　64-65,
　　66, 81, 87, 91, 92, 215（註 4, 5）
ドイツ　3-6, 19, 39-45, 58-59, 76-77,
　　91-93
　　ドイツにおける経験主義哲学　77
ドイツ科学者医学者協会　98, 117
ドイツ数学会　83
ドイツ哲学協会（DPG）　45
統一場理論　99（脚註）
「同時代哲学者叢書」　125-127
特殊相対性理論　101
トポロジー　90, 142
トマス・アクィナス　⇒アクィナス
ドルフース（Dollfuss, Engelbert）
　　119-120

ナ　行

ナチス・ドイツ　18（脚註）, 40-41, 79, 99,
　　103, 119-121, 162-163, 165-169
　　ナチス統治下での科学の崩壊　99
　　ナチス・ドイツによるオーストリア併合
　　　119-121
ナッシュ（Nash, John）　90-91（脚註）
ナポレオン3世（Napoleon III, Emperor of
　　France）　42, 80
二次的命題（ブールの用語）　33
2進数表記法　15, 159（脚註）, 176,
　　212-213（註 15）
ニュートン（Newton, Isaac）　8, 10-11,
　　19, 37, 80
　　ニュートンのライプニッツとの論争　19
ニューマン，マックス（Newman, M. H. A.
　　〔Max〕）　142, 152, 164-165, 169, 185
　　万能機械の実装をチューリングが当初から考
　　　えていたというニューマンのコメント
　　　164-165
ネーター，エミー（Noether, Emmy）　93
濃度（集合の）　⇒基数
ノーベル経済学賞　90（脚註）

ハ 行

バークリー司教（Berkeley, George） 207（註7）
ハーディ（Hardy, G. H.） 139, 142, 156-158
ハードウェア 160-161, 182-183, 189-190, 199
ハーン（Hahn, Hans） 103, 120-121
π（円周率） 8-9, 64, 124
排中律 90, 92, 95, 220（註25）
ハイティンク（Heyting, A.） 98, 115, 220（註25）
ハイネ（Heine, Eduard） 60
パイロットACE 185, 189
バウフ（Bauch, Bruno） 45
パスカル（Pascal, Blaise） 7
パットナム（Putnam, Hilary） 219（註15）
ハネウェル対スペリーランド訴訟事件 171
バベッジ（Babbage, Charles） 135-136, 171-172
ハミルトン（Hamilton, William） 24, 37, 209（註12）
万能機械，万能計算機 ⇒チューリングの万能計算機
ビーベルバッハ（Bieberbach, Ludwig） 96
光の波動説 8
ビスマルク（Bismarck, Otto von） 42-45, 80
微積分法，微積分学 4, 8-11, 13, 23, 51, 57, 80, 186
　極限過程と微積分法 8-11, 57-58, 71, 91-92, 139
　積分法 4, 8-11, 13, 51
　微分法 4, 8-11, 13, 23, 51
非通常集合（ラッセルの逆理における） 51-53
ヒトラー（Hitler, Adolf） 43-45, 99, 119-121
微分演算子 23
微分解析機 175, 186
微分法 ⇒微積分法，微積分学
「表示的意味論」（denotational semantics） 211（註16）

ヒルベルト，ケーテ（Hilbert, Kathe Jerosch; ダーフィトの妻） 83, 97, 99
ヒルベルト，ダーフィト（Hilbert, David） 79-99, 104-105, 107-113, 115-117, 123-124, 135-136, 156-158, 163, 174, 205, 209（註10）, 215（註7）
　ヒルベルトのパリ講演と23の数学の未解決重要問題 85-86, 215（註7）
　ヒルベルトの破れたズボンの逸話 79
　超数学とヒルベルト 93-96, 107-113, 217（註7）
　ヒルベルトの結婚 83
　ゴルダン予想とヒルベルト 82
　ヒルベルトの幾何学基礎論の公理系 84
　ヒルベルトの公理論的方法 108-109
　ヒルベルトの死 99
　連続体仮説とヒルベルト 85-86, 123
　ヒルベルトのブラウワーやワイルとの対立 91-92, 94-96
　ヒルベルトの生誕 80
　ヒルベルトの基底定理 82
　ヒルベルトの代数的不変式に関する研究 81-83
　ヒルベルトの「決定問題」 96, 141-142, 146, 156-158, 161, 162（脚註）, 221（註9）, 222（註12）
　ヒルベルトの「知らねばならない」講演 98-99, 124
ヒルベルト，フランツ（Hilbert, Franz; ダーフィトの息子） 83, 97
ヒンデンブルク（Hindenburg, Paul von） 43
フィリンガム大佐 167
フーバー（Huber, Kurt） 18（脚註）
フーリエ（Fourier, Joseph） 211（註7）
ブール，アリシア（Boole, Alicia; ジョージの三女） 28-29
ブール，エセル・リリアン（Boole, Ethel Lilian; ジョージの五女） 29
ブール，ジョージ（Boole, George） 18, 19-38, 45-46, 49, 126, 172, 205
　ブールの不変式の理論 209（註10）
　三段論法とブールの体系 31-35
　ブールの性道徳観 22-23
　校長時代のブール 22-23

ブールの数学研究　23-24
ブールの結婚の経緯　27-28
ブールの論理体系　24-25
フレーゲと比較したブールの論理学
　　49-51
ライプニッツの企図からみたブールの体系
　　37-38
ブールのアイルランド観　26-27
ブールの少年時代の教育　20-21
ブールの微分演算子への興味　23
ブールの死　28
ブールの子供たち　28-29
ブールの生誕　20
コーク大学（クイーンズ・カレッジ）での
　　ブール　26-27
ブールと不変式論　209（註 10），
　　214-215（註 3）
ブールと矛盾律　31
ブールの論理代数　29-37
ブール，ジョン（Boole, John; ジョージの父
　　親）　20-21
ブール，メアリー・エヴェレスト（Boole,
　　Mary Everest; ジョージの妻）　27-28
フェファーマン（Feferman, Solomon）
　　220（註 35）
フェルディナント大公　42
フェルマー（Fermat, Pierre de）　8
フォン・ノイマン（von Neumann, John）
　　iii，1-2，93-95，98，108-109，119，139，
　　140，163-164，174-188，190（脚註），
　　202，218（註 12），223（註 18）
　フォン・ノイマンが論理学を断念したという
　　逸話　116-117，164，174
　EDVAC のためにフォン・ノイマンが書いた
　　最初の本格的なプログラム　178
　フォン・ノイマンと ENIAC プロジェクト
　　175-178
　フォン・ノイマンの EDVAC 報告書
　　176-178，181，182，189，224（註 9）
　コンピュータ・プログラミングについてのフ
　　ォン・ノイマンの見方　186
　フォン・ノイマンの略歴　93（脚註），192
　TIME 誌のフォン・ノイマン評価
　　187-188
不動点定理　90-91
　角谷静夫の不動点定理　91（脚註）

普遍限量子　⇒普遍量化子
普遍量化子（universal quantifier）　47
『プラウダ』（ソヴィエト共産党機関紙）　29
ブラウワー（Brouwer, L. E. J.）　89-92，
　　94-96，98，104，107-109，115，
　　220（註 25）
　ブラウワーとヒルベルトの対立　91-92，
　　94-96
　ブラウワーの不動点定理　90-91
プラトン，プラトニズム　126，216（註 19）
ブラリ-フォルティ（Burali-Forti, Cesare）
　　74
フラワーズ（Flowers, T.）　169，184
『プリンキピア・マセマティカ』（ラッセルとホ
　　ワイトヘッドの著書）　88-89，93，104，
　　111-117，123-124，216（註 12），
　　218（註 12）
「『プリンキピア・マセマティカ』および関連す
　　る体系における形式的に決定不可能な命題
　　について」（ゲーデルの論文）　111
プリンストン大学　161，162-165
フルヴィッツ（Hurwitz, Adolf）　80，
　　215（註 5）
ブルーメンタール（Blumenthal, Otto）
　　83-84，99
『ブレイキング・ザ・コード』（ホワイトモア脚
　　本の劇作品）　187，191-192
フレーゲ，アルフレート（Frege, Alfred; ゴッ
　　トロープの養子）　41
フレーゲ，ゴットロープ（Frege, Gottlob）
　　18，37，39-55，58，78，87-89，95-96，
　　101，104-108，113-115，124，126，141，
　　158，205，216（註 13）
　ラッセルがフレーゲに宛てた手紙　39-40，
　　51-53，58，74-75，78，87，211（註 13）
　無限の役割についてのフレーゲの見解　78
　現代論理学とフレーゲ　45-51，87-89，
　　95-96，104-108，156-158
　フレーゲの結婚　40
　フレーゲの論理体系　45-49
　ライプニッツの夢とフレーゲ　54-55
　形式構文法の創始者としてのフレーゲ
　　50-51
　フレーゲの日記　40-45
　フレーゲの死　39，41
　フレーゲの生誕　40

フレーゲの極右的立場　43-45
フレーゲの反ユダヤ主義　40, 43-45
フレーゲと言語哲学　53-54
ブレッチリー・パーク　165-170, 184
フレデリック大公（Johann Friedrich, Duke of Hanover）　11
プログラミング, プログラム　160-161, 178-187, 194-203
「プログラム内蔵方式」の概念　iii, 160-161, 180-181, 186
分岐的型理論（ramified theory of types）　216（註 12）
分数
　分数表現のリスト　212（註 10）
　分数を 1 列に並べる　63
ペアノ（Peano, Giuseppe）　87, 96, 210（註 8）
ペアノ算術（PA）　96, 108-109, 111, 130-134, 190（脚註）, 218（註 14）
　決定不能命題とペアノ算術　130-134, 218（註 14）
米国科学振興協会（AAAS）　194
米国数学会　86, 127（脚註）
『米国数学誌』（American Journal of Mathematics）　161
ヘーゲル（Hegel, Georg Wilhelm Friedrich）　76-77
ベーコン（Bacon, Francis）　76
ベル研究所　172
ベルナイス（Bernays, Paul）　93, 95, 98, 107
ヘルムホルツ（Helmholtz, Hermann von）　77, 103
ペンシルヴァニア大学電気工学科ムーア校　⇒ムーア校
変分原理　99（脚註）
ペンローズ（Penrose, Roger）　202-203
ポアンカレ（Poincaré, Henri）　70, 87-88, 94
　ポアンカレのラッセル批判　88
ボイネブルク男爵（Boineburg, Johann von）　6-7
ホイヘンス（Huygens, Christiaan）　8
ポーランド　122, 166
ポスト（Post, E. L.）　162（脚註）
ホッジス（Hodges, Andrew）　164
ホワイトヘッド（Whitehead, Alfred North）　88, 93, 103, 104, 109, 111, 115, 123, 216（註 13）
ボンブ　167

マ 行

Mark I（マンチェスター大学のコンピュータ）　189, 190
マールブランシュ（Malebranche, Nicolas）　61
マイクロプログラミング　183, 189
マイクロ・プロセッサ　183
マシン語（機械語）　114, 186, 190
　マシン語（機械語）に変換するインタプリタとコンパイラ　114
マチャセビッチ（Matiyasevich, Yuri）　219（註 15）
マッハ（Mach, Ernst）　101, 103
『マテマティシュ・アナーレン』（Mathematische Annalen）　91, 95
マルクス（Marx, Karl）　76
マレー, アーノルド（Murray, Arnold）　190-191
ミンコフスキー（Minkowski, Hermann）　80, 83
ムーア校　1, 174-181, 185
無限
　数学における無限の役割　77-78, 124-125
　可能無限（可能態無限）　57, 60-61
　論理学と無限　90-92, 124-125
　無限についてのライプニッツの発言　57, 61-62
　カントルの哲学的立場における無限　76
　完結した無限　57-58, 61, 87
　カントルの無限への探究　66-70, 73-74
　実無限（現実態無限）　57, 61-63, 78, 87, 90, 124
無限級数　8-9, 60-61
無限集合　61-74, 123-126
　無限集合のサイズ　61-66
　数の無限集合　61-66
矛盾律　31, 112（訳註）
ムッソリーニ（Mussolini, Benito）　119
無矛盾性の証明　⇒証明
無理数　64, 92, 214（註 2）

メイツ（Mates, Benson）　12-13, 18（脚註）
メモリ　⇒コンピュータ用メモリ
メンガー（Menger, Karl）　119, 121
モークリー（Mauchly, John）　173, 177, 181, 186
モーコム，クリストファー（Morcom, Christopher）　138-139
モーダス・ポネンス（前件肯定式）　211（註10），216（註13）
モルゲンシュテルン（Morgenstern, Oskar）　123, 129

ヤ　行

ユークリッド　5, 62, 84
有限集合　67, 68-69
有理数　63-64

ラ　行

ラーソン判事（Larson, Earl R.）　173
ライプニッツ（Leibniz, G. W.）　3-18, 19-20, 25（脚註），37-38, 54-55, 57, 61-63, 88, 96, 101, 125, 126, 141, 194, 203, 205
　ライプニッツの世界観　3-4, 13, 15-16
　ライプニッツの「弟子」の女性たち　12-13
　ライプニッツによる普遍記号の構想　13-18, 49, 126-127
　ライプニッツが創案した微積分の記法　10-11, 13-15
　ライプニッツによる科学協会（ベルリン科学アカデミーの前身）の創設　13
　キャロライン王妃とライプニッツ　19
　ライプニッツの人となり　18
　ライプニッツのパリ滞在　6-11
　無限についてのライプニッツの考え方　57, 61-62
　ライプニッツのニュートンとの争い　10-11, 19
　ライプニッツのロンドン訪問　7, 10-11, 13
　ライプニッツが用いた無限小概念　207（註7）
　ハルツ鉱山プロジェクトとライプニッツ　3-4, 11-12
　ライプニッツの体系とブールの体系との比較　37-38
　ライプニッツの生誕と子供時代　4-5
　ライプニッツと極限過程　8-10
　ライプニッツと微積分法の発見　8-11, 80
　ライプニッツの概念を表すアルファベット　5
　ライプニッツの級数　8-10, 60
　ライプニッツの輪　7
ライリー（Riley, Sidney）　29
ラヴレイス伯爵夫人（Lovelace, Ada）　172
ラッセル（Russell, Bertrand）　87-89, 93, 103-105, 107, 109, 111, 115, 125-126, 211（註12），216（註13）
　ポアンカレのラッセル批判　88
　ラッセルがフレーゲに宛てた手紙　39-40, 51-53, 58, 74-75, 78, 86
ラマヌジャン（Ramanujan, Srinivasa）　139
ラムダ定義可能性（lambda-definability）　161
ランダム・アクセス・メモリ（RAM）　180
リーマン（Riemann, Bernhard）　79
RISC（簡略化命令セット利用手法）　183, 190
リューヴィル（Liouville, Joseph）　212（註11）
量化子　⇒普遍量化子，存在量化子
量子理論　139
リンカン終業時間早期化促進協会　22-23
リンカン職工学校　23
ルイ14世（フランスの「太陽王」）　3, 6
ルーデンドルフ（Ludendorff, Erich）　42-43, 44-45
冷戦　93（脚註），192
『連続体（Das Kontinuum）』（ワイルの著書）　91
連続体仮説　68-70, 75, 85, 121, 123-126, 164（脚註），220（註35）
　ヒルベルトと連続体仮説　85
　ゲーデルと連続体仮説　121, 123-125
ロシア　29, 42, 58-59, 122, 165
ロックフェラー財団　97
ロピタル（L'Hospital, G. F. A.）　14

ロビンソン，エイブラハム（Robinson, Abraham）　128-129, 207-208（註 7）
ロビンソン，ジュリア（Robinson, Julia）　219（註 15）
ロンドン王立協会（Royal Society of London）　7, 24
ロンドン数学会　183-184, 193, 203
論理学
　論理学の記号と言語　50-51, 104-107, 113-115
　記号論理学　15, 38（脚註）, 45-51
　三段論法と論理学　31-33
　論理学における前提と結論　31-33, 48, 95-96, 104-107, 158
　数学と論理学　50-51, 81-82, 84-92, 93-96, 107-108, 112-113, 123-124, 156-158
　ライプニッツによる論理の代数　16-18
　無限と論理学　86-87, 90
　フレーゲの論理学体系　45-51
　論理学のための形式構文法　50-51
　一階述語論理　96, 211（註 11）, 217（註 5）
　論理学における演繹推論　31-33, 48, 50-51, 94-96, 104-107
　コンピュータと論理学　176-178, 185-186, 193-194
　フォン・ノイマンが論理学を断念したという逸話　116-117, 164, 174
　ブールの代数と論理学　29-37
　アリストテレスと論理学　5, 31, 37-38
　論理学と矛盾律　31, 112（訳註）
　論理学と超数学　93-96
　論理学と排中律　90, 92
　論理学と記号列の符号化　109-111, 113-115, 130-134
　論理学と個体のクラス　24-25
　論理式（命題）の意味と解釈　86, 93-96, 105-107, 110-114
　現代の標準的な論理記号　48, 88, 115
論理主義　52, 115
論理実証主義　103（脚註）
『論理哲学論稿』（ウィトゲンシュタインの著書）　104

ワ 行

ワーグナー-ヤウレック（Wagner-Jauregg, Julius）　120
ワイエルシュトラス（Weierstrass, Karl）　60, 65, 71, 81, 83, 91
ワイゼンバウム（Weizenbaum, Joseph）　194
ワイマール共和制ドイツでのヒトラーの台頭　98-99, 119-121
ワイル（Weyl, Hermann）　81, 91-92, 94-95, 98, 99, 99（脚註）, 104, 109, 163, 216（註 19）
ワトソン（IBM の人工知能システム）　iii, 197-198

◆ 原著者

マーティン・デイヴィス（Martin Davis）

1928 年，ニューヨーク市生まれ．アロンゾ・チャーチのもとで博士号を取得．1950 年代にはヒルベルトの第 10 問題に関する重要な部分的結果を得ている．1950 年代後半には「チューリング機械の停止問題」を定式化．彼が著わした計算理論の教科書（渡辺茂・赤摂也訳，岩波書店）は当時の研究者たちの必携書となった．記号論理学の歴史に造詣が深く，"The Undecidable" の編纂でも有名．超準解析を解説した著書（難波完爾訳，培風館）もある．現在はニューヨーク大学名誉教授，カリフォルニア在住．

◆ 訳　者

沼田　寛（ぬまた ひろし）

1948 年，滋賀県生まれ．京都大学理学部卒．出版社勤務，フリーのサイエンスライター等を経て，2000 年より公立はこだて未来大学システム情報科学部講師．2014 年に定年退職後は，おもに科学書の翻訳の仕事をしている．著書に『科学はどこまで謎を解いたか』（宝島社），『ヒジョーシキな科学』（ジャストシステム），『図解「複雑系」がわかる本』（中経出版），訳書に『無限をつかむ』（イアン・スチュアート著，近代科学社）など．

万能コンピュータ
ライプニッツからチューリングへの道すじ

© 2016 Hiroshi Numata
Printed in Japan

2016 年 11 月 30 日　初版第 1 刷発行

原著者	マーティン・デイヴィス
訳　者	沼　田　　寛
発行者	小　山　　透

発行所　株式会社 近代科学社

〒162-0843 東京都新宿区市谷田町 2-7-15
電話 03-3260-6161　振替 00160-5-7625
http://www.kindaikagaku.co.jp

大日本法令印刷　　ISBN978-4-7649-0471-2

定価はカバーに表示してあります．